城市空间治理理论与实证

陈锦富 著

华中科技大学出版社

中国·武汉

图书在版编目(CIP)数据

城市空间治理理论与实证/陈锦富著. —武汉:华中科技大学出版社,2020.12
(中国城市建设技术文库)
ISBN 978-7-5680-6820-8

Ⅰ. ①城… Ⅱ. ①陈… Ⅲ. ①城市空间-空间规划-研究-中国 Ⅳ. ①TU984.2

中国版本图书馆 CIP 数据核字(2020)第 263633 号

城市空间治理理论与实证 陈锦富 著

Chengshi Kongjian Zhili Lilun yu Shizheng

策划编辑:金　紫
责任编辑:曹　霞
封面设计:王　娜
责任校对:曾　婷
责任监印:朱　玢
出版发行:华中科技大学出版社(中国·武汉)　　电话:(027)81321913
　　　　　武汉市东湖新技术开发区华工科技园　　邮编:430223
录　　排:华中科技大学惠友文印中心
印　　刷:湖北新华印务有限公司
开　　本:710mm×1000mm　1/16
印　　张:16
字　　数:340 千字
印　　次:2020 年 12 月第 1 版第 1 次印刷
定　　价:88.00 元

本书若有印装质量问题,请向出版社营销中心调换
全国免费服务热线:400-6679-118　竭诚为您服务
版权所有　侵权必究

中国城市建设技术文库
丛书编委会

主　编　鲍家声　赵万民
委　员　（以姓氏笔画为序）
　　　　万　敏　华中科技大学
　　　　王　林　江苏科技大学
　　　　朱育帆　清华大学
　　　　张孟喜　上海大学
　　　　胡　纹　重庆大学
　　　　顾保南　同济大学
　　　　顾馥保　郑州大学
　　　　戴文亭　吉林大学

本书得到以下基金项目资助：

城市空间增长管理及其政策工具的作用机制研究（国家社科基金项目：09BZZ045）。

前　言
Preface

　　城市空间研究是城乡规划学科核心的研究领域,将城市空间作为物化的现象,解析其形成与演化的自然科学原理显然是远远不够的。大量研究表明,城市空间的演化更多的是人的诱导和干预驱使的,人的行为(目标、愿景、政策、行动等)决定了城市空间演化的方向和结果。从这个意义上讲,城市空间研究更应属于人文社会科学的研究范畴。本书即是基于这一认知开展研究与著述的。

　　20世纪90年代中期以来,中国城市进入了快速的空间扩张阶段,伴随着城市空间的快速扩张,西方国家的城市曾经出现过的城市病亦在中国城市快速显现。包括笔者在内的许多学者开始尝试从西方国家的城市治理理论与方法中寻求中国城市病的解决方案。笔者自2009年年始,基于国家社会科学基金支持的项目"城市空间增长管理及其政策工具的作用机制研究",陆续开展研究工作。从最初对西方国家的城市空间治理理论与实践的探究,到逐渐意识到城市空间治理是根植于一国的政治制度环境之中,或者说有什么样的政治制度环境就有什么样的城市空间治理制度,一国的经济社会发展处于什么阶段就应该匹配何种城市空间治理路径。

　　一方面,中国的政治制度环境是如何塑造城市空间治理制度的?这一制度又是如何诱导城市空间演化,形塑城市空间的?如何通过改革城市空间治理制度,寻找到破解中国城市病的善治良政?另一方面,中国的城市化进程正朝着由外延扩张的单向增长模式向外延扩张与内涵发展相结合的双向增长模式转变。城市既要应对适应经济规模发展的城市空间扩张管理需要,又要应对适应经济结构调整的城市空间内涵增长管理需要,与此同时,资源节约与环境友好型社会建设等国家战略的转型又对城市空间治理提出了特定的要求。

　　基于此,汲取国外经验与教训,开展适应中国特色的城市空间治理理论研究,从制度、政策等多视角,系统研究城市空间治理的基础理论,是本书的主要研究任务之一。具体包括:国内外城市空间增长阶段特征及趋势分析;中国城市空间增长的动力机制分析;中国城市空间治理的制度设计;中国城市空间治理政策工具及其作用机制等。

武汉市城市空间的快速扩张始于 20 世纪 90 年代中期,城市常住人口从 1995 年的 419 万人,增加到 2015 年的 638 万人,城市集中建设区国土空间面积从 1995 年的 200 平方千米,扩展到 2015 年的 426 平方千米,20 年间城市人口增长了 0.52 倍,城市建设用地增长了 1.13 倍,城市空间扩张的速度远远高于人口增长的速度。20 年中,武汉市相继推出了城市规划、住房、财政、经济、政绩考核等政策工具,激励和引导城市空间向预期的方向与目标演进。作为省会城市,武汉市城市空间演进中呈现出的现象和内在机制在国内大城市中具有代表性,本书选取武汉市作为实证研究的对象,运用定性与定量相结合的研究方法,试图揭示武汉市空间治理政策工具的效用与作用机制。

本书的写作历时近五年,汇集了许多人的智慧:马彦琳、谭术魁等教授为本书的写作提供了许多有价值的建议;李新延老师为本书的定量研究部分提供了有力的技术支持;研究生于澄、成亮、朱萌、查冬冬、徐小磊、任丽娟、徐哲、黄雨薇、罗超、陈谦、张媛媛、陈晓昱、郭诗洁等在参与国家社会科学基金项目"城市空间增长管理及其政策工具的作用机制研究"的研究工作和学位论文的写作中,为本书积累了大量的素材;索世琦在本书最后的清样校对阶段,协助修改部分插图,更新了部分数据。在这里对老师和同学们提供的支持表示感谢。

特别说明:①"城市空间增长管理"是从西方引进的概念,随着研究的拓展,注意到当下中国的城市空间演化趋势更多地体现在既有空间的提质增效上,既有空间的演进表现出明确的多元主体博弈的特征,仅仅依靠自上而下的行政管理手段,无法从根本上解决既有空间提质增效过程中存在的种种问题,充分发挥多元主体的能动作用,以善治的思维治理城市空间当是良策,故本书弃用"城市空间增长管理",而采用了"城市空间治理"的概念;②本书研究过程时间跨度较长,比较遗憾的是因统计口径的变化,部分数据资料无法做到实时更新;③为了更加清晰地说明问题,本书的部分图片在文后附有彩色插图,可供读者翻阅;④本书是本人从事城市空间治理教学与研究工作的阶段性小结,仅一家之言,一定存在诸多争议与不足,欢迎大家批评指正。

本书付梓之际,国土空间规划改革大幕开启,主体功能区规划、城乡规划、土地利用规划等工作被整合,由自然资源部统一行使空间规划管理职能。值得欣慰的是,本书倡导的城市空间治理制度设计在此轮国土空间规划改革中部分得到应用。但是,城市空间治理的理论研究和实践探索不会因为此轮改革而终止,城市空间治理体系与治理能力现代化建设永远在路上。

2020 年冬月于喻园

目　录

Contents

第一部分
基础理论研究篇

第一部分

基础理论研究篇

第1章 绪 论

1.1 城市空间治理研究的背景

对城市空间进行管理始于集中定居点出现的时候,而从集中定居点发展到城市所用的时间非常漫长。原始社会集中定居点和封建社会城市相对于现在城市的规模始终较小,需解决的空间问题并不突出,对城市空间管理的需求也不明显,因此很少进入学术研究的范畴。工业革命以来,城市发展迅猛,规模急剧膨胀,功能愈趋复杂,因此对城市空间进行引导和调控的需求也愈加迫切。

现代意义上的城市空间治理起源于美国,起初是为应对大城市的大规模蔓延而产生的。第二次世界大战结束以后,国际经济增长需求和美国国内消费需求逐渐增大,在联邦住房抵押贷款法案出台,汽车等便利交通工具普及以及高速公路网等基础设施建设的刺激下,人们购房置业的选择范围越来越广,越来越多的城市居民,特别是中产阶级和资产阶级选择迁往郊区,城市的郊区发展变得迅速,而中心城区的发展却逐渐衰落。由此带来的交通拥堵、基础设施建设浪费、服务不均衡、自然环境和农田森林被破坏等问题严重制约着城市的健康发展。如何采取有效措施协调经济发展与环境保护,促进城市可持续发展,成为地方政府公共管理的重要课题。

自1961年夏威夷州采用增长管理政策以来,增长管理在美国的发展先后经历了两个主要阶段。第一个阶段为1960—1980年,包括发生在夏威夷(1961)、佛蒙特(1970)、佛罗里达(1972)、俄勒冈(1973)以及科罗拉多(1974)在内的全州性增长管理。当时,这些州面临的是城市快速发展产生的一系列问题,如自然环境体系的高度压力等,于是为控制城市蔓延,这些州相继采取了增长管理政策(Grove,1984;Bollens,1992),这一阶段的增长管理主要在州的层面上展开。第二个阶段从1980年到现在,这一阶段的增长管理在两个层面展开:一个层面是发生在包括佛罗里达(1984—1986)、新泽西(1986)、佛蒙特(1988)、缅因(1988)、罗德岛(1988)、乔治亚(1989)、华盛顿(1990—1991)以及马里兰(1992)在内的全州性增长管理,以及其他许多州对特定发展地区采用的特定增长控制政策,如海岸控制(24个州)、重要的自然区域发展控制(如塔霍湖区域规划局、马里兰切撒匹克海湾区域委员会等)(Arthur C. Nelson,1999),这一层面的增长管理主要是为了合理利用区域公共设施及经济发展资源,促进区域协调发展和资源的平衡利用(Bollens,1992;Nelson

& Duncan,1995);另一个层面是发生在美国各大城市(如纽约、费城、芝加哥等)的增长管理,这一层面的增长管理主要是在控制城市蔓延的同时,优化城市空间结构与布局,促进城市开发与基础设施同步建设,引导城市更紧凑、更高效、更精明地增长。

当前,中国的城市发展正由外延扩张的单向增长模式向外延扩张与内涵发展相结合的双向增长模式转变。城市一方面要适应经济规模发展的空间扩张管理需要,另一方面又要适应经济结构调整的空间内涵增长管理需要;与此同时,资源节约与环境友好型社会建设等国家战略的转型又对城市空间治理提出了特定的要求。

国内学者在20世纪90年代后期将美国的城市空间增长管理理论介绍至国内,部分学者的研究集中在对西方城市空间增长管理概念的综述方面,以介绍西方的城市空间增长管理概念和实践经验为主。部分学者的视角延伸至将西方城市空间增长管理理论与中国城市蔓延控制的实践需要相结合的层面,指出中国的城市空间治理应该关注产权制度、土地管理制度和增长管理立法等。

城市空间治理是为实现城市空间发展目标而进行的引导与过程调控,而实现对城市空间增长的引导与过程调控必然需要创设并使用各种政策工具。使用政策工具同时也是城市政府引导和调控城市可持续发展、参与区域竞争的必要手段。

基于此,通过吸收国外的经验与教训,开展适应中国特色的城市空间治理研究,从制度、政策、技术等多视角系统研究城市空间治理的基础理论,定性与定量分析政策工具的作用机制及效用,对指导中国当下的城市规划、建设、管理具有重要的理论与实践意义。

本书是国家社会科学基金项目"城市空间增长管理及其政策工具的作用机制研究"的成果,基于绿色发展的时代主题,以及城市空间增长与经济、社会的关系范畴,在系统分析国外城市空间治理理论产生的历史背景、理论体系及政策工具效用的基础上,以中国的制度环境、资源禀赋、经济社会发展等为分析框架构造中国特色的城市空间治理基础理论,探讨中国城市空间治理的理念和总体思路,并着重从制度设计、管理组织、体系设计、政策工具等方面提出相应的对策和建议。同时,以武汉市作为实证研究对象,有针对性地从空间增长历程到空间治理效用等方面进行了探讨,这对丰富城市空间治理理论,推动城市的经济、社会与环境的可持续发展,进而塑造可持续的人居空间环境有积极的理论与实践意义。

1.2　相关研究综述

对城市空间治理的学术研究,最早源于对20世纪60年代出现的美国城市蔓延现象的探索,目前国内外学术界对于城市蔓延现象已经作出了大量的研究。

对于同样属于主要发达经济体的欧洲大陆国家,却没有发生大量城市蔓延的现象,这一方面固然与相对的人多地少的国情有关,另一方面欧洲大陆国家较长远的规划传统和较为完备的空间规划体系起到了很重要的作用。随着欧洲一体化进程的不断推进,欧洲大陆跨国界的空间规划体系逐渐兴起,这种跨区域的空间规划体系有效地缓解了全球一体化背景下欧洲发展的人地矛盾,同时对于环境保护、产业布局与经济振兴等问题也有重大影响。20 世纪 70 年代,影响各个行业的"新自由主义"在西方流行,于是产生了"新公共管理"理论。在该理论的影响下,以美、英、澳为代表的国家部分城市的传统公共管理方式发生了变革,产生了诸如"市政经理"等新的角色,这对于城市规划建设、城市空间管理等又带来了巨大的影响。因此,本研究综述主要包括城市空间治理、空间规划体系和新公共管理三个理论维度。

1.2.1　城市空间治理研究综述

国外学术界对增长管理的早期研究主要集中在增长管理的概念、政策工具、效用和影响等几个方面,后期研究主要集中在理论应用和实效性分析方面。

关于概念的讨论如下。John M. Levy(2002)认为"增长管理通常被定义为对开发数量、开发时机、开发区位和开发性质的调控,但其概念目前尚无统一认识"。Chinitz(1990)认为增长管理不同于单纯的增长控制,"是积极的、能动的……旨在保持发展与保护之间、各种形式的开发与基础设施同步配套之间、增长所产生的公共服务需求与满足这些需求的财政供给之间,以及进步与公平之间的动态平衡"。美国城市土地协会把增长管理定义为"政府运用各种传统与演进的技术、工具、计划及行动,对地方的土地使用模式包括发展的方式、区位、速度和性质等进行有目的的引导"[1]。B. D. Porters(1997)则在此基础上进一步将增长管理概括为"解决因社区特征变化而导致的后果与问题的种种公共努力",是"一种动态过程,在此过程中,政府预测社区的发展并设法平衡土地利用中的矛盾,协调地方与区域的利益,以适应社区的发展"。Foder(1999)对增长管理概念进一步加以拓展,认为增长管理"泛指用于引导增长和发展的各种政策和法规,包括从积极鼓励增长到限制甚至阻止增长的所有政策和法规"[2]。

关于政策工具的研究如下。Vedun(1998)认为增长管理的政策工具可以被定义为"一套政府机关行使其权力,以确保在试图支持和影响或阻止社会变革的技术"。David N. Bengston(2004)等人认为增长管理的政策工具主要分为三类:公共所有权、监管和激励措施。Richard C. Feiock(2008)等人分析了影响地方政府选择

---

❶　庄悦群.美国城市增长管理实践及其对广州城市建设的启示[J].探求,2005(3):62-67.

❷　庄悦群.美国城市增长管理实践及其对广州城市建设的启示[J].探求,2005(3):62-67.

不同政策工具的因素,用政策运作框架来检验政策工具的选择是如何决定的。结果表明,政府结构和选举规则对服务边界、奖励区划和开发权转移等政策工具的选择有关键影响,排外性的目标推动着这些政策工具的制定与发展。对于具体政策工具的应用,近年来已经向更加广泛的范围拓展,如 Peter Williams(2012)认为,单靠传统的"命令与控制"很难有效地处理城市空间增长的保护区类问题,新的以市场为基础的政策工具如"生物银行",将被引入管控体系,这已被检验而成为一种有效的补充策略。

关于效用的研究如下。Arthur C. Nelson 和 Terry Moore(1996)认为对增长管理实施效用作出评价,应注重四个方面——城市空间增长边界(UGB)内外的开发,与城市空间增长边界相邻的城市郊区开发的密度和形态对城市未来开发的限制,城市化土地的开发是否达到了规划的密度,城市区域的开发是否同城市空间增长管理的目标相适应。Arthur C. Nelson(1999)从技术指标和政策方面比较了采取及未采取增长控制政策的州的状况。他从城市的蔓延程度和人口密度的关系、城市周边农田的保护情况、家庭机动车交通量、公交系统可达性、能源节约和税收负担方面分析得出,实施了增长控制政策的地区有着较合理的发展。而 John I. Carruthers(2002)认为只有采取强制一贯的要求以及严格操作机制的州才能在控制城市蔓延方面取得很大成效,反之则会导致城市蔓延不受控制。同时 Michael Howell-Moroney(2007)认为"采用强势的增长管理措施可获得明显而且实在可观的土地发展控制作用",并提出应该加强管理力度,运用合适的辅助政策工具。另外,Boyle、Robin、Mohamed 和 Rayman(2007)认为由于国家层面规划的缺失、资金缺乏以及地方政府强大的自治权,使得增长管理方式只能在少数地区取得成功。可以看出,增长管理自实施以来,虽然取得了一定的成功,但是它的效用还存在很多争议,近年来部分学者对已经实施增长管理政策的城市进行了效用评价分析,如 Jeffrey Hepinstall-Cymerman(2011)比较了 1986—2007 年华盛顿地区空间增长政策工具的效用,指出了部分政策工具在实施过程中的问题,同时也认为如果没有空间增长政策工具,整个城市空间利用水平将会非常低。Hiramatsu 和 Tomoru (2014)认为,城市空间增长边界政策既有好的影响也有负面影响,严格意义的城市空间增长边界政策有助于减少汽油消耗、增加公共交通出行量,但是必须考虑土地所有者的发展权问题,这也是城市空间增长边界政策最终是否能提高社会整体福利水平的重要考虑因素。

关于影响的研究如下。部分学者认为增长管理会导致资源外溢,造成资源转移到低控制区,促进低控制区的开发。Fischel(1990)、Wachter 和 Cho(1991),以及AJtshuler 和 Gomez-Ibafiez(1993)认为,城市空间增长是从高控制区转向低控制区;Shen(1996)在对海湾区域的研究以及 Pendall(1999)在对国家层面的分析中发现,城市空间增长是从高富地区转向低富地区。Pendall 的研究还发现移位影响因控制工具种类而异:公共设施条例和发展费不会转移增长,而是在一定程度上促进更紧凑的增长布局。相比而言,低密度区划和建筑许可上限加剧了增长外移造成的城市蔓延。显然,增长管理造成的资源外溢一定程度上会影响城市的经济发展,而选择合理的政策工具,以使增长更加集中地产生在城市内部而不是外移到其他地区,是一个较好的发展方向。另有部分学者关注到增长管理对社会结构的影响,Pendall(1995)认为"不管其直接目的是什么,增长管理首要的、最显著的影响就是将穷人,尤其是少数群体被隔离在中等以及高水平收入的社区之外"。Brueckner(1998)发现一些城市是将增长管理当成一种防御性措施,以保护自身不受周边社区外溢增长的影响。Baldassare(2001)持有相似的观点,他指出很多房主将各种各样的增长管理方法,包括区划等传统方法,视为他们保护财产与使房子升值不受周围变化潜在影响的最好措施。Lewis和 Neiman(2002)分析发现加利福尼亚城市的地方增长控制与房主收入水平提高、西班牙居民比例加大、暂住人口减少以及排水设施可用性变差有关。Ammon Frenkel(2012)分析以色列的城市空间增长管理必须在国家的层面统一执行,否则会给某些城市的发展带来不公平的问题。

国内学者在 20 世纪 90 年代后期开始将美国的城市空间增长管理引入国内,经过一段时间发展,出现了针对国内的城市空间治理的研究。从目前可利用的检索工具得到的公开信息显示,部分学者的研究集中在对西方国家增长管理概念的综述方面(方澎霄,1999;张讲,2002;刘海龙,2005;吕斌,2005;蒋芳,2007;翁羽,2007;张景奇,2013),以介绍西方国家的增长管理概念和实践经验为主。部分学者认为应将西方国家的增长管理与中国城市蔓延控制的实践需要相结合(魏莉华,1998;庄悦群,2005;刘海龙,2005;李景刚,2005;诸大建,2006;陈鹏,2006;刘宏燕,2007;张波,2008;冯科,2008;宋彦,2012;孙群郎,2013;谭长华,2014),指出中国的城市空间增长管理应该关注产权制度、土地管理制度、增长管理立法等。近年来,部分学者(段德罡,2009;蒋伶,2010;丁成日,2012;王玉国,2012;王振波,2013;张振广,2013;洪世健,2013;徐康,2013)以长三角、珠三角等部分地区和杭州、合肥、镇江等部分城市为例,引入定量的研究方法,从生态或者土地承载力角度探讨具体的城市空间增长边界划定问题。部分学者(张京祥,2013;张兵,2014)从更为综合的国家空间体系角度来探讨城市空间治理问题,为将来的城市空间治理提出了新的思路,2014 年出台的《国家新型城镇化规划(2014—2020 年)》明确提出"严格新城新区设立条件,防止城市边界无序蔓延""城市规划要由扩张性规划逐步转向限定城市边界、优化空间结构的规划"。这标志着经过近二十年的发展,城市空间治理已经正式上升为国家战略。

1.2.2 空间规划体系研究综述

国家空间规划体系是一个国家工业化和城镇化发展到一定阶段,为协调各类各级空间规划的关系,实现国家竞争力、可持续发展等空间目标而建立的空间规划系统❶。20世纪60年代以来,以德、法等国为代表的具有地理研究和规划传统的欧洲大陆国家,首先对国土空间进行了大量细致的理论研究和规划实践,形成了包含法律、经济、政策、设计规范和公众参与等较为完备的空间规划体系。该体系随着社会经济发展和国家发展目标的变化不断进行修正,是区域协调发展、经济提振、城市建设和环境保护等方面必不可少的组成部分。国内外对于德、法等国的空间规划体系的研究已经非常丰富成熟,本书就不再赘述。

在"第三次浪潮"和全球化进程加剧的推动下,欧盟首先推出跨国界的"欧洲空间发展远景规划"❷,"空间规划"开始正式成为推动欧洲一体化进程和欧盟成员国经济、社会、生态环境的可持续性发展的重要政策。这种新的规划内容,已超越传统的物质空间规划,其规划对象涵盖了一个国家所有与发展有关系的空间资源。这些规划直接影响了国内学术界对于"空间规划体系"的认知。欧洲的空间发展战略之所以会产生,主要是因为以下三个基本目标的实现:经济和社会整合、自然资源和文化遗产的保护与管理以及欧洲地域范围内更加平衡的竞争态势(欧洲委员会部长委员会,1999)❸。对于跨国界空间规划兴起的主要原因,国内部分学者(钱慧,罗振东,2011)在研究了欧洲空间规划产生过程后,认为主要有以下四个原因:跨国空间的人流、物流和资金流的复杂性不断增加,可持续发展日益受到重视,新公共管理政策影响下的政府服务功能的角色转变和欧盟一体化政策的推动。对于其实施办法,部分学者(刘慧,樊杰,王传胜,2008;张丽君,2011;施雯,王勇,2013)从欧盟、国家和地方三个层面的横向与纵向合作方面进行了阐述,认为跨国界空间规划并非法定规划,它之所以能够较好地被推进实施,主要是因为通过了一批金融和补助政策。如建立"结构基金(Structural Fund)""欧洲区域发展基金(European Regional Development Fund,ERDF)""欧洲社会基金(European Social Fund,ESF)"和"凝聚力基金(Cohesion Fund)"等来支持符合规划和欧盟整体利益的地方政府开展工作,如开发区建设、职工再教育、基础设施投资和出口退税等。

伴随着不断的实践,空间规划体系概念也在不断地发展,欧盟管理机构首次明确提出:"区域/空间规划是经济、社会、文化和生态政策的地理表达。同时,它是一门科学学科,一项行政管理技术和一种政策,作为一门综合交叉的学科和综合的方法,根据一个总的战略,导向一个平衡的区域发展和空间的物质形体组织"❹。欧盟委员会则提出"空间规划是公共部门使用的影响未来活动空间分布的方法,目的是创造一个更合理的土地利用和功能关系的领土组织,平衡保护环境和发展两个需求,以达成社会和经济发展总目标。空间规划包括协调其他行业政策的空间影

---

❶ 蔡玉梅,王国力,陆颖,等.国际空间规划体系的模式及启示[J].中国国土资源经济,2014(6):67-72.

❷ *European Spatial Development Perspective*(ESDP,欧洲空间发展远景规划,由欧盟于1999年5月在波茨坦发布)。

❸ 谷海洪,诸大建.欧洲空间区域一体化的规划[J].城乡建设,2005(11):60-63.

❹ 霍兵.中国战略空间规划的复兴和创新[J].城市规划,2007,31(8):19-29.

响,达成区域之间一个比单纯由市场力量创造的更均匀的经济发展的分布,规范土地和财产使用的转换"。到了 1999 年,欧洲空间发展远景规划(ESDP)把空间规划体系的概念进一步明晰且简单化,其定义是"通过管理领土开发和协调行业政策的空间影响,而影响空间结构的行动"。而在其本质上,很多欧洲学者普遍认为规划不是关于设计,而是关于政策。作为政府行为,规划的本质不仅仅是一个技术过程的结果,土地利用的空间安排更是一个政治和社会过程。对于其核心内涵则必须包括以下几个方面:①空间规划必须在充分研究地区现状、特色和地方发展目标的基础上为地区未来的发展制定合理的空间愿景,并将其细化为有利于实施的时序性政策和空间安排计划;②空间规划应该在空间发展中充当协调者和整合者的角色,为不同部门、机构的政策和计划的整合与协调提供有效的平台;③空间规划的对象应该为一个连续的功能区,而不应该受行政空间界线的限制;④空间规划是一个战略决策的过程,它应该具备更强的合作性和更广泛的参与性❶。

欧洲空间规划兴起后,针对目前国内城市空间增长和城乡规划的现状,国内学者纷纷将这一概念引入,部分学者(樊杰,1997;林坚,2011;王向东,刘卫东,2012)认为与之相类似的国内空间规划有主体功能区规划,但是其实施性还有欠缺。其他学者(韩青,2010;钱慧,罗振东,2011;张伟,刘毅,刘洋,2005;王磊,沈建法,2013;蔡玉梅,王国力,陆颖,韩增林,李静怡,2014)认为在市场经济条件下,规划应该解决那些市场解决不好或者无法解决的问题,空间规划或许是通过地方政府和具体行政管理部门进行具体执行的,但绝对不只是某个单独部门或各地方政府的事务,它是中央人民政府领导下展开的跨区域的共同发展政策。同时空间规划也不是单独的纯空间布局的技术手册,而是一种政策框架,在公共参与问题上,不能只是形式上的或是事后的参与,而是强调"全纳性参与"。除此之外,国内部分学者(刘慧,樊杰,王传胜,2008)将国外的标准区域划分及方法、空间发展评价标准及体系引入国内,这对于解决国内区域规划的分区问题具有重要意义。

20 世纪 70 年代,美国在"城市蔓延"等现象的影响下,也提出了"精明增长"和"以公共交通为导向的开发(transit-oriented development,TOD)"等发展理念,但是在 2000 年之前,美国并没有全国层面上的空间规划。21 世纪到来之后,美国的经济发展受到其他竞争对手的威胁,其主要竞争对手均制定了促进经济发展及提升国际竞争力的长远发展战略,在此带来的压力下,美国政府开始考虑国家层面上的空间规划。近年来,部分学者(刘慧,樊杰,李扬,2013;罗震东,夏璐,申明锐,2014)翻译了"美国 2050"空间战略规划的成果和文献,翻译内容显示,在 2006 年,联邦政府正式启动"美国 2050"空间战略规划,该规划的主要内容包括进一步完善和发展区域基础设施;分析确定巨型都市区域并进行有效规划;促进发展滞后地区的规划;大型景观保护规划。"美国 2050"空间战略规划并不是一个具备严格意义

---

❶ 钱慧,罗震东.欧盟"空间规划"的兴起、理念及启示[J].国际城市规划,2011,26(3):66-71.

上的"规划—实施—反馈"特征的空间规划,但它为美国在 21 世纪中叶继续保持世界领先地位提供了国家整体空间利用上的基本框架。

1.2.3　新公共管理研究综述

20 世纪 70 年代起,西方国家广泛受到"新自由主义"的影响,在传统的公共管理方式饱受诟病后,新公共管理理论逐渐流行起来。行政学大师胡赫曾这样定义新公共管理:"新公共管理是公共部门改革的协调一致的项目,它致力于管理代替行政,尽可能地用市场和承包合同替代官僚体制,并精简公共部门的幅度和规模。新公共管理理论以现代公共部门经济学和私营企业管理理论为理论基础,其主要特征可以概括为政府与社会职能转变;重视政府公共服务的效率与质量,以效益为主导,引入市场机制;确定绩效目标控制;引入竞争机制,建立竞争性政府、企业式政府、市场化政府,采用私营部门的管理方法和竞争机制;重视人力资源管理;公共部门私有化,即私营部门参与公共服务供给;以顾客为导向,关心公众利益,以人为本;主张公众参与和反馈,即主张多元化管理,由政府与其他非盈利部门共同进行管理,而非政府是唯一性管理机构"❶。

新公共管理理论兴起于 20 世纪 80 年代的美国和英国,并迅速影响了其他西方国家。哈佛大学肯尼迪政治学院的学者卡马克对各国新公共管理改革兴起的原因进行分析,认为这些国家改革主要缘自全球经济竞争、民主化、信息革命和绩效赤字四个方面❷。相对于西方发达国家而言,中国的新公共管理研究进展稍显不足。

关于新公共管理概念与特征的讨论,国外著名学者休斯曾提出新公共管理"并不是一种改革事务或管理方式的微小变化,而是政府作用以及政府与公民社会关系的一种深刻变化……新公共管理的采纳意味着公共部门管理领域中新范式的出现"❸。胡德系统地阐述了新公共管理的七大原则,分别为"政府职业化管理、明确绩效评估标准、结果控制、政府内单位分散化、引进竞争、政府内引进私有工商管理和强调成本控制原则"。在以上学者研究的基础上,国内出现了不少针对新公共管理特征及模式的研究(陈振明,2000;郑珊,2005;刘雨果,2009;尹策,2015)。其中,著名行政学者陈振明(2000)将新公共管理的研究纲领或范式特征归纳总结为八个方面:强调职业化管理;提供回应性服务;公共服务机构的分散化和小型化;明确的绩效标准与绩效评估;竞争机制的引入;项目预算与战略管理;采用私人部门管理

---

❶ 刘华.新公共管理综述[J].攀枝花学院学报(综合版),2005,22(1):28-30.

❷ 奈约瑟夫 S,唐纳德约翰 D.全球化世界的治理[M].王勇,门洪华,王荣军,等,译.北京:世界知识出版社,2003:194.

❸ 陈振明.从公共行政学、新公共行政学到公共管理学——西方政府管理研究领域的"范式"变化[J].政治学研究,1999(1):82-91.

方式;管理者与政治家、公众关系的改变。此外,杨明伟(2003)提出,与传统的公共行政学相比,新公共管理的特征为公共性、公平性、合法性、效能性、适应性和回应性。学者方福前(2000)认为新公共管理的目标是解决公共问题,进而实现公共利益,新公共管理是运用公共权力对公共事务施加管理的社会活动❶。而针对中国具体国情,不少学者(杨明伟,2003;周宗猛,2010;马成祥,2011;张艳梅,2013;范尔博,2015;申云凤,2015)提出中国政府部门的行政改革应当适度引入新公共管理理论。

关于新公共管理模式的讨论,英国学者费利耶概括了新公共管理与传统公共管理四种不同的模式,分别为效率驱动模式、小型化与分权模式、追求卓越模式和公共服务导向模式。新公共管理的理论代表学者 B. 盖伊·彼得斯归纳了未来城市政府的四种可能性管理模式:市场式模式、参与式模式、弹性模式和解制式模式。

在新公共管理理论的影响下,美国城市的管理制度有了新的变化。目前,美国城市政府管理可分为两类:市长-议会制政府、议会-经理制政府。美国城市政府行政体制类型见表1.1。其中,在议会-经理制政府中,出现了城市经理的角色。城市经理主要职责为:①就全局问题制定政策;②编制预算,提交预算给议会,待议会批准后组织实施;③任免城市政府主要部门负责人;④形成广泛的外部关系,处理城市运行的各方面问题。政府日常行政事务通常是在议会的监督下由专业的行政人员和城市经理来处理。而现代城市经理已成为全面拓展的经纪人,他们要建立联盟,促进各竞争团体彼此谈判和妥协❷。

表 1.1 美国城市政府行政体制类型

政府类型		产生过程	权力	职责
市长-议会制政府	弱市长-议会制	城市投票者投票产生市议会、市长	市长任命权受限;市议会具有任命权、解职权	市长主持市议会;市议会管理范围:警察、消防、公共建设工程、街道、卫生、公园、规划等
	强市长-议会制	城市投票者投票产生市议会、市长	市长对市议会具有否决权;市长具有行政任命权、解职权	市长管理范围:警察、消防、公共建设工程、街道、卫生、公园、规划等
议会-经理制政府		城市投票者投票产生市议会、市长;市长为市议会成员,并主持市议会	市议会具有行政权、立法权,任命城市经理;城市经理具有任命权、解职权	城市经理对市议会负责;城市经理管理范围:警察、消防、公共建设工程、街道、卫生、公园、规划等

(来源:根据《城市管理学:美国视角(第六版)》自绘)

❶ 方福前.公共选择理论——政治的经济学[M].北京:中国人民大学出版社,2000.
❷ 摩根.城市管理学:美国视角[M].6版.杨宏山,陈建国,译.北京:中国人民大学出版社,2016.

城市规划管理制度与城市政府的管理形式有着不可分割的联系。在新公共管理的大背景影响下，城市规划管理制度也产生了变化，具体表现为：第一，城市规划管理不断引入市场机制，鼓励竞争，提高了效率与质量，注重绩效；第二，新公共管理理念引发政府职能转变，即政府不再是决策规划的唯一管理机构，而是需要寻求社会中多方面部门机构的意见，与其共同进行城市规划管理；第三，强调公众参与城市规划，而非以往的精英式规划；第四，在城市规划管理制度中提出应更多地关心顾客，以顾客为导向，城市规划必须以人为本。由此可知，新公共管理引起了城市规划管理制度的变革，同时，城市空间治理也需要从公共管理角度通过政策工具来引导。

在省部级主要领导干部学习贯彻十八届三中全会精神全面深化改革专题研讨班开班式上，习近平总书记提出："党的十八届三中全会提出的全面深化改革的总目标，就是完善和发展中国特色社会主义制度、推进国家治理体系和治理能力现代化。这是坚持和发展中国特色社会主义的必然要求，也是实现社会主义现代化的应有之义。"国家现代化治理是政府、市场和人民共同参与、协同作用下的社会管理模式。目前，国家治理能力现代化的提出，对城市规划领域特别是城市空间管理产生了重要影响。这就需要在城市空间管理制度改革中改变过去以政府主导资源配置、管制市场运行和社会活动的思想和体制，转而形成由政府、企业、基层群众自治组织和社会组织等共同管理的格局。

城市规划管理是国家治理体系的重要组成部分，是建设和提升国家治理能力的重要平台。而城市空间治理是城市规划管理中不可分割的一部分。国家治理体系与治理能力现代化既是对城市空间治理改革提出的新要求，也是城市空间治理未来发展的目标。专家们认为，城市规划管理制度改革是全面深化改革和重塑国家治理体系的重要环节，城市空间治理要更好地以城镇化的健康发展为目的，必须进一步明确城市空间治理在社会治理中的角色，调整与完善各层次空间治理的内容，加强与相关治理行为的协同作用；依据国家治理能力现代化的要求，确立与社会经济发展体制和社会需求相适应的城市规划管理制度和机制，完善城市空间规划管理的作用方式与方法，强化治理能力与治理体系的建设。

1.2.4　小结

城市空间治理研究至今已经有 60 余年，国外的相关研究已较为成熟，在城市空间治理研究的概念、体系、政策工具和实施评价方面均做出了较多探索。实践方面，全美至今已经有超过三分之一的州和部分大城市实施了城市空间治理政策，如华盛顿州、马里兰州、波特兰市等，从实施效果来看，大多数学者认为城市空间治理相关政策普遍起到了应有功效，当然也还不完善。自从 20 世纪 90 年代城市空间治理理论被引入国内，至今已经过了二十多年的发展时间，目前，国内关于城市空间治理的基本概念、内容和必要性方面的研究，在吸收、改良国外理论的基础上基本进入成熟阶段,当前的研究重点主要集中在城市空间治理的基本技术手段和政策工具等具体问题上。然而,当前研究城市空间治理的经济社会发展背景已经发生转变,中国的城镇化率已经在 2012 年超过 50％,中国已经超越日本成为全球第二大经济体,预计到 2030 年前后将会成为第一大经济体,同时中国已经进入经济发展的"新常态",因此在现有框架内讨论可能无法解决相关问题,城市空间治理应该成为全时空、全领域性的国家政策。

空间规划体系的研究为城市空间治理提出了新的思路,空间规划最早发端于有着悠久规划传统的欧洲大陆国家,现在已经成为整个欧盟国家的空间发展基本政策之一。新世纪到来以后,大洋彼岸的美国也开始重视国家空间体系的研究与部署,出台了"美国 2050"空间战略规划等,从国家层面上对全国空间进行规划。在新时期条件下,学者越来越重视空间规划体系并把它作为国家空间层面上的"基本底图",但是现有研究主要还是集中在规划体系的技术和构建方面,而对于规划体系背后的行政和运行体系则很少讨论,少数学者(霍兵,2013;张兵,2014;杨荫凯,2014)已经开始试图建立一个全域空间规划体系。

一个好的规划体系同样要在一个好的管理体制中才会收到好的效果,中国目前的城市规划体系不可为不丰富,但是目前学界讨论热点之一的"多规合一",即政策运行的环境造成的规划体系运行问题,反映出在规划的决策、实施和监督方面还存在着很多模糊不清的认知。在政策运行的环境方面,新公共管理是西方国家管理制度的最新研究与实践成果,自 20 世纪 80 年代至今,经过三十年的研究,在西方国家已经拥有了成熟的体系。国内学者将其引入国内也已有十多年时间,主要研究成果集中于新公共管理在中国行政体系改革方向上的必要性、新公共管理体系的构建和地方政府的实践等方面。国家主席习近平同志提出国家治理的现代化,进一步增强了进行城市空间治理制度的顶层设计的必要性。学者们从各个方面对新公共管理提出了基本原则,但是对于城市空间治理的相关理论,基本未见研究。

纵观已有研究成果,城市空间治理是一个综合、渐进发展的政策决策实施过程,因其受到国家发展战略、国土空间的整体布局利用和管理方式与手段等方面的综合影响,因此还存在以下不足:一是此前的研究缺乏新形势下的更加宏观、全面、综合的制度研究;二是此前的研究较多关注规划体系本身而忽略了规划运行的行政决策体系,以及不同政府和部门之间的权利分配运作过程;三是此前的研究较多运用定性的分析方法,缺乏令人信服的定量分析,尤其是对政策工具的效用及作用机理缺乏严密的定量研究。

城市空间发展目标的实现依赖于空间规划的优化,但更依赖于遵循既定目标的空间治理。任何规划如果没有与其适应的实施调控与管理的政策安排,其目标都将无法实现❶。对于现有城市空间治理的改进,一方面须从管理的模式上加以

---

❶ 陈锦富,任丽娟,徐小磊,等.城市空间增长管理研究述评[J].城市规划,2009(10):19-24.

转变,另一方面则要对最新的管理思想兼收并蓄,进行归纳和合理选择。城市空间规划必须借助城市空间治理才能实现既定的发展目标,并应综合运用各种政策工具管理城市空间增长。

1.3 本书主要内容与结构体系

全书分为两个部分共9章。第一部分为基础理论研究篇,由第1章至第6章组成;第二部分为实证研究篇,由第7章至第9章组成。主体部分遵循提出问题—分析问题—解决问题的思路展开。本书的结构体系如图1.1所示。

第一部分 基础理论研究篇

第1章,绪论。

第2章,城市空间的扩张与蔓延。本章重点讨论工业革命以来,西方发达国家因工业文明推动的城市空间增长由集聚到扩张再到蔓延的进程与特征。进一步讨论发端于改革开放的中国城市空间快速扩张的图景,改革开放加速了中国的城市化进程,实现了由农业大国向城市型国家的转型,与此同时也导致了资源滥用、环境污染、交通拥堵等大量的城市问题。

第3章,城市空间增长的动力机制。本章主要探讨城市空间增长产生的动力机制,从深层次角度提炼出城市空间增长的政治推动力、市场驱动力和社会均衡力三大动力。通过中国社会发展的现状特征,归纳出政治、市场、社会三力共同制衡推动着城市空间增长,进一步证实了城市空间增长是多因素共同作用的结果。

第4章,城市空间治理的制度环境。本章旨在剖析导致中国城市空间增长的基本制度环境,试图从中国特有的制度环境中,解析城市空间快速扩张的基本成因。

第5章,城市空间治理的制度变革。本章在第2章讨论城市空间扩张与蔓延的现象、第3章揭示城市空间增长的动力机制和第4章剖析城市空间治理的制度环境的基础上,提出了中国城市空间治理制度变革的路径。

第6章,城市空间治理的政策工具。本章首先梳理了实践中已经形成的城市空间治理的政策工具,根据其作用于城市空间的方式分为直接政策工具和间接政策工具两大类。提出任何一项政策工具均存在正、负外部性,不同政策工具之间又存在复杂的交互作用,将单一政策工具的负外部性内部化于政策工具的组合之中是政策工具设计的重要目标,提出城市空间治理并非单一政策工具的效用,而是多政策工具共同作用的结果。

第二部分 实证研究篇

第7章,选取特定城市——武汉市,以该城市发展的历史进程为线索,运用GIS及统计分析工具,分析城市空间规划借助城市空间治理塑造城市空间的得与

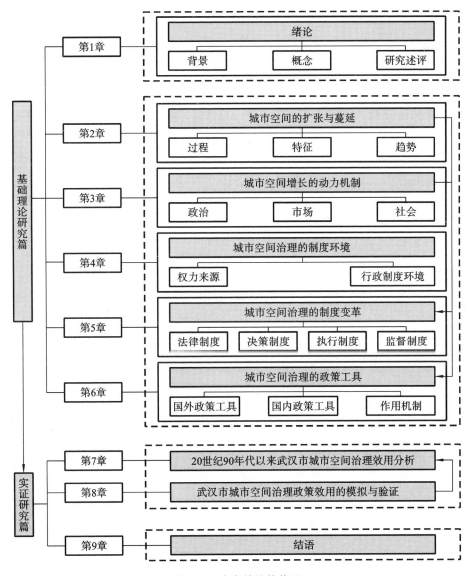

图 1.1　本书的结构体系

失,初步考察政策工具的效用。

第 8 章,以 IDRISI 软件为支持,利用其中 CA-Markov 模块对武汉市 1996—2005 年和 2005—2013 年两个研究期的土地利用变化进行模拟,然后与实际城市用地布局进行对比,以验证政策因素对城市空间增长的影响力,分析不同类型政策因素影响力的差异,探讨政策因素产生效用或失去效用的原因,为城市空间治理的政策制定和管控行为提供决策支撑。

第 9 章,结语。

第2章 城市空间的扩张与蔓延

工业革命之前的城市基本服务于政治与宗教,城市空间增长缓慢,只有少数几座城市(如长安城、罗马城)的人口突破了100万,面积接近100 km²,且城市功能简单。肇始于18世纪中叶的工业革命从根本上改变了城市发展的方式,开启了城市空间快速扩张的进程。200多年来,因工业革命引发的科技革命,不断改变着人类生产、生活的方式,同时也改变了人类与自然相处的方式。此前人类的发展方式以顺应自然为主,工业革命则打开了人类依靠改造自然谋发展的潘多拉魔盒,使人类发展进入破坏自然的死胡同。

2.1 西方发达国家城市空间的扩张与蔓延

一般把英国人瓦特在18世纪末发明蒸汽机作为工业革命开始的标志,实际上这是能源与动力的革命,它使人们开始摆脱对传统的风力、水力等自然能源的依赖。通过人工能源把生产要素集中于城市,从而使以制造业为主的工业迅速向城市聚集,随之带动商业和贸易的繁荣发展,因此城市人口规模也迅速增加,城市空间规模快速增长。

2.1.1 能源与动力革命时期城市空间的增长

由一系列重要的发明所引发的工业革命,对工业生产起到了巨大的推动作用,这些发明又被很快地应用到实际的工作生产中,并形成工厂制度,进一步确立了大规模的生产组织形式。1771年阿克莱特建立的英国第一家机器纺纱厂,已经预示着工业革命的到来,随后瓦特发明蒸汽机。从此,英国开始进入一个工业生产的新阶段,与原来的家庭手工业相比,工厂生产有鲜明的特点:一是使用以蒸汽机为代表的机器代替了原来使用自然性资源的风力、水力等;二是机器的使用范围变大,突破了原来对建造工厂的种种自然条件的限制,在空间上也改变了工厂的传统布局;三是可以不断扩大和扩展工厂规模,一些大型的工厂从单一城市遍布全国,生产率也不断提高❶。英国工业革命时期的动力织布机统计见表2.1。

---

❶ 李宏图.英国工业革命时期的环境污染和治理[J].探索与争鸣,2009(2):60-64.

表 2.1　英国工业革命时期的动力织布机统计

时间	英国拥有的动力织布机/万台
1813 年	0.24
1820 年	1.4
1829 年	5.5
1833 年	10

(来源:陈爱君.第一次工业革命与英国城市化[J].上海青年管理干部学院学报,2005(1):52-54.)

　　由于技术进步,英国工业发展的重点从乡村地区的纺织品生产转向钢铁生产,以及后来的高度城市化地区的工业产品生产。最初工业产品以满足国内市场为目标,随着 19 世纪大英帝国的扩张,也日渐扩展出了巨大的海外市场。人们向新兴城市化地区聚集,导致乡村人口减少,人口在从南到北、从西部乡村到南部威尔士的广阔区域迁移中进行了重新布局❶。

　　许多早期的居民定居点都选择在水源充足、交通便捷、土地肥沃、能养育大量人口的地方,因此河流宽度最窄的河谷地带是最理想的城镇选址。而工业革命后的城市的选址,只要有足够的技术手段和财力支持,就可以克服不利的自然因素,摆脱这些限制。在英国,国家电力、燃气、上下水和道路等基础设施的网络化布局,已经极大地降低了城市选址在地理上的限制❷。英国制造业城市集聚区域如图2.1所示。

　　工业化的推进伴随着城镇的扩张和人口的增长,部分新的工业城镇人口规模更是以惊人的速度增长,达到原来的两到三倍。随着城镇人口数量的增长,过度拥挤和疾病产生,人们的生活质量大幅下降,特别是在新兴城市中人群高度密集,在拥挤的街道和住房中产生疾病的可能性更大❸。1851 年后英国城市人口占总人口比例见表 2.2。

表 2.2　1851 年后英国城市人口占总人口比例

时间	城市人口占总人口比例/(%)
1851 年	50
1891 年	72
1900 年	75

(来源:葛利德.规划引介[M].王雅娟,张尚武,译.北京:中国建筑工业出版社,2007.)

　　新工具的发明,特别是生产产品比手工制品快得多的机器的发明,引起劳动性

---

❶　葛利德.规划引介[M].王雅娟,张尚武,译.北京:中国建筑工业出版社,2007:87.
❷　葛利德.规划引介[M].王雅娟,张尚武,译.北京:中国建筑工业出版社,2007:70.
❸　葛利德.规划引介[M].王雅娟,张尚武,译.北京:中国建筑工业出版社,2007:88.

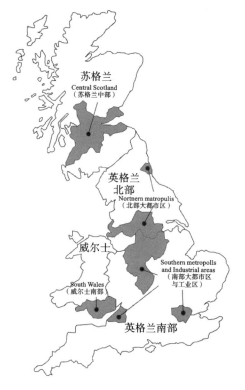

图 2.1 英国制造业城市集聚区域

(来源:詹克斯,伯顿,威廉姆斯. 紧缩城市——一种可持续发展的城市形态[M].

周玉鹏,龙洋,楚先锋,译. 北京:中国建筑工业出版社,2004.)

质以及劳动力职能的巨大变化[1],也大大拓宽了城市各类经济活动的社会化、生产专业化的发展范围。技术进步促进了生产经济的爆炸性发展,同时也引发了城市本身的"爆炸",即城市空间的快速扩张。1801—1901 年英国人口增长统计见表2.3,1801—1901 年英国城市人口增长统计见表 2.4。

表 2.3 1801—1901 年英国人口增长统计

时间	总人口/万人
1801 年	890
1851 年	1790
1901 年	3250

---

❶ 葛利德. 规划引介[M].王雅娟,张尚武,译. 北京:中国建筑工业出版社,2007:86.

表 2.4　1801—1901 年英国城市人口增长统计

时间	伯明翰/万人	曼彻斯特/万人	利兹/万人
1801 年	7.1	7.5	5.3
1851 年	26.5	33.6	17.2
1901 年	76.5	64.5	42.9

以蒸汽机为动力的生产加工工厂在为世界各地市场生产商品的同时,也扩大了城市核心地区的范围,这些城市核心地区成为城区内主要的人流物流集散区,而随后的 1830 年,新的铁路运输网的产生再次扩大了城市规模,但同时也造成了城市的拥挤景象[1]。

几个世纪以来,城市的布局都很紧凑,城市的范围以及工作地点的距离和交通设施的局限,将人们限制在轻松步行或骑马可达的距离范围内。随着机械化交通方式的发展,人们可以比步行走得更远更快,城市空间也开始水平蔓延开来。而铁路的发展,使比较富裕的人们即使要到城市中心通勤上班,也可以将住宅搬得更远,从而使城市发展出现郊区化和分散化的趋势,这是英国最近 150 多年以来城市发展的主要特征。表 2.5~表 2.7 所示为英国城市人口分析表。

表 2.5　英国 2500 人以上的城市人口占全国总人口比例

时间	比例/(%)
1750 年	25
1801 年	37.8
1851 年	50.2
1911 年	78.1

(来源:林秀玉.工业革命与英国都市化特征之探析[J].闽江学院学报,2004,25(6):91-94.)

表 2.6　英国四大城市人口增长统计

时间	曼彻斯特/万人	利物浦/万人	格拉斯哥/万人	伯明翰/万人
1861 年	50.1	47.2	44.3	35.1
1901 年	103.5	88.4	100	84

(来源:陆伟芳.英国中产阶级与 19 世纪城市发展[J].扬州大学学报(人文社会科学版),2007,11(3):113-118.)

---

❶　芒福德.城市发展史:起源、演变和前景[M].宋俊岭,倪文彦,译.北京:中国建筑工业出版社,2005:471.

表 2.7 英国大城市人口外迁的变化趋势(1961—1991 年)

城市	人口外迁数量/人				变化/(%)
	1961 年	1971 年	1981 年	1991 年	
大伦敦城	7993	7453	6696	6378	−20.2
伯明翰	1183	1098	1007	935	−21.0
利兹	713	739	705	674	−5.5
格拉斯哥	1055	897	766	654	−38.0
设菲尔德	585	573	537	500	−14.5
利物浦	746	610	510	448	−39.9
爱丁堡	468	454	437	422	−9.8
曼彻斯特	662	544	449	407	−38.5
布里斯托	438	427	388	370	−15.5
考文垂	318	337	314	293	−7.9

（来源:詹克斯,伯顿,威廉姆斯.紧缩城市——一种可持续发展的城市形态[M].周玉鹏,龙洋,楚先锋, 译.北京:中国建筑工业出版社,2004.）

这期间有许多人本主义城市规划思想学者,开始觉察到工业化生产对城市发展的不利影响,他们更多地主张通过社会改革来控制过度的城市空间增长,并以城市协调与均衡增长为主要目的,霍华德及其提出的田园城市思想就是最典型的代表。事实上这种"社会城市"思想并没有阻止或减慢城市的扩张,其根本原因是人口扩张、土地扩张、工业扩张三股强大的扩张力量在长达三个世纪的时期内始终推动着城市的发展,且这些扩张运动发展速度远远超出人们的想象,即使大家已经认识到我们需一个更为稳定的生命经济,人们依然无法对其进行有效的阻止和抑制。这三个扩张运动从一开始就表现出它们的不合理性和破坏性,在过去几十年中,这三个扩张运动的进程不但没有减慢,反而加快了。随着混乱情况的扩大,谋求对城市有计划地分散,达到动态平衡和正常发展的可能性减小了。当前向郊区无计划的蔓延发展以及随之而来的大都市的拥挤和枯萎取代了区域设计和城市秩序[1]。

铁路运输网的持续修建,并不能完全满足大规模的工业生产,汽车的大量使用,再一次加速了工业化进程,城市空间增长表现出前所未有的局面。城市空间增长往往伴随着经济增长、人口增长和空间扩张,并随之对城市能源消耗与碳排放产生影响[2]。这与大规模的交通工具的使用有很大关系。

---

[1] 芒福德.城市发展史:起源、演变和前景[M].宋俊岭,倪文彦,译.北京:中国建筑工业出版社,2005: 536.

[2] 郑思齐.城市经济的空间结构:居住、就业及其衍生问题[M].北京:清华大学出版社,2012:252.

公共汽车和私人小汽车的发展,导致名副其实的郊区化"爆炸",在半个世纪以前的英国,乘客乘坐公共汽车出行的行程是乘坐小汽车出行行程的 2 倍,而现在,乘客乘坐小汽车出行的行程是乘坐公共汽车出行行程的 11.4 倍。那时,骑自行车出行的行程也超过乘坐小汽车出行的行程,而现在乘坐小汽车出行的行程是骑自行车出行行程的 5 倍。尽管没有同一时期内有关步行出行行程的变化纪录,但仅仅是考虑它本身,在最近的 20 年里,步行出行行程占总行程的比例从 40% 下降到了 30%。此外,据交通部门最新的统计表明,交通所消耗的能源占所有主要能源消耗的 1/3,而且这个数字正在以一种惊人的速度增长❶。英国不同地区每周人均交通距离情况见表 2.8。

表 2.8　英国不同地区每周人均交通距离情况　　　　　　　　单位:km

地区	小汽车	公交车	火车	步行	其他	合计
伦敦内城	45.3	12.0	34.1	2.5	16.6	110.5
伦敦外城	113.3	8.9	23.3	2.6	18.5	166.6
大都市区	70.6	16.9	4.7	3.4	17.1	112.7
人口数量超过 250000 人的城市	93.6	11.2	8.3	4.2	23.9	141.2
人口数量为 100000~250000 人的城市	114.8	8.6	11.3	3.2	22.6	160.5
人口数量为 50000~100000 人的城市	110.4	7.2	13.0	3.7	18.2	152.5
人口数量为 25000~50000 人的城市	110.8	5.7	12.5	3.7	24.1	156.8
人口数量为 3000~25000 人的城市	133.4	7.2	8.0	3.0	24.1	175.7
农村	163.8	5.7	10.9	1.7	28.9	211.0
平均	106.2	9.3	14.0	3.1	21.6	154.2

(来源:詹克斯,伯顿,威廉姆斯.紧缩城市——一种可持续发展的城市形态[M].周玉鹏,龙洋,楚先锋,译.北京:中国建筑工业出版社,2004.)

两次世界大战期间,伦敦郊区发展的速度都非常快。1921—1939 年伦敦建成区面积扩大了 3 倍,有 50 万居民从城区内迁到了郊区。1939 年,伦敦的地下铁路和电气化郊区铁路,已从市中心向外延伸了 24 km,同时离市中心 8—24 km 处沿线都建满了低密度住房。伦敦周围的小城镇由于交通方便,随着工业大发展,居住

❶　詹克斯,伯顿,威廉姆斯.紧缩城市——一种可持续发展的城市形态[M].周玉鹏,龙洋,楚先锋,译.北京:中国建筑工业出版社,2004:8-39.

人口也大量增加❶。1927年大伦敦区域规划委员会成立,以倡导卫星城理论和实践的恩温任技术总顾问,采用在大城市外围建立卫星城市、疏散人口、控制大城市规模的方案。工业化时期伦敦城的发展如图2.2所示。

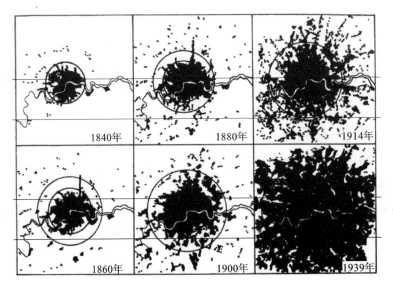

图2.2 工业化时期伦敦城的发展

(来源:陈锦富.城市规划概论[M].北京:中国建筑工业出版社,2006.)

针对重建城市与城市更新的问题,在第二次世界大战期间,出现了三份奠定英国战后城市规划体系构成基础的重要的国家研究报告,分别为《巴罗报告》(1940年)、《尤斯瓦特报告》(1942年)和《斯科特报告》(1942年),它们的核心内容依次是关于工业人口重新分布、土地开发地价控制与土地开发补偿及赔偿政策、农业区开发方面等。这三份国家研究报告在全国引起了强烈反响,并引发了英国城市机构改革。《城市规划大臣任命法》(1943年)、《城乡规划法》(1944年)和《土地利用的控制》(1944年)等一系列法规与政策,则在一定程度上对大规模的城市土地开发指明了方向。

如果说,欧洲中世纪的城市特免观念、所有权意识、有限君主和契约关系、财产与责任观念为城市发展创造了前提条件,那么,资产阶级革命则为西方城市提供了民主、自由、平等的城市思想和制度框架,这种早期的城市规划思想为现代城市提供了启蒙的城市规划理念和城市发展取向❷。

第二次世界大战结束后,伦敦的重建工作提上日程。由于人口大量增加,需要增加新建住宅、学校、商店和交通设施等。1942年由艾伯克隆比主持编制大伦敦规划,重点考虑合理分布工业和人口,提出疏散城市中心区工业和人口的建议,在

---

❶ 张捷.新城规划与建设概论[M].天津:天津大学出版社,2009:24.
❷ 甄峰.城市规划经济学[M].南京:东南大学出版社,2011:3.

距离伦敦中心半径约 48 km 的范围内,通过划定内城、城郊、绿带和外围乡村四个地域圈层来控制市区的扩大与蔓延。

英国战后有一些规划理论学者要求对城市规划及其效果进行实验性调查。特别是以彼得·霍尔为代表的学者,他们提出城市规划产生了城市控制的效果的理论,并进一步说明城市控制的效果就是城市区域向外扩展到周围农村的势头已经得到了"控制",其具体实现方法是:在大城市和集合城市周围划定一个绿带,将必须安排在绿带以外的新的城市开发项目集中到"紧凑区间"内,或者安排在规划好的新城市以及现有城镇和村庄内,而不是小规模地分散这些开发项目;在市区内则以高密度方式容纳新的城市开发项目。理论上来说,因为这样控制了城市市区及周边的增长,也意味着郊区的扩展得到了一定的控制,然而郊区化的出现实际上使家与工作地愈来愈分离,使上下班的路途更漫长了❶。

从伦敦市其后几十年的城市规划实践来看,这种划定圈层的控制方法,只是在表面的区域观念基础上形成的,它所提出的缓解人口拥挤、加快建设卫星城和阻止工业用地扩张等建议,既没有考虑到伦敦产业功能的变化趋势,也没有考虑到相关因素的复杂性。防止城市蔓延的初衷依旧没有得到有效解决,人口、工业的强力推动仍然在快速地驱动着城市空间增长。

19 世纪上半叶开始的第二次工业革命使得西方主要政治与经济大国进入资本主义经济高速发展的阶段,并引发了社会经济领域和城市空间组织的巨大变革。工业大生产所带来的新型生产要素、社会结构、生活形态和社会需求等,都是人类历史上从未经历过的。工业革命导致大量的新兴工业城市在广大的区域内如雨后春笋般迅速生长,城市在人类历史上第一次成了国家经济生产的绝对中心、要素集聚中心和创新中心,并以其巨大集聚效应快速推动着西方国家的城市化进程。到了 20 世纪初,英国城市人口占人口总数的比例已经从 19 世纪中叶的 50% 增至 75%,美国城市人口的比例已经从 1890 年的 35.1% 增至 1920 年的 50%,这样的城市人口集聚速度是西方世界发展历史上从来没有过的❷。

19 世纪初,大部分美国人还生活在农场。19 世纪下半叶到 20 世纪初的这场工业革命把美国从农业经济国家转变为以大规模制造业为基础的工业经济国家。同时导致了大规模的人口迁移,人们离开农场进入城市。1920 年,美国的城市人口数量首次超过了农村❸。

以工业化和经济发展带来的城镇化极大地促进了城市发展,日益严重的"城市

---

❶　泰勒.1945 年后西方城市规划理论的流变[M].李白玉,陈贞,译.北京:中国建筑工业出版社,2006:95.

❷　张京祥,殷洁,何建颐.全球化世纪的城市密集地区发展与规划[M].北京:中国建筑工业出版社,2008:33.

❸　吉勒姆.无边的城市——论战后城市蔓延[M].叶齐茂,倪晓晖,译.北京:中国建筑工业出版社,2007:27.

病"也开始出现,表现为交通拥挤、住房紧张、环境污染等一系列现象。现实问题促使一些学者试图通过人口流动的限制解决"城市病"。他们认为通过限制城市规模,能够缓解或至少部分地解决城市拥挤、环境污染等问题,进而提高城市居民的生活水平,为城市居民开创优良的生存环境、提供良好的服务设施和有效的基础设施,卫星城就是在这一倡议下的重要产物❶。发展卫星城主要是为了疏解大城市人口规模,一定程度上减缓城市空间增长的速度。但国际经验和实证研究表明,卫星城在其发展过程中带来的问题及相应的建设管理成本可能远远超过其所带来的效益,主要表现在六个方面:一是通过卫星城单纯地分散或截流人口效果不佳;二是卫星城就业-住宅不平衡;三是导致高交通(通勤)成本;四是卫星城的可持续发展程度低;五是旧城居民生活质量下降;六是城市空间依然在蔓延式发展❷。

随着汽车拥有量的增长和郊区的蔓延,城市外围的居住需求增大,城市绿带和开敞乡村地区开发的压力增大,城市和乡村的界限变得越来越模糊❸。卫星城的建设也是这个道理,城市与郊区、郊区与卫星城之间通过圈层式蔓延和填充式蔓延,使这些空间又逐渐被填充,城市又开始向新的边缘地带扩张,形成新一轮的空间增长。

2.1.2 重建与复苏时期的城市空间蔓延

19世纪末到20世纪初,由于工业革命的推动,全球经济的持续发展和资产阶级在政权上的进一步巩固,西方各国基本上都进入繁荣时期。各国在欧洲和世界体系中不断争夺对全球事务的控制权,企图对全球势力、资源与市场进行重新划分,并由此导致了第一次世界大战和第二次世界大战。

第二次世界大战中,多数城市受到战争破坏,部分城市甚至被夷为平地。战后一段时间,这些城市都面临着恢复重建,复兴工作成为这些城市规划建设的核心任务,20世纪50年代以后,随着社会经济的复苏,城市化进程也一度加快,城市人口规模不断增加,城市的空间扩展也不断增大,城市的空间增长出现迅速扩大的态势。

第二次世界大战以后,郊区化的发展趋势在美国城市开始出现,并且各大城市表现出趋同性,小汽车的发展和交通条件的改善,以及人们对郊区高质量的自然环境的追求共同推动了这一趋势,郊区化生活逐渐成为美国社会的主导生活方式之一。

工业化时代的城市空间变化最明显的特征就是城市空间的无限蔓延,它是以分散化的土地使用现状为特征的空间发展。在空间蔓延的态势下,商品和服务功能都被分散在整个城市区域,面对这些问题,需要用便捷的道路系统将其联系起

---

❶ 丁成日.城市空间规划——理论、方法和实践[M].北京:高等教育出版社,2007:89.
❷ 丁成日.城市空间规划——理论、方法和实践[M].北京:高等教育出版社,2007:95.
❸ 张捷.新城规划与建设概论[M].天津:天津大学出版社,2009:172.

来,但人们的场所感也因此而丧失❶。1950—1990 年美国大都市区土地消费增长超出人口增长情况见表 2.9。

表 2.9　1950—1990 年美国大都市区土地消费增长超出人口增长情况

大都市区	1950—1990 年人口增长率/(%)	1950—1990 年城市化区域增长率/(%)	城市化区域增长率与人口增长率的比值
匹兹堡	9.50	206.30	21.72
布法罗	6.60	132.50	20.08
密尔沃基	47.90	402.00	8.39
波士顿	24.30	158.30	6.51
费城	44.50	272.10	6.11
圣路易斯	39.00	219.30	5.62
克利夫兰	21.20	112.00	5.28
辛辛那提	49.10	250.70	5.11
堪萨斯城	82.70	411.40	4.97
底特律	34.30	164.50	4.80
巴尔的摩	62.70	290.10	4.63
纽约	30.50	136.80	4.49
诺福克	243.60	971.00	3.99
芝加哥	38.00	123.90	3.26
明尼阿波利斯	110.70	360.20	3.25
亚特兰大	325.40	972.60	2.99
华盛顿	161.30	430.90	2.67
人口大于 100 万的 34 个大都市区	92.40	245.20	2.65

（来源:刘志玲,李江风,龚健.城市空间扩展与"精明增长"中国化[J].城市问题,2006:17-20.）

　　19 世纪末,当汽车进入美国时,没有人相信汽车会成为美国交通系统的主流。1898 年,18000 个美国人中才有一辆汽车。到了 1900 年,美国的全部汽车数量也仅有 8000 辆。随着经济社会的持续发展,越来越多的汽车生产公司出现,生产线的改进降低了生产成本,汽车生产的数量越来越多。1925 年,福特公司每天可以生产 9000 辆汽车。也就是说,福特公司每天生产的汽车数量比 25 年前全美国汽车的总量还要多。1927 年,美国拥有 2600 万辆汽车。从 1900 年到 1927 年,美国汽车数量增加了 3000 多倍❷。

---

❶　甄峰.城市规划经济学[M].南京:东南大学出版社,2011:84.
❷　吉勒姆.无边的城市——论战城市蔓延[M].叶齐茂,倪晓晖,译.北京:中国建筑工业出版社,2007:34.

同时高速公路系统的建设也为高速度的汽车通行提供了条件。20世纪30年代末,美国开始构想未来的高速公路。1939年,超过500万人参观了世界博览会上的通用汽车公司展览,这个展览预见了未来汽车工业的前景,展示了未来国家高速公路系统的模式。多道、出入口和环状交叉跨越式高速公路一直延伸到农村,到达郊区的住宅,上下班的人们以每小时100英里(约160 km)的速度在这条神奇的道路上行驶❶。随后在以运输协会为代表的工业团体、以汽车生产企业为代表的制造业团体及联邦议会的共同努力下,美国开始了高速公路系统这一公共工程的建设。毫无疑问,汽车的增长和高速公路的建设以及美国政府在二战前建立的住宅信贷系统共同导致了城市郊区的蔓延,城市空间也随着国家经济发展水平的提高迅速增长。

汽车是可以实现自由出行的极好的交通工具。然而,它也导致了"社会窘境",即每个人都追求各自的最大价值,使社会付出巨大成本。通常人们认为汽车交通是城市交通方式之一,但实际上,汽车交通对于低密度呈分散状态的城市和地区才是最适合的。这是因为它与大容量的交通工具不同,它可以满足个人自由的交通需求,但需要更大的城市空间。而依赖汽车交通的市区呈现无序扩展的态势,在经济、财政、社会、环境等诸多方面产生了各种各样的问题❷。郊区化的产生更是汽车交通持续增长的直接结果。1970—1995年,美国每个家庭的车辆拥有率见图2.3,1960—1999年,美国国产和进口石油比较见图2.4。

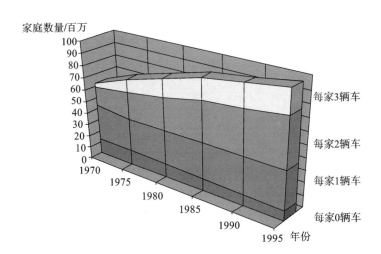

图2.3 1970—1995年,美国每个家庭的车辆拥有率

(来源:吉勒姆.无边的城市——论战城市蔓延[M].叶齐茂,倪晓晖,译.北京:中国建筑工业出版社,2007.)

---

❶ 吉勒姆.无边的城市——论战城市蔓延[M].叶齐茂,倪晓晖,译.北京:中国建筑工业出版社,2007:37.

❷ 海道清信.紧凑型城市的规划与设计[M].苏利英,译.北京:中国建筑工业出版社,2011:23.

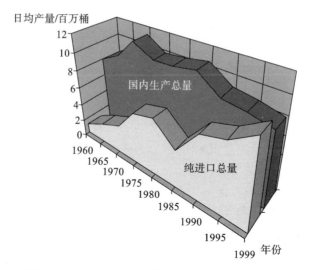

图 2.4　1960—1999 年,美国国产和进口石油比较

(来源:吉勒姆.无边的城市——论战城市蔓延[M].叶齐茂,倪晓晖,译.中国建筑工业出版社,2007.)

到了 20 世纪 80 年代,美国的城市空间增长呈现出了无限制低密度的空间蔓延现象,这种失控的城市化地区不可阻挡的蔓延的现象,称为"城市蔓延"❶。其后,美国郊区化受交通条件改善的影响表现出在扩散中又有相对集聚的局面,城市空间结构呈现出由单中心向多中心转变的新趋势。远程通信技术的进步也推动并促发了新一轮的郊区化浪潮,促使中心城市和郊区之间很快建立起新的相互依赖的空间关系❷。

美国的城市蔓延是指在服务和城市就业核心区以外的一种低密度、青蛙跳跃式的空间发展模式。这种模式将居住、购物、娱乐、教育等分离,因而需要通过小汽车实现空间移动❸。但是随着时间的推移和城市蔓延的无限扩大,人们对汽车的依赖加重,这种情况直接导致了交通拥堵现象,汽车数量的增长又导致汽油能源消耗的增加。因此,汽车数量持续不断地增长成为城市面临的最严重的环境威胁。从城市宏观视角来看,这些严重的能源消耗问题也是与城市空间增长息息相关的。改变城市空间治理方法及政策,减少无限的城市蔓延,不仅有助于解决能源消耗、环境恶化问题,也能协调城市交通与城市经济发展的问题。

美国的城市空间治理与战后席卷全国的大规模城市空间增长高潮密切相关。被 20 世纪 30 年代物质匮乏的大萧条和之后战时的严令管制压抑已久的消费与增长需求在战后一并爆发出来,在面向普通百姓的联邦住房抵押贷款法案的刺激下,

---

❶ 李蕾,邱杨.精明增长对我国城市空间扩展的启示[J].四川建筑,2011,31(4):51-53.

❷ 甄峰.城市规划经济学[M].南京:东南大学出版社,2011:61.

❸ 丁成日.城市增长与对策——国际视角与中国发展[M].北京:高等教育出版社,2009.

凭借小汽车的普及带来的便利条件,人们购房置业的意愿变强,地域选择范围越来越广。开发商们也迎来了开发大型项目的黄金时代:大片的新住宅区、占地宽阔的各类商业中心和大规模的工业园区纷纷出现;城市发展突破原有的空间界线,并以空前的速度和尺度向广大的周边乡村地区扩展、蔓延;城市空间在增长,人口、经济、住房和就业也都在增长,这期间,增长被认为是正面的,各社区都以增长为荣❶。

城市蔓延是郊区化的一般表现形式,R. 莫曾指出,城市蔓延的特点包括"用地规划的低劣性、土地消耗的浪费性、汽车交通的依赖性、建筑设计的不适性"。长期以来在北美,增长都被认为是正面的、引以为荣的。虽然美国和加拿大得天独厚的自然条件为这种蔓延增长方式提供了空间基础,便捷的高速公路、小汽车的普及为之提供了技术支撑,但是考虑到由此导致的生态、社会方面的负面效应,1990 年后,人们不得不重新审视与传统相违背的这种不受控制的城市增长方式,并强烈提出要通过对土地开发活动进行管制以提高城市空间增长的综合效益。

针对城市蔓延带来的环境恶化及资源消耗等问题,城市"精明增长"这一前沿的理念在美国发展并流行起来。作为一项公共政策的指导理念,精明增长是一种精心、科学规划的发展模式,这种模式重视农地保护、旧城复兴、保持住房的可支付性、提供多种交通方式的选择等,具有可持续发展、可操作的特点❷。其通过鼓励内聚式发展、利用"城市绿带"、确定城市增长边界(生态敏感区域和开敞空间)等措施加以贯彻实施❸。精明增长给人们一个全新的城市空间规划理念。但是,如何将这些理念应用到具体的空间管理实践中去,还需要做进一步的探讨和研究。精明增长最初把重点放到通过设定新开发的限度来保护环境资源。之后,精明增长涵盖了越来越多的城市规划和行政管理方式,旨在达到支持和协调开发过程的目标。换句话说,精明增长已经逐步成为指导社区开发的一个大纲,而不再是简单限制发展的一种方法。总而言之,精明增长试图使用规划、政策和规定的方式来影响规划区新开发项目的分布❹。

在美国,国家最基本的经济单元就是大都市区,这是百年城市化发展的结果,美国的城市日益发展,在这种情况下,许多城市面临着如何管理它们日益增长的区域的问题。为了解决迅速膨胀所产生的问题,在 1898 年,纽约市政府采取了大规模归并纽约市周围地区的方式❺。随后有许多城市都仿照纽约采取了归并的方式来加强对城市增长的管理。但随后的实践也表明,归并并不一定适用于所有城市,它并不是一个通用的解决方式。

---

❶ 张进.美国的城市增长管理[J].国外城市规划,2002(2):37-40.

❷ 丁成日.城市增长与对策——国际视角与中国发展[M].北京:高等教育出版社,2009:112.

❸ 甄峰.城市规划经济学[M].南京:东南大学出版社,2011:84.

❹ 吉勒姆.无边的城市——论战城市蔓延[M].叶齐茂,倪晓晖,译.北京:中国建筑工业出版社,2007:165.

❺ 吉勒姆.无边的城市——论战城市蔓延[M].叶齐茂,倪晓晖,译.北京:中国建筑工业出版社,2007:224.

早在 20 世纪 80 年代末,一部分科学家就开始预测,处于扩张状态的美国和澳州城市在汽车使用上的增长会趋于平稳。这种预测源于工作地向从前居住地(郊区)的转移,致使通勤距离缩短。这种现象被认为是汽车城市的自动调节❶。

　　第二次世界大战前,法国的城市空间增长和人口增长极为缓慢,城市化速度也低于同期的美国、英国和德国。然而,这种状态在战后发生了剧烈的变化,法国从 20 世纪 50 年代到 20 世纪 70 年代的城市化速度高于其他多数发达国家。在 1945—1975 年的 30 年时间内,法国从一个农业国家迅速变为一个工业国家。受强大的工业推动,巴黎市的城市建设大规模增长,工商企业在市区近郊自发聚集,而独立式住宅在工业用地外围无序杂乱地扩展,甚至呈过度蔓延趋势。1946 年巴黎人口为 460 万,占全国人口的 11%,之后仅 10 多年时间,便增加到了 800 多万。从 20 世纪 60 年代起,巴黎郊区的人口增长速度超过内城区。其后 30 多年间,内城区的人口规模从 170 万增加到了 230 万,而郊区的人口总量则从 40 万剧增到了 560 万。巴黎内城区的面积仅 105 km²,去除两个森林公园,内城区面积不到 90 km²,但却聚集了 230 万人口,城区人口密度在某些集中地区达到了 10 万人/km²❷。

　　这段时间高出生率、国内农村人口向城市转移和国际移民(南欧和北非)使得法国的城市人口快速增长。从 20 世纪 60 年代开始,法国的城市空间增长范围已经远远超出了城市聚集区,从 1968 年到 1999 年,法国城市空间增长了 4 倍,但城市人口只增长约 1.5 倍,具体见表 2.10。快速的城市空间增长导致城市区域人口居住密度降低,并且这种变化还在持续推进❸。内城区的政治、金融、商业等功能与郊区的居住功能的不同,使城郊之间的交通联系日益紧张与恶化,交通拥挤与通勤时间过长,使城市发展必然向郊区扩展。

　　面对城市空间快速增长的现状,法国政府开始通过制定和实施规划管理来解决城市空间增长的问题。1934 年由亨利·普罗斯特(H. Prost)起草的《巴黎地区国土规划纲要》、1956 年的《巴黎地区国土开发计划》、1960 年的《巴黎地区国土开发与空间组织总体计划》及 1965 年由保尔·德鲁弗里(P. Delouvrier)主持制定的《巴黎大区国土开发与城市规划指导纲要(1965—2000)》等规划性文件,分别从对非建设用地的保护、降低城市中心区密度、建立新的中心地区及布置新城等方面入手,以期抑制城市及郊区的蔓延。

---

❶　联合国人居署.全球化世界中的城市——全球人类住区报告 2001[M].北京:中国建筑工业出版社,2004:173.

❷　张捷.新城规划与建设概论[M].天津:天津大学出版社,2009:54.

❸　张振龙,李少星,张敏.法国城市空间增长:模式与机制[J].城市发展研究,2008,15(4):103-108.

表 2.10 法国的城市空间增长(1968—1999 年)

城市区类型	人口与空间特征	1968 年	1975 年	1982 年	1990 年	1999 年
都市连绵区	面积/km²	68827	76227	83323	89642	100052
	人口数量/人	34817487	38333592	39850831	41894167	44201027
	密度/(人/km²)	506	503	478	467	442
城市区	面积/km²	42733	71756	100218	132090	175997
	人口数量/人	30106017	34918289	37725248	41277858	45052901
	密度/(人/km²)	705	487	376	312	256

(来源:张振龙,李少星,张敏.法国城市空间增长:模式与机制[J].城市发展研究,2008,15(4):103-108.)

第二次世界大战后,特别是 20 世纪 50 年代中期以后,工业化带动下的城市化浪潮席卷日本。日本的城市化进程比欧美西方国家晚了百余年,但因经济发展迅速,其只用了几十年时间,就达到了西方发达国家的城市化水平。人口和大型工商企业纷纷向东京集中,使得东京人口、产业占全国的比重进一步提高,同时过度拥挤的城市交通和城市空间的无限蔓延也非常严重。1945—1965 年日本全国的人口年均增长率为 1.6%,而同时期东京人口年均增长率为 5.8%,远远高于全国水平。东京占全国总人口的比重从 1945 年的 4.8% 提高到 1965 年的 11%,其中,23个市区占东京人口的比重在 1945—1955 年,从 79.6% 提高到了 86.7%,至 1962年东京市的人口超过了 1000 万❶。人口的增加和人口向城市的集中,形成日本很多城市的高密度人口现象。1960 年日本主要城市人口密度见表 2.11。

表 2.11 1960 年日本主要城市人口密度

城市	人口密度/(人/hm²)
东京	173.8
神户	176.2
大阪	159.4
金泽	140.8
长崎	148.9

(来源:海道清信.紧凑型城市的规划与设计[M].苏利英,译.北京:中国建筑工业出版社,2011.)

东京在第二次世界大战后一直为典型的单核中心的城市空间结构,城市规模过度扩张,城市人口和产业向城市中心区过度聚集等问题是东京在第二次世界大战后城市建设面临的首要问题。虽然在 1958 年,东京编制了《首都圈整备计划》,仿效 1944 年英国的大伦敦规划,在距离城市中心 16 km 处设置绿带,试图阻止城市无限制地蔓延,但由于 20 世纪 50 年代末 60 年代初,东京地区的人口及就业增

---

❶ 张捷.新城规划与建设概论[M].天津:天津大学出版社,2009:41.

长速度远超过规划预期的结果,城市郊区居住区建设侵占了大量绿化用地,致使建设城市绿带的设想基本落空❶。1960 年的东京规划,又提出了"以城市轴为骨干"的城市结构改革方法,设想将东京的城市中心功能集中在城市轴上,但最终东京的城市空间仍然在继续蔓延。东京都市圈区域政策分区图见图 2.5。

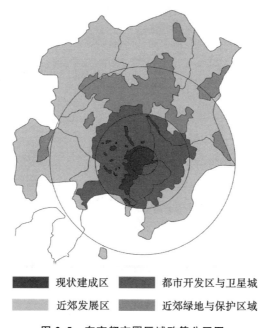

现状建成区　　都市开发区与卫星城
近郊发展区　　近郊绿地与保护区域

图 2.5　东京都市圈区域政策分区图

(来源:张京祥,殷洁,何建颐.全球化世纪的城市密集地区发展与规划[M].北京:中国建筑工业出版社,2008.)

2.1.3　城市空间扩张与蔓延引发的问题

在西方工业革命之后,工业化的快速发展吸引了大量农村人口不断向城市集中,工业城市的面貌也展示出来:大片烟囱林立的工厂,堆满货物的仓库,为了容纳大量产业工人而临时修建的住房。这个阶段,城市结构与空间布局完全是基于工业化大生产考虑的。随着城市人口的迅速增加和城市密度的不断增大,城市快速发展中的问题也逐渐暴露了出来。主要表现在:城市开放空间消失,住房紧张,房屋品质下降和城市过度拥挤,移民增长和城市居民失业,卫生和公共健康资源短缺,城市财政拮据,环境日趋恶化❷。

在 20 世纪的最后几十年里,人类活动模式在地理位置上的扩张呈现出一种令人担忧的加速度增长趋势。这既反映了机动车车辆拥有者的影响越来越大,又反

---

❶　张捷.新城规划与建设概论[M].天津:天津大学出版社,2009:42.

❷　甄峰.城市规划经济学[M].南京:东南大学出版社,2011:13-14.

映了规划设计与这种现象相互作用而发生的变化❶。

这一时期的许多国家都存在着与能源有关的严重问题,特别是与之相关的城市问题,因为工业化城市是造成能源消耗和环境问题的主要原因。尤其是美国的城市存在大量的能源消耗,并随之产生许多环境污染问题。第二次世界大战后扩散开来的低密度低强度的城市发展模式,使私人汽车得以广泛地应用,这是有效运输中最无效率的一种交通形式。这种构造基础使得发展有效的公共运输变得困难,而且很多郊区也仅有人行道和自行车道。过分依赖私人汽车转化成了交通堵塞、环境污染的问题。此外,在这种运输模式下应运而生的大型停车场和公路系统的人工化体系,造成了城市"热岛"效应,使得城市居民更加频繁地使用空调,而这同时又增加了能源消耗❷。在美国,依赖汽车的城市明显增加,在其他一些发达国家,这种城市化模式被复制,城市组织的形式往往转化为高能级的能源消耗和污染。

人类建设活动给自然生态环境带来了严重破坏,也因此引发了一轮人类对自身生存环境强烈关注的倡导性运动,其中以卡森的著作《寂静的春天》、罗马俱乐部的研究报告《增长的极限》、戈德史密斯等人写的《生存的蓝图》为代表❸。面对这一场关注环境的世界性运动,可持续城市形态及城市生态也受到重视,城市空间增长的无限扩张开始引起人们的关注,人们寄希望于通过规划干预、引导城市空间有序增长。

2.2　中国城市空间的增长

中国的大规模工业化发端于以经济建设为中心的社会主义市场经济体制改革,发展主义成为国家建设的基本纲领之时。发展主义激发了中国社会的经济建设活力,尤其是开放的东南沿海地区步入了工业化发展的快车道。

2.2.1　中国城市空间增长的现象

中国自1978年实行改革开放政策后,经济建设迅速发展,人口日益向城市集中,城市化进程不断加快,城市发展开始进入快速增长期。据统计,至2006年,中

❶　詹克斯,伯顿,威廉姆斯.紧缩城市——一种可持续发展的城市形态[M].周玉鹏,龙洋,楚先锋,译.北京:中国建筑工业出版社,2004:38.

❷　联合国人居署.全球化世界中的城市——全球人类住区报告2001[M].北京:中国建筑工业出版社,2004:186.

❸　泰勒.1945年后西方城市规划理论的流变[M].李白玉,陈贞,译.北京:中国建筑工业出版社,2006:140-141.

国城镇化率已达 44.3％；2010 年后,中国城镇化率已经超过 50％,进入以城市为主导的社会。2003—2019 年中国城镇化率如图 2.6 所示。随着 20 世纪 80 年代后期出现的"开发区热""房地产热"的不断升温,20 世纪 90 年代后,一系列环境问题、社会问题也伴随着城市建设的全面展开接踵而至[1]。

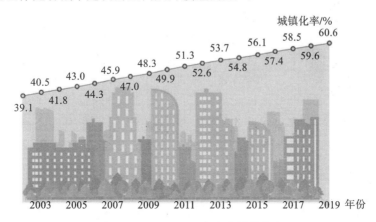

图 2.6　2003—2019 年中国城镇化率

(来源:国家统计局;《中华人民共和国 2019 年国民经济和社会发展统计公报》)

中国的城市化发展受特定历史条件的影响,具有以城市为核心、以增长为导向的特点。随着城市人口数量的增长,城市用地规模也快速扩大。如北京的建成区面积由 1949 年的 109 km²,扩展到 1978 年的 340 km²,再扩展到 2000 年的 488 km²。上海的建成区面积由 20 世纪 80 年代初的 140 km²,扩展到 2000 年的约 550 km²,中心城区半径由 20 世纪 80 年代初的 10 km,扩大到 2000 年的约 20 km。广州建成区面积从新中国成立初到 1999 年增长到 285 km²,2000 年的行政区划调整,更使其城市建成区面积迅速扩展到 431 km²[2]。中国城市建成区面积统计见表 2.12。

表 2.12　中国城市建成区面积统计

城市规模	2000 年/km²	2005 年/km²	2000—2005 年年均递增率/(％)
超大	3833.27	6322.86	10.53
特大	2854.54	4640.09	10.2
大	3710.26	5927.11	9.82
中	5723.16	6744.54	3.34
小	6318.05	8886.12	7.06
全国总计	22439.28	32520.72	7.7

(来源:建设部综合财务司.中国城市建设统计年报:2005.[M].北京:中国建筑工业出版社,2006.)

❶ 皇甫玥,张京祥,陆枭麟.当前中国城市空间治理体系及其重构建议[J].规划师,2009,25(8):5-10.

❷ 谢守红.大都市区的空间组织[M].北京:科学出版社,2004:76.

改革开放以来,随着城市化进程的加速推进以及各项基础设施条件的不断优化,中国城市空间不断向外扩展,一些大城市中开始出现住宅、商业从市中心向城区周边迁移以及各类以"开发区""大学城"命名的城市区域向郊区布局的现象。由于土地所有制度和城市化阶段的不同,中国与西方发达国家的郊区化呈现出不同特点。西方发达国家的城市化大多处于后工业化时期,其郊区化问题主要表现为中心城区衰落、低密度蔓延和对机动车的高度依赖等。而中国目前仍处于快速城市化阶段,市中心仍然承载着城市的核心功能,城市空间扩展在市场和政府的共同作用下进行,总体上呈现市中心与郊区共同发展的局面,但是受经济发展水平的制约,大量城市人口通勤的流动性和外来人口的流动性使得城市交通环境问题日益严重,并且这种"繁荣"是以土地资源的不合理利用为代价的,使得空间扩散呈现出无序性特征❶。中国各个时期城市规模的变动情况见表 2.13,中国城市增长需求与挑战见表 2.14。

表 2.13　中国各个时期城市规模的变动情况

年份	合计 /个	100 万人口以上城市		50 万～100 万人口城市		20 万～50 万人口城市		20 万人口以下城市	
		数量 /个	人口比例/(%)	数量 /个	人口比例/(%)	数量 /个	人口比例/(%)	数量 /个	人口比例/(%)
1949	136	5	35.8	8	18.9	17	19.7	106	25.6
1957	178	10	42.1	18	21.5	36	17.9	114	18.5
1960	199	15	44.6	24	21.5	32	19.1	128	14.8
1965	171	13	44.6	18	19.1	43	20.7	97	15.6
1970	176	11	38.6	21	22.6	47	22.2	97	16.6
1978	192	13	37.9	27	25.3	60	23.1	92	13.7
1980	223	15	38.9	30	24.6	70	23.5	108	13.0
1985	324	21	39.3	31	19.5	94	24.5	178	16.8
1990	467	31	41.6	28	12.6	117	24.3	291	21.5
1995	640	32	35.0	43	14.8	191	28.8	374	21.4
2000	663	40	38.1	54	15.1	217	28.4	352	18.4
2005	661	70	54.1	90	17.5	221	18.6	280	9.8
2010	657	59	50.8	89	17.5	247	21.6	262	9.8
2015	656	71	54.0	100	18.3	250	20.0	235	7.7
2018	673	83	59	98	15.9	245	17.8	247	7.3

(来源:谢守红.大都市区的空间组织[M].北京:科学出版社,2004.)

---

❶ 刘艳艳.美国城市郊区化及对策对中国城市节约增长的启示[J].地理科学,2011,7(31):891-896.

表 2.14　中国城市增长需求与挑战

年份	全国总人口 /亿人	城镇人口 /亿人	农村人口 /亿人	城镇化 水平/(%)	城镇用地 面积/km²	城市化 景观	景观生态 影响
2003	12.9	5.2	7.7	40.31	3.99×10^5	?	?
2020	14.1	9	5.1	63.83	?	?	?
2050	16.0	12.0	4.0	75	?	?	?

注:其中"?"表示需要研究的问题。

（来源:沈体雁.CGE 与 GIS 集成的中国城市增长情景模拟框架研究[J].地球科学进展,2006,21(11):1153-1163.）

2.2.2　中国城市空间增长的特征

1. 阶段特征

伴随着规模日盛的城市化进程带来的人口、资本、产业的集聚,几乎所有的城市都进入了大规划、大建设的规模快速扩张阶段。城市空间从社会经济活动的"容器"或"投影",变成了可供积累的巨量资产,其作为城市发展重大经济要素的价值被充分展现出来,城市空间持续迅速地扩展,呈现出大尺度单一功能的空间布局。

观察改革开放以来中国城市增长的态势,大致可以划分出两个时间段,以1997 年为界,1997 年之前为城市数量快速增长时期,1997 年之后为城市规模迅速扩张时期。城市数量快速增长时期虽然单个城市规模稍微缩减,但由于城市数量的急剧增加,城市空间仍然表现为快速扩张的特征;随着大城市撤县(市)设区进程加快,国家对新设建制市冻结政策的实施,城市的数量在一定程度上减少,比如1997 年城市总量为 668 个,2009 年城市数量为 654 个,但随后城市数量缓慢增长,到 2018 年城市数量为 673 个,同时自 1997 年开始,单个城市规模迅速扩大,进入城市规模迅速扩张时期,城市空间表现为急剧扩张的特征。城市数量和城市规模增长图如图 2.7 所示。

2. 中国城市空间增长的代价

改革开放的奋斗目标是把中国从贫穷的前工业化国家转变为现代化的经济大国。然而,缺乏殷实积累基础的急功近利策略造成中国的经济增长是通过牺牲部分社会群体的利益,以高消耗、高排放、高扩张为基础的粗放型发展模式支撑完成的。

首先,随着城市空间增长进程推进,单位 GDP(国内生产总值)消耗资源增多、消耗成本加大。ICOR(增量资本产出率)是用以衡量增加单位总产出所需要的资本增量的指标,当 ICOR 提高时,说明增加单位总产出所需要的资本增量变大,意味着投资效率下降。中国的 ICOR 在 20 世纪 90 年代初期还比较低,大约为 2;

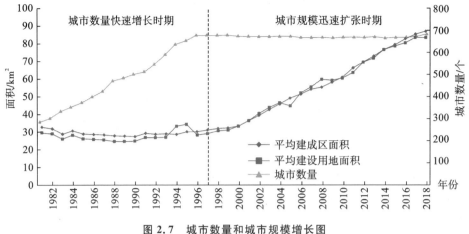

图 2.7 城市数量和城市规模增长图

(来源:根据魏后凯 2011 年中国城市规划年会报告《新时期中国城市转型战略》内容及《中国城市统计年鉴》整理)

1995 年以后急剧上升,2005 年提高到 5～7,即投入 5～7 元成本才能增加 1 元 GDP 产出。

其次,随着城市空间增长进程持续,单位城镇化水平提升量造成的污染排放量也在增加,全国工业废气废水排放总量与城镇化率变化图如图 2.8 所示。我国的生态环境脆弱,随着污染的加剧,生态环境承载力严重不足,生态环境受到极大破坏,最终导致气候异常、自然灾害频发等诸多问题。

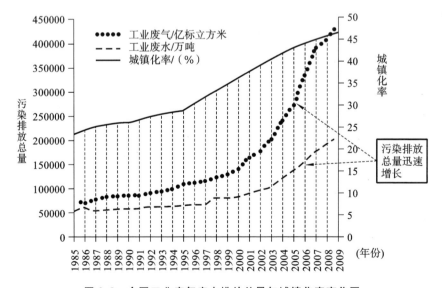

图 2.8 全国工业废气废水排放总量与城镇化率变化图

(来源:根据魏后凯 2011 年中国城市规划年会报告《新时期中国城市转型战略》内容整理)

再次,经济的高增长主要是依靠土地的"平面扩张"来支撑的。二元化土地市场结构营造的巨大利益空间及操作空间,促使城市政府争相追逐创收快、收益高的"土地财政",城市规模迅速扩张,其增速远远高于城市人口的增长速度,特别是"十一五"期间,尽管城市人口增速大幅减慢,但城市建设用地面积仍保持年均 7.23% 的高增长速率,远高于城市人口年均 4.57% 的增长速率,中国城市人口与城市建设用地面积年均增长速率比较图如图 2.9 所示,这导致了圈地现象严重、城市"膨胀病"凸显、土地利用效率低、空间开发无序、生态空间遭受侵害等一系列问题。

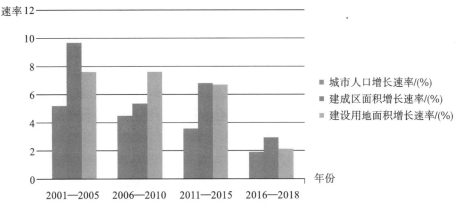

图 2.9　中国城市人口与城市建设用地面积年均增长速率比较图

(来源:根据魏后凯 2011 年中国城市规划年会报告《新时期中国城市转型战略》内容及《中国城市统计年鉴》整理)

2.3　城市空间增长的区域化趋势

2.3.1　城市空间增长的区域化背景

20 世纪城市增长值得一提的一个特征是巨型城市数量的快速增加。1800 年之前,全球超过 100 万人口的城市非常稀少。但在这之后,这类城市的数量稳步增长。1900 年,至少有 13 个城市人口超过 100 万;到了 1950 年,这类城市的数量已经达到了 68 个;到 2000 年,至少有 250 个城市人口超过 100 万,目前已经超过 300个城市。随着交通技术的进步,人们能够通勤更长的距离,城市也不断向外蔓延。尽管在建成区的每一个城市都由其政府发挥作用,但在物质形态上,不同的城市实际上已经融合成一个巨大的城市地区,即巨型城市区域❶。西方国家进入"后工业化"时代,科学技术的迅猛发展带来了交通、通信技术的革命,人们的各类活动打破

---

❶　甄峰.城市规划经济学[M].南京:东南大学出版社,2011:53.

了传统的时空局限,在这样的背景下,大城市的数量急剧增加,甚至出现了超级城市,与此相对应的是众多大都市区的产生,它进一步促进了城市聚集区、大都市带等城市群体空间组织形态的生长❶。

城市密集地区是未来城市空间增长的趋势,各国学者使用的概念也不尽相同,法国学者戈特曼(J. Gottmann)于1957年提出的"大都市带"的概念,指在一个巨大的城市化地域内,支配空间经济形式的已经不再是单一的某个城市或都市区,而是集聚于若干都市区并在人口和经济活动等方面密切联系形成的一个巨大整体。根据戈特曼的研究,从地域空间结构看,一个成熟的城市连绵区的发展要经历四个阶段,包括城市离散发展阶段、城市体系形成阶段、城市向心体系阶段和城市连绵区发展阶段。其中,在城市离散发展阶段,除个别中心城市或门户枢纽城市的经济职能外向化迅速发展外,其余城市独立发展,相互间联系十分薄弱,城市的市区由小到大逐渐向四周扩展,形成向心环带的地域结构。在城市体系形成阶段,随着城市逐渐膨胀,外缘向心内聚倾向减弱,卫星城市逐渐出现,区域城市化水平迅速提高。在城市向心体系阶段,随着中心城市规模的不断扩大以及交通、邮电、通信条件的完善,市区沿交通线蔓延,中心城市的向心作用继续发挥并促使其达到相当规模。在城市连绵区发展阶段,都市区的郊区化及沿交通线的轴向延伸,形成多核心的巨大的城市连绵区❷。

2.3.2 城市空间增长的区域化现象

从20世纪中叶开始,一些发达国家率先出现城市郊区化趋势,并逐渐演化成世界范围内城市空间增长的主流形式,郊区化导致城市空间增长模式产生巨大变动,随着时间的推移,城市空间形成规模更大、连绵不断的增长势头。

美国快速的城市化使得城市空间增长持续蔓延,并且不仅仅是单个城市空间的增长,而是形成了一种区域现象。美国东北部逐渐形成了一个区域都市链,沿大西洋海岸线长970 km的地带内,城市数量庞大,自波士顿—纽约—费城—巴尔的摩向华盛顿延伸。早在1915年区域规划学者格迪斯(Godis)就预测,美国东北部的部分城市将最终蔓延到整个东北部,城市核心将完全被蒸发掉,在今天看来这个预测已经成为现实,同时在中西部、南部和西海岸,也有同样的区域都市链出现,洛杉矶—河岸—俄勒冈县大都市区向南延伸到墨西哥,向北延伸到圣巴巴拉。旧金山—奥克兰—圣何塞大都市区向西延伸到萨克拉门托,向南延伸到萨利纳斯。芝加哥—加里—基诺沙大都市区向东边的底特律—安阿伯—弗林特大都市区延伸,

---

❶ 张京祥,殷洁,何建颐. 全球化世纪的城市密集区发展与规划[M]. 北京:中国建筑工业出版社,2008:36.

❷ 周建明. 欧美城市连绵区的理论研究[J]. 国外城市规划,1997(2):12-15.

向北边的密尔沃基和拉辛延伸。西雅图—塔科马大都市区正向波特兰靠近。美国的大都市区域正超出它们的边界并与另一个大都市区域连接起来❶。城市空间增长已经转变到区域性蔓延的层面。美国大都市区的发展历程见表 2.15。

表 2.15　美国大都市区的发展历程

年份	所有大都市区			百万人口以上的大都市区		
	数量/个	人口/万人	占全国人口比例/(%)	数量/个	人口/万人	占全国人口比例/(%)
1920	58	3593.6	33.9	6	1763.9	16.6
1930	96	5475.8	44.4	10	3057.3	24.8
1940	140	6296.6	47.6	11	3369.1	25.5
1950	168	8450.0	55.8	14	4443.7	29.4
1960	212	11959.5	66.7	24	6262.7	34.9
1970	243	13940.0	68.6	34	8326.9	41.0
1980	318	16940.0	74.8	38	9286.6	41.1
1990	268	19772.5	79.5	40	13290.0	53.4
2000	317	22598.1	80.1	47	16151.2	57.2

（来源：谢守红.大都市区的空间组织[M].北京：科学出版社,2004.）

日本作为第二次世界大战后工业化和城市化程度很高的国家,于1980年确定了八大都市圈,其中最著名的是东京大都市圈、大阪大都市圈和名古屋大都市圈。早在20世纪50年代,日本各地的人口就开始大规模地向这三大都市圈聚集,各大都市圈内部的各类产业也随日本工业化的推进逐步发展。随着城市郊区化的推进,通过高速新干线连接,东京、大阪、名古屋三大都市圈以及濑户内海沿岸和北九州地区一起形成世界上著名的大都市带——东海道大都市带,该大都市带面积约10万平方千米,占全国总面积的20%,居住人口达6000万,集中了日本一半以上的人口,远远超过美国东北海岸大都市带,其人口密度也比后者高出3～4倍❷。无边际的城市蔓延如图2.10所示。

2001年,斯科特出版了《全球城市区域：趋势、理论和政策》一书。该书认为,21世纪的城市化主要表现在城市区域内人口的快速增加和城市土地利用的变化。但是,20世纪末城市学家发现,城市的形态正在发生急速巨大的变动,一个新的城

---

❶ 吉勒姆.无边的城市——论战城市蔓延[M].叶齐茂,倪晓晖,译.北京：中国建筑工业出版社,2007：25.

❷ 谢守红.大都市区的空间组织[M].北京：科学出版社,2004：26-27.

图 2.10　无边际的城市蔓延

市时代即将到来。他们将 11 个城市区域放在全球城市联合体的框架内详细分析，并将这些城市区域称为"全球城市区域"。全球城市区域正成为快速成长的多中心或多集群的城市集群，例如长江三角洲和珠江三角洲的全球城市区域人口均超过 3000 万人，区域的外围城市和边缘城市也在快速增长，依靠自身的力量快速发展成为城市地区❶。

　　中国城市化的快速发展导致了许多大都市区急速发展，大部分地区已经出现大都市连绵区，以长江三角洲、珠江三角洲和京津冀这三大城市群表现最为显著，仅仅在三十年间就形成了城镇密布、经济发达的区域性繁荣局面。辽宁中南部、四川盆地东部、山东半岛等也已经产生城市群现象的端倪，这是中国城市空间增长的区域化趋势，伴随着这些城市-区域空间现象的出现，更多的城市空间治理问题也随之产生。

2.3.3　城市空间增长的区域化特征

　　城市化推动着城市的发展，但城市化并非没有成本。当城市空间增长到一定程度时，会产生拥挤成本（或称"拥挤不经济"），即大量人口涌入城市所带来的交通拥堵、住房紧缺、环境污染、医疗卫生和社会保障资源不足、贫富差异加剧、治安恶化和房价上升等许多"城市病"❷。

　　20 世纪早期的工业城市现在已经发展成为都市区域，它们是中心城市和郊区凝结起来的"大饼"，这种都市区域绵延百里，包括数不胜数的地方立法机构。人口和

---

❶　顾朝林.巨型城市区域研究的沿革和新进展[J].城市问题,2009(8):2-10.

❷　郑思齐.城市经济的空间结构:居住、就业及其衍生问题[M].北京:清华大学出版社,2012.

工业的非人性化集中是旧城市的主要问题,而由人口分散导致的低效和环境恶化已成为今天都市区域的毒瘤,这个病源则来自城市蔓延❶。

城市空间增长发展作为一个日益壮大的现象系统,可以通过三个方面的增长状态加以描述:简单增长主要描述城市空间系统内部的规模化增长,一般从人口规模增长和用地规模增长两方面来反映;分布增长主要用于描述城市空间系统组成要素在分布上的变化,因为城市的发展是一个由简单到复杂的长期性发展过程,城市形成与发展要素也随时间的变化而变化;结构增长主要反映城市空间系统内部及城市之间各类关系的变化❷。未来城市空间增长发展也要通过这三方面来衡量。

回顾城市空间增长的历史演进,城市的发展始终是以经济增长作为推进和评价的路径,在客观上忽视了城市发展与经济增长的相互影响关系,是传统的狭隘的经济增长观点,城市发展最重要的目标之一就是获取最大限度的生产效益。反映到城市建设准则上,就是生产要素的集中和使用现有设施以期产生最小的消耗,减少公共服务设施的投资。表现在空间结构上,则多是以城市为同心圆向外集中发展,新项目都沿城市周边紧密布置,或沿交通干道轴向发展,或在城区中见缝插针。这种发展形式由于没有充分考虑生态涵养、历史文化传统、居民生活条件和居民心理归宿等因素,长期积累将造成环境污染、资源浪费、城市空间混乱等问题,反过来成为经济发展的重要制约因素。从长远观点来说,这种发展形式得到的是与其发展目的恰恰相反的结果❸。

目前已经发生并在继续强化的空间增长趋势是,在高度城市化地区,城市空间增长由个体空间扩张向区域群体城市空间增长转变。这种空间增长方式的转变可能会带来令人担忧的结果:区域中个体城市的空间扩张将逐渐占领城市之间的开放生态空间,最后城城相连,出现区域蔓延的空间形态。因此,管理区域空间增长、抑制区域空间过度蔓延将成为高度城市化地区空间治理的重要课题。

2.4　小结

本章重点讨论了工业革命以来西方发达国家城市空间扩张与蔓延的现象、成因及特征,认为能源与动力革命推动了发达国家城市空间的快速扩张,交通及通信技术的发展改变了城市生活与生产方式,诱发城市空间向郊区的迅速蔓延。中国改革开放以来发展主义导向的国家战略推动了城市化的快速发展,城市数量、规模

❶　卡尔索普,富尔顿.区域城市——终结蔓延的规划[M].叶齐茂,倪晓晖,译.北京:中国建筑工业出版社,2007.

❷　张勇强.空间研究 2:城市空间发展自组织与城市规划[M].南京:东南大学出版社,2006:35.

❸　段进.城市空间发展论[M].南京:江苏科学技术出版社,1999:19.

急剧扩张,城市空间快速增长,同时也产生了西方发达国家曾经遭遇的各种城市问题。管理城市空间增长是抑制城市空间过度蔓延、优化城市空间结构、提高土地利用效率、减少环境污染和解决交通拥堵的重要手段。

中心城市功能的外溢,进一步诱发中心城市周围新的生产、生活中心的形成,产生城市-区域化现象,出现区域蔓延的空间形态。管理区域空间增长、抑制区域空间过度蔓延将成为高度城市化地区空间治理的重要课题。

第3章　城市空间增长的动力机制

政治力量和市场力量是城市空间增长的主要动力。然而土地资源有限,生态环境需要保护,城市空间不能无限增长。这时需要一些其他手段来管理城市空间增长,使其既不会制约社会经济发展,又不会造成土地资源浪费和自然生态环境破坏。一方面,政府应制定合理的政策引导城市空间增长;另一方面,应积极培育第三方力量——社会力量,使其发展成熟,成为市场和政治的平衡力量。

3.1　城市空间增长的政治推动力

在现有社会组织形式下,政府是政治力量的代表。国家政府和地方政府是两个不同的政治层次,其职能分工也不同。国家政府站在全体公民及国家整体利益的角度,制定城市发展的宏观政策,限制地方政府过激的空间发展政策,减弱部分增长动力;地方政府为实现其代表的公共利益及自身利益,积极运作,释放空间增长需求,促进城市空间增长。在此过程中,工商企业往往把资金作为筹码,为了谋求国家政府和地方政府政治偏袒的最大化,在许多地区与地方政府组成空间增长的共同联合体,这种共同联合体往往通过政治资源和经济资源的优势来维持其发展,并对城市空间增长产生较大的作用。

3.1.1　国外政府对空间增长的影响

英国城市空间增长在早期表现为自发式增长。工业革命后,英国城市化进程开始起步,城市用地也随着工业和人口的聚集向外增长。19世纪40年代以前,英国政府对城市化采取不干预态度,城市向外无序蔓延,导致城市外部空间增长过快,内部空间增长无序,从而引发一系列城市问题,主要有城市环境问题、建设问题和社会问题。为控制城市问题的恶化,英国政府开始采取一系列政策和措施(如颁布《公共卫生条例》《工人阶级住房法》等法律法规,修建下水道等市政设施)改善城市卫生条件和居住条件,提高城市空间增长质量。第二次世界大战后,英国很多城市毁坏严重,在重建过程中,政府强调对城市规模尤其是大城市的规模进行控制,如政府授权艾伯克隆比进行大伦敦规划,运用绿带和新城分流控制伦敦城市规模,限制其空间向外扩张。20世纪50年代后,英国开始城市更新运动,20世纪70年代以前以住宅区更新为主,20世纪70年代以后,开始转向以房地产为主导的城市旧城更新,20 世纪 90 年代,房地产市场下滑,英国政府开始重视通过大型开发项目建设带动城市更新,进而提出了全方位的、多方合作形式的城市复兴运动❶。城市更新运动带动了城市中心区空间的增长,但也未能避免英国城市更新中出现的弊端。现代英国政府以国家规划政策指南作为调控手段,引导城市规划的制定符合国家宏观方向,如产业转型、资源环境保护及可持续发展等问题,都是通过这些宏观政策间接地影响城市空间的增长。

美国相对而言人口数量多,土地资源丰富,其城市空间增长的一个显著特点是低密度地郊区化蔓延。一般认为,美国公众对居住环境的追求推动了郊区化进程。事实上,美国的郊区化与联邦政府和州政府的政策因素有很大关系,其中第二次世界大战后联邦政府住房政策和联邦政府的高速公路计划对郊区化的促进作用最大。住房政策中,联邦政府成立专门机构,为居民(多为中产阶级,他们倾向于在郊区居住)买房提供贷款,促进了郊区住房需求,为郊区化提供了动力;而大规模的高速公路建设为郊区化大规模扩张提供了条件。同时,居住的郊区化又带动了零售、办公等第三产业的郊区化。后期为解决郊区化带来的城市中心区衰落问题,美国联邦政府经过统筹考虑,开始由上而下推动"城市更新运动",并从 1949 年国家住房法颁布开始一直持续到 1972 年。这场政府运动促进了建成区城市空间的增长,但由于实施过程中的一些问题,对中心区复苏效果并不明显。近 30 年来,美国政府开始意识到郊区化城市发展模式是一种不可持续的空间增长方式,于是开始进行城市空间治理,继而提出城市空间增长边界、精明增长、紧缩城市等城市发展理念。

日本土地资源不足,政府实施较严苛的国土政策,对城市空间治理严格,其对城市空间增长的推动主要体现在产业政策上。为实现对空间国土资源的管理,政府在全国层面维度与区域层面维度上提出了多项空间政策,这其中,级别最高、规模量最大、时间段最长、影响力最大的空间政策为全国层面的全国综合开发规划❷。自 1962 年迄今,日本共制定和实施了五次全国综合开发规划,以达到国土资源的均衡开发与发展、城市群的均衡发展以及平衡区域之间的差距❸。具体来说,第一次和第二次全国综合开发规划希望遏制大城市及区域极化发展趋势,实现区域间均衡发展,但城市与经济发展的客观集聚效应占主导,城市空间增长以大城市蔓延和大城市周边新城增长为主。第三次全国综合开发规划出现转折,政府开始关心资源、能源、环境问题,目标是建设适宜的人居综合环境,更加注重城市空间增长质量。第四次和第五次全国综合开发规划下的城市空间增长开始出现多极分散。五次全国综合开发规划中,日本政府实现了对全国产业、基础设施等的布局,

---

❶ 李建华,张杏林.英国城市更新[J].江苏城市规划,2011(12):29.

❷ 矢田俊文.国土政策与地域政策[M].东京:大明堂出版社,1996:53.

❸ 郑京淑.日本的空间政策对广东"双转移"战略的借鉴——基于日本全国综合开发规划的研究[J].国际经贸探索,2010(1):29.

促进了经济发展,引导城市空间增长。

3.1.2 中国政府对城市空间增长的影响

3.1.2.1 国家政府层面

国家政府由多个部门组成,他们协同管理中国经济、社会、外交、文化等各种事务,保障中国作为一个国家的运作并向更好的方向发展。城市是各种资源聚集的地方,其发展状况对整个国家的影响很大。不同发展背景下,国家政府层面对城市发展提出了不同的发展要求及目标,并通过一定的手段对其进行管理,以保证城市发展符合要求,实现预期的发展目标。

1. 国家管理对于城市空间增长提出的多元化要求

改革开放以来,中国经济的快速发展推进了城市化的进展。在这个过程中,以往单纯追求经济效益的目标体系给城市发展、生态环境及社会发展带来诸多问题。总结中国城市发展的经验和教训,并在全球化大背景下,中国开始以国际化视角对城市经济发展与空间增长进行重新审视,重新制定其根本目标,将可持续发展、社会公平、城乡统筹等要素纳入发展的综合目标体系,并以之作为国家层面制定空间增长政策的依据。

(1) 经济发展的要求。

国家对城市空间增长的要求是服务于经济社会并推动其全面发展,中国当前处于工业化快速发展阶段,产业发展仍需要加速推进,提高工业化水平;2011 年,中国城镇化水平突破 50%,根据城镇化 S 形曲线理论,中国城镇化水平仍然处于持续快速增长时期,未来仍有很长时间维持持续发展的势头,城市人口仍将持续增加。为满足产业发展和人口城镇化发展的客观要求,城市功能必然会增加,城市空间也必然会增长。

(2) 可持续发展的要求。

可持续发展的提出由来已久,具体来说是指在满足当代人需求的前提下,不会对后代人满足其需求的能力造成危害的发展理念。中央政府的可持续发展目标区别于地方政府,它将全体公民长远利益的维护作为制定城市空间增长相关政策的前提,立足当前中国的国情,中央政府对环境可持续、用地可持续采取管制措施。而地方政府为了追求经济效益,往往以破坏生态、污染环境和无限扩张土地为代价。因此,中央政府在国家层面的管制,显得尤为重要。

(3) 公共利益均衡的要求。

中央政府除了是国家管理的具体执行主体外,也是全国人民共同利益的代表。中央政府维护和推进全国经济的发展,同时关注社会公平发展的稳定运行与公民的权益保障。

关于公平发展，一是要追求区域之间的公平发展；二是要追求区域内部的公平发展；三是要追求利益个体之间的发展机会平等。政府行使管理职能时以维护社会公平为基本出发点，对于中央政府而言主要以宏观调控的手段达到这一目标。关于稳定运行，首先是建立在社会公平的发展基础上，并以法制化为运行的保障。国家管理在这一层面的核心工作在于完善市场机制失效导致的缺陷。城市空间增长与自由市场经济之间的高度相关性，要求政府适时地通过维护公平发展、稳定运行的路径来弥补市场自身的不足，扮演城市发展的"守护神"角色。

2. 国家管制力为城市空间增长带来的多元化机制

从国家层面政策法律环境看，中国的城市空间增长受国家管制力带来的多种动力驱动而呈现出不同的表现形式，特别是新中国成立后不同的发展阶段，在增长方式、增长规模和增长质量等方面都表现出不同的特征，因此，基于政治环境的变动而引起的各种运动机制和变动都对城市空间增长产生巨大影响。

（1）区域发展战略的导向作用。

中国国土面积大，地域差距明显，城市发展格局也表现出较大的地域差异，一方面与各地区的自然地理环境和经济基础有关，另一方面也与国家层面的区域空间发展战略的引导有关，国家层面的区域空间发展战略如图3.1所示。自20世纪80年代以来，在追求效率与公平的双重目标下，区域空间发展战略在不同地区落实推行，也在不同区域发展中形成不同的空间增长效果。

20世纪80年代，国家层面提出区域发展时序的发展战略，要求加快东部沿海地区发展，巩固其对外开放程度，在此基础上发展中西部地区，此被称为"两个大局"的思想，这一区域空间发展战略促进了中国沿海地区在外向经济上的高速发展，快速带动了沿海城市的空间增长，京津冀、长三角、珠三角三大城市密集区快速发展为国家级吸引能力的增长极。20世纪90年代初期，国家又提出开发开放浦东的重大战略决策，打造上海为中国经济、金融和贸易中心，这一战略政策带动了以上海为核心的长江三角洲城市群的急速发展，形成具有强大竞争力的中国第一城市群。

2000年1月，国家层面做出实施西部大开发的重大决策，增加对西部地区的经济支持和大力投资，并给予一定的政策优惠，这标志着国家空间发展战略政策开始向西部倾斜。2000年至2008年，西部地区生产总值从最初的1.66万亿元增加到5.82万亿元，年均增长率为11.7%，增长速度高于同期全国平均水平，其高速的经济增长也引起城市空间的大规模扩张。公路、铁路等基础设施建设水平也显著提高，加强了西部地区城市内外的联系，推动并提高了西部地区城市化水平。

2002年，党的十六大明确提出支持东北地区等老工业基地加快调整和改造，进一步支持以资源开采为主的城市发展接续的复合型产业。通过这一系列区域发展战略，东北地区的经济发展保持着稳定持续的增长。2008年，东北地区国内生产总值增长率为13.4%，高出同期全国4.4个百分点。其城市空间的显著变化则

2000年，西部大开发战略，国家投入大量资金，进行基础设施建设，使西部地区城市经济高速增长、城市化水平稳步提高和城市空间快速扩张。

2003年，东北地区等老工业基地振兴战略，带动东北地区产业结构调整，工业用地比例下降，服务业用地比例增加，城市空间增长变为多元驱动。

2004年，中部崛起战略，促进中部各省城市群的快速发展。

20世纪80年代，优先发展东部沿海地区的区域政策，带动京津冀、长三角、珠三角三大城市群快速发展。

审图号：GS(2016)2923号
自然资源部 监制

图 3.1　国家层面的区域空间发展战略

主要体现为空间增长由传统单一工业引导转为现代多元化的产业驱动，城市经济结构的优化与调整引起城市空间结构的重构，工业用地空间比重降低、服务业用地空间增加，共同驱动城市综合服务能力的提高。由此可以反映出区域体系发展战略的改变会导致具体城市的空间增长变化。

　　2004 年国家提出促进中部地区崛起的区域发展战略，经济发展的区域对象又转移到中部六省。由于各省处境和机遇各不相同，各省选择了不同的发展策略，其中，河南、湖南、湖北三省发挥本省的核心城市群带动作用，山西省利用资源优势发展能源、工业产业，安徽和江西两省则分别与长三角城市群、珠三角城市群接轨。国家层面的区域发展战略则体现在针对性的政策，确定以武汉城市圈和长株潭城市群为代表的中部两大城市群为国家试验区。中部崛起的区域发展政策显著地促进了一批各具特色城市群的快速发展。获得国家区域发展政策的支持后，中部城市从区域内、外多方向展开协作，通过改善交通设施、破除贸易隔阂，以求得共同发展，在区域一体化的价值导向中，城市群的发育壮大，直接推动着每个城市的空间增长。

　　通过上述内容，可以反映出国家层面的区域空间发展政策，始终与改革开放以来的经济建设紧密相关，经济建设对区域空间发展也发挥了显著的作用。首先，以非均衡的发展理念达到促进均衡化发展的价值目标。非均衡发展战略以地域经济发展为基础，以不同地区的发展条件选择有针对性的管理措施，形成倾斜化的梯级城市发展序列。城市空间增长的过程与这一区域非均衡发展序列同步进行，使城市空间发展首先聚集在东部地区，随后逐渐转移至中西部地区，进而带动全国层面的城市空间均衡发展。其次，作为国家层面的战略措施，它有效地促进了空间发展的区域一体化，各阶段的区域发展战略都是针对特定区域的，由于覆盖面积广、涉及领域多，因此具有区域综合协调发展的属性，而区域一体化正是当今全球化、市场化环境下进行地方城市空间增长导向的最有效途径之一，因此区域发展战略正是以区域协调的方式和价值导向促进地方城市的空间增长。

（2）宏观调控政策的控制作用。

城市空间增长总是与城市产业经济发展息息相关，国家宏观调控政策一般通过调控产业发展速度来间接影响城市空间扩张。从城市发展的历史规律看，在经济高速增长时期，基础设施建设投资的增加往往依赖于财政政策，而居住在城市中的庞大的高收入人群，其数量达到一定规模时也会影响空间增长需求，使得城市空间呈增长态势；经济稳定增长或平缓增长阶段，相应的增长需求动力则较弱，推动因素单一，空间扩展放慢。

改革开放后，中国经济开始复苏，市场经济推动下的经济发展与城市空间增长的运行机制也步入正轨。1985—1990 年间，历史时期多年积累的固定资产投资规模过大而引起通货膨胀的压力日趋明显，国家开始实施宏观调控对策与措施，以期解决过热的经济发展问题，也因此形成了改革开放后的第一个经济回落时期，城市空间增长同样也受其影响而逐渐放慢。1990—1992 年间，各地开始兴建大规模的开发区、工业园区、新区等，基础设施投资热再现，城市空间一时间低密度、低质量地快速增长。但由于全国总体经济量小，发展水平有限，泡沫经济很快便伴随地产开发热潮出现，这也为城市未来一段时期的发展埋下隐患。随后几年，在国家相关政策的干预之下，经济开始软着陆，城市空间增长开始理性化运转，并一定程度上弥补了之前的低效增长缺陷。

随着经济开放程度的扩大，宏观调控的作用受国际经济格局的影响变大。1997 年金融危机的爆发使中国出口经济受到重创，物价回落、失业率猛涨等情况的出现，使得经济发展出现通货紧缩的局面。针对这一状况，国家采取有效的调控手段，实行积极的财政政策，促进经济扩张型发展，以基础设施投资为重点，同时，促进城市外向型经济的有序发展，通过产业的发展推动城市空间的增长。2003 年下半年起，受涉及宏观经济核心的能源、环境以及耕地等问题的影响，国家出台了新一轮的宏观调控措施，经济转型成为此次调控的主题。这些问题也成为今后一段时间内多数城市空间增长的关注重点，追求效率与质量、关注环境保护与资源保护的可持续发展成为中国城市空间增长的价值追求。在实体空间增长方面，强制性的土地政策、规范的产业准入制度、严格的环境影响评价标准等一系列宏观调控政策均对城市空间增长产生巨大影响。

总体上，国家宏观调控手段在未来将更趋于采取间接的法律、货币等常态政策,而非直接的经济投资、行政管理等方式。其调控手段也将会与国际经济环境结合,形成更加理性有效的控制作用并影响着城市空间的增长。

（3）城市发展方针的推动作用。

城市发展方针是政府推动城市空间增长的直接动力,可以理解为国家为实现特定时期的城市发展目标而制定的具体政策方针与行为准则。新中国成立后,全国城市发展方针进行了多次调整与变更,其明确的政策导向与推动作用,往往在某一时期内引起城市空间增长的显著变化。

1954 年,新中国提出"重点建设,稳步前进"的城市建设方针。当时认为城市建设的规模应与工业化的进程同步。这一方针以工业建设为具体载体,推动大量城市开始发展工业建设,从而引起大规模城市空间扩张,与此同时城市化水平从新中国成立初的 10.6％提高到 1957 年的 15.4％。1958—1978 年,中国经历了"大跃进"和"文化大革命"运动,城市建设方针先是过激后又过于保守,这一时期的城市发展方针违反了"产业发展—空间增长"的传统客观规律,导致部分城市空间虚增,而后又导致城市空间增长陷入停顿。

1978—1990 年,中央实行"严格控制大城市规模、合理发展中等城市和小城市"的城市发展方针,从而缓解大城市发展带来的诸如交通、环境等问题。这一方针在一定程度上推动了不同城市的规模调整,抑制了大城市规模扩张,中小城市的数量与规模则有不同程度的增加。但这一方针忽视了大城市作为区域空间增长极的重要导向作用以及处于自由市场经济中的大城市对于产业聚集的客观市场要求,一定程度上阻碍并抑制了城市空间的自发式增长。

《中华人民共和国城市规划法》为新中国第一部城市规划领域的法律,自 1990年开始实施,其主要内容涉及城市发展方针的规定:国家实行严格控制大城市的规模、合理发展中等城市和小城市的政策方针,要求通过方针推动生产力和人口的合理布局。而进入 21 世纪后,中国已经进入经济高速发展的阶段,城市空间增长主要受市场力的驱动,在人口规模和空间增长上呈现出显著变化。改革开放以来,大城市(50 万人口以上)增加了 357 个,中小城市的数量却减少了 360 个。这表示控制大城市规模发展方针的效果并不佳。

作为新一版城市规划领域的法律,《中华人民共和国城乡规划法》于 2008 年 1月开始实施,它是对过去近 20 年城市发展建设方针的总结。在该法律中,涉及城市发展方针的条目被删除,相关政策趋向区域、城乡统筹一体化协调发展,充分反映了协调均衡发展的思想。党的十七大报告提出"以增强综合承载能力为重点,以特大城市为依托,形成辐射作用大的城市群,培育新的经济增长极",充分反映了增长极的带动发展思想。回顾历史,可以发现,中央政府的城市发展方针开始转向追求长远利益的目标,开始顺应形势,结合市场经济力量的手段,采取间接调控方式推动城市空间的良性增长。新中国成立以来城市发展方针历程总结见表 3.1。

表 3.1 新中国成立以来城市发展方针历程总结

时间	城市发展方针	对空间增长的影响
1954 年	重点建设,稳步前进	以工业建设为载体,促进了大量工业城市的空间扩张
1958 年	用城市建设的"大跃进"来适应工业建设的"大跃进"	城市空间虚增,空间增长的客观机制被破坏
1961 年	三年不搞城市规划	城市空间增长陷入停顿
1978 年	控制大城市规模,多搞小城镇	大城市规模受抑制,中小城市数量和规模都有较大发展;对城市空间自发式增长起到一定的消极抑制作用
1990 年	严格控制大城市规模、合理发展中等城市和小城市	中小城市不断跃升为大城市,而大城市的规模也越来越大。控制大城市发展的发展方针已不合时宜
2008 年	有关城市发展方针的条目被删除	在目标上趋于追求理性、长远的国家利益,在手段上则借取市场经济的发展力量,采取更为间接的调控手段引导城市空间的良性增长

(来源:《城市规划原理(第二版)》)

(4)户籍制度改革的促进作用。

受城乡二元结构的长期困扰,中国户籍制度的改革也经历了多个阶段。计划经济时期,按居住地登记户口、迁徙自由的制度转变为控制农民向城市迁移的制度;市场经济时期,特别是改革开放后,允许农民进入集镇落户,进而放宽"农转非"的限制条件,执行城乡统一户口登记的制度;2003 年,各地开展的户籍改革措施促进了城乡户口一体化的推进,户口开始在城乡差异中日渐淡化。但由于牵涉社会保障水平和城市发展人口指标等部分因素,户口的地域壁垒仍未解除,户籍制度改革仍存在障碍。

城乡分离的二元户籍制度成为人口流动的无形障碍。城市经济的运行必须要借助大量劳动力的支持,外向型的传统劳动密集型企业,对于劳动力的需求量更是远超过本市户籍人口规模,因此,需借助外来迁入的人口。然而,虽然大规模外来人口来到城市中生活和工作,但法律上他们却不属于城市户籍人口。户籍制度一定程度上隔断了外来人口融入城市生活的机会,其享受社会福利、住房保障权利等需求都无法在城市中得到满足。因此,由外来人口带来的空间增长需求被户籍制度强制性抑制,外来人口的居住形态、消费方式都与城市居民有较大的差别,所以外来人口的流动很难推动城市空间有效的增长。

当前,人口的城乡流动随着户籍制度改革的深入而日益顺畅,但围绕户籍制度所衍生出的其他问题仍未能全面解决。目前,城乡户口差异的争议一般集中在两个方面:一方面是在城市社会服务的享用权上,如教育设施、医疗设施等;另一方面是在社会保障的享用权上,如医疗保险、社会最低生活保障等。外来人口在城市的空间发展需求被这些条件强制约束,如果未来户籍制度的改革能够解除这些约束,则必然会带来城市空间快速增长。根据公开数据,上海市近年外地居民购房量占全市总量的 25%,这也反映出非户籍人口已经在城市中形成较大的空间需求群体,同时也必然导致更大的城市空间供应量。

3.1.2.2　案例——基于国家政府层面的武汉市城市空间增长

1. 国家政治变迁与武汉市的城市空间增长历程

武汉市作为独具特色的国家级区域中心城市,空间增长过程有其特殊性,其发展过程极为清晰地反映了不同阶段的城市空间增长的动力因素,尤其是新中国成立初期国家相关政策因素的影响,改革开放后,地方政府的影响也都可以在空间实体上表现出来。因此,以武汉市作为研究案例,可以较为直观地把握中国城市空间增长的动力机制及其发展脉络,具有较强的代表性。

从清末开始,张之洞在武汉兴建洋务事业,发展近代工业,武汉城市空间增长开始起步。民国时期,武汉依托发达的水运条件,汉口一度成为中国内陆最大的通商口岸;但由于战乱等原因,这一时期武汉的工业发展落后于上海、无锡、天津等城市,而由于其独特的政治地位,武汉仍然发展为中国当时重要的大城市,被称为"大武汉"。

武汉城市大规模扩张是在新中国成立之后。新中国成立初期,武汉市被定为湖北省省会,在新中国产业部署中,武汉被定位为中国的重工业基地,工业发展带动城市空间快速增长。从 1949 年到 20 世纪 80 年代,武汉打下了坚实的工商业基础和科技基础,发展成为中国第四大城市,城市用地规模比新中国成立初期增长约 4 倍,城市空间向外增长明显,特别是武昌区,城市空间向东部及沿江向东南部扩张范围很大,武汉市 1949 年、1980 年土地利用状况图分别如图 3.2、图 3.3 所示。随着改革开放的推进,国家战略重心向沿海城市倾斜,武汉由于传统产业升级滞后、投入严重不足等原因,经济增长明显减缓。1995 年,武汉市经济总量在全国副省级城市中仅排在第 13 位❶。此时,虽然武汉城市用地规模有所增加,但总体来说,空间增长速度较缓,并且主要在围绕原有建成区发展。国家于 1997 年提出中部崛起战略后,政策开始向中部倾斜。武汉抓住机遇,经济发展速度加快,城市规模迅速扩大。到 2010 年末,武汉市 GDP(国内生产总值)达到 5515.76 亿元,相比 2000 年增长了 4308.92 亿元。

武汉市的城市空间发展经历了三个决定性阶段。第一阶段为城市形成阶段,主要得益于水运交通的优势。武汉位于长江与汉水交汇处,水运便利,历史悠久。历史上,武汉市分为汉口、汉阳、武昌三镇。明清以来,汉口借助便利的水运交通和

---

❶　陈秋芳.大武汉之梦——关于一座城市的历史、现状与远景[M].武汉:武汉出版社,2006:67.

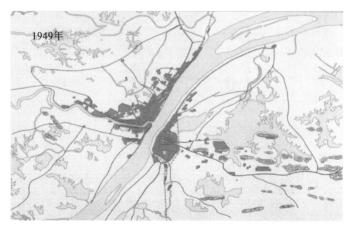

图 3.2 武汉市 1949 年土地利用状况图

(来源:武汉市规划研究院)

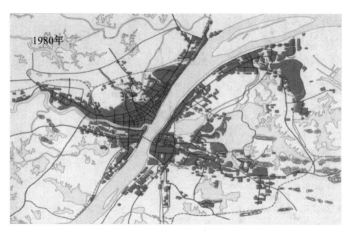

图 3.3 武汉市 1980 年土地利用状况图

(来源:武汉市规划研究院)

居中的区位条件发展成为商贸重镇,是四川、湖南各省与江浙、闽广各省商品转运、转销的中心。清后期和民国时期,武汉的水运和区位优越条件进一步显现,工业发展开始起步,并逐渐发展成为大城市,但城市规模相对来说还较小。第二阶段为城市快速发展阶段,动因主要是武汉被定为国家的重工业基地之后形成了政治区位和区域经济条件的优势。特别是新中国成立以后,国家高度重视工业生产,在武汉大规模投资工业企业,伴随着工业的发展,武汉城市空间急速增长。武汉市 1996 年土地利用状况图如图 3.4 所示。20 世纪 70 年代,武汉大学、华中理工大学(现华中科技大学)、华中师范大学、华中农业大学、中南民族学院(现中南民族大学)、中南财经学院(现中南财经政法大学)等高等院校、科研院所在武汉快速发展,成为武汉市新的空间增长要素,也一定程度上促使武汉市成为全国重要的科研教育基地之一。第三阶段是城市再发展阶段,动因是国家实施"中部崛起"战略,武汉成为中部崛起的战略支点。武汉市抓住机遇,构建"1＋8城市圈",力争将其发展为中部经济增长极,甚至中国第四增长极。

图 3.4　武汉市 1996 年土地利用状况图

(来源:武汉市规划研究院)

第一阶段武汉城市空间增长相对缓慢,城市雏形形成;第二阶段是武汉市的产业调整及发展和城市大力建设的重点时期,城市空间跳跃式增长后趋于平缓;第三阶段是武汉步入正轨、提升自身实力和城市发展质量的关键时期,城市空间向外扩展较多,并逐步向区域性发展。

2. 武汉市城市空间增长受国家城市发展方针的影响

在清末、中华民国及新中国成立初期,由于洋务运动和武汉市特殊的政治地位原因,武汉市经济变得十分繁荣。新中国成立后,历次城市发展政策及规划建设对武汉市空间增长起到较为显著的影响作用,其空间发展的过程与政策方针的变化节奏也相吻合。

"一五"和"二五"时期,武汉市被列为国家重点建设地区,并迎来新中国成立后第一个城市建设高潮。在"以工业化带动城市化"的国家基本方针政策指导下,工业区带动了武汉市城市空间增长,具体表现为武汉出现了城市用地跳跃式增长的局面。1954 年,国家"156 项工程"中一大批重大工业项目(如武钢、武锅、武船、武肉联等)落户武汉市,开辟了中北路、青山、堤角、石牌岭、易家墩、白沙洲、庙山等七个工业区建设项目。1956 年,结合工业区的发展,武汉又加强了住宅区的配套建设,形成综合工业组团。特别是青山工业区,武汉钢铁公司、青山热电厂、武汉重型铸造厂等一批大型企业在青山建厂,以致在 1959 年总体规划中青山工业区空间扩展至武东地区。武汉青山区空间增长如图 3.5 所示。"文革"时期,城市发展受政治影响,城市人口数量下降,除工业用地外,城市建设基本停滞,城市用地增长不大。改革开放初期,国家宏观区域政策向东南部沿海地区倾斜,受其影响,武汉的发展开始落后于沿海地区,加上国家"控制大城市规模、合理发展中等城市和小城市"的方针,20世纪80年代到90年代中期,武汉市城市空间增长不大。2004年,国家提出中部崛起战略,政策开始向中部倾斜,武汉作为中部最大的城市,被定位为中部崛起的战略支点。随后,武汉市实施一系列措施推动城市经济、社会等各方面的发展,迎来城市建设高潮,城市空间内部调整和外部增长同时进行,整体空间呈跳跃式增长。2010年,武汉市作为中部中心城市的城市属性得到国家认可,给武汉市城市空间增长再次带来新的动力。

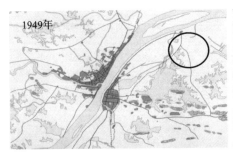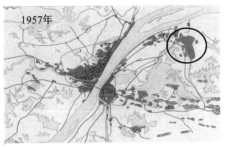

图3.5 武汉青山区空间增长
(来源:根据武汉市规划研究院提供的资料绘制)

3. "中部崛起"区域发展战略对武汉市城市空间增长的动力作用

"中部崛起"的国家区域发展战略给中部城市带来更多的政策性扶持。从国家层面看,武汉在地理位置、交通、工业基础、科教实力等方面较其他中部城市更具优势,是中部崛起的战略支点。相对中部其他城市如安徽合肥、江西南昌、湖南长沙,在承接东南沿海城市的辐射方面,武汉市没有地理优势。但是,在交通方面,武汉是南北、东西向铁路、公路的枢纽,是中国航空中心之一,同时是长江中游的水运中心,优势十分突出。加上武汉在现代制造业、光电子科技、科教实力等方面的优势,武汉也可以承接东南沿海城市的辐射,而且还具有自主发展的潜力。因此,在"中部崛起"区域战略的东风下,武汉也在崛起。具体城市发展战略包括:积极主动吸引外资,调整经济结构,发展现代制造业、现代服务业和高科技产业,提升产业竞争力,将武汉打造成工业强市;抓住全球产业调整机遇,积极参与全球产业分工,将武汉定位为国际化大都市;构建"1+8城市圈",力争将其发展为中部经济增长极,甚至中国第四增长极;促进各类交通设施的调整和发展,建设辐射北京、广州、西安、合肥、重庆、襄阳、宜昌等多个城市的高速铁路,复兴长江黄金水道,建设高速公路,使武汉成为中国连接东、西、南、北的交通枢纽。

在省域层面,基于"中部崛起"的发展目标,湖北省整合省内各个城市的资源,形成完整的区域整体,参与区域对外竞争。具体途径是:首先,提升武汉城市圈整体容量和综合竞争力,强化武汉核心集聚和功能组织中枢作用,合理组织"1+8城市圈"的城市群体功能,以武汉城市圈发展为突破,带动湖北全省的发展;其次,强化宜昌、襄阳副中心城市的核心集聚作用,带动"宜荆荆恩"城市群、"襄十随神"城市群的发展,推动区域整体发展;再次,以长江经济带为纽带,推动长江中游发展带的崛起。湖北省域经济格局的板块联合、区域整合发展的走向已十分明显,同时这也是区域一体化发展的必然要求,未来的城市竞争不再是单一的城市个体的竞争,而是城市所处区域之间的竞争。武汉是省会城市和湖北最大的城市经济体(远大于省域内其他城市),是湖北省经济发展的中心,因此必然要在省域经济格局中,起到重要的纽带和组织作用。

3.1.2.3　地方政府层面

城市空间增长是城市强化外围地域环境与推动内部经济形成的空间增长,是城市发展在空间地域上的表征。改革开放后,中国的城市空间增长表现出很大的多变性,一方面体现为同一城市的空间增长速度在不同发展时期变化剧烈,另一方面体现为不同城市的空间增长差异明显。以往有关城市空间发展的经典理论不能解释这种多变性,主要是因为中国转型时期的城市建设发展并没有完全受传统经典的规划理论约束,而是受到地方政府的强大管制。地方政府往往为追求城市公共利益和政府本体利益而采取种种管制和引导方式,而这成为城市空间增长的重要推动力。

1. 地方政府价值取向与城市空间增长

中央政府逐渐弱化对社会经济发展的行政管理是市场经济的最显著特征之一,通过权力下放,地方政府获得更大的自治空间。改革开放以来,中央政府实行了一系列的分权化政策,通过一系列政策的落实赋权给地方政府更大的空间管理权限,城市空间增长的进度和方式越来越受到地方政府层面管治的影响。作为地方的政治权力机构,地方政府是公共利益的代表,同时也是独立利益群体,这两个特点对城市空间增长产生不同的作用。

(1)地方政府的公共利益代表属性。

政府通过管制体现公共利益的价值取向,这一过程也往往转化为城市空间增长的动力。一方面,作为公众群体利益的代表时,地方政府需要满足公众群体的空间增长需求,比如原有居住人口对于空间品质提升的增长需求、新增人口对工作和居住的刚性空间增长需求。地方政府代表公众利益推动城市空间增长的具体表现包括引导城市空间增长方向、科学制订和实施城市空间增长计划。另一方面,作为城市发展利益的代表,地方政府还要关注城市空间增长的效率和公平。这主要体现为对城市空间结构的优化和合理调控、对城市空间增长过程中涉及的各方利益的统筹平衡,以及对城市可持续发展目标的管理。

(2)地方政府的独立利益群体属性。

改革开放后,出现在中央政府和地方政府之间的分权改革,重点包括经济权力的划分,以及由经济利益影响带动的政治权力的划分。中央与地方的权力关系也由此得以明确,而且通过法律的形式进行了详细的界定。地方政府通过强化权力使其成为具有相对独立性的利益主体,这导致其能够主动表达自身利益诉求和追求实现自身利益的最大化。在城市空间增长过程中,地方政府的利益诉求包括以下方面:

首先,财政分配制度在分权制实施后确定,中央和地方财政收入比重如图 3.6 所示,地方政府为获取更多的财政收入,希望通过城市用地规模的扩大来实现。一是因为土地出让能带来直接的收益,统计数据显示,部分城市土地出让金占地方预算外收入的近 60%❶。二是因为地方政府享有许多基本税收,比如由土地开发带来的税收收入,以增值税、所得税及耕地占用税最为常见,这些税收成为其预算内收入的支柱。地方政府的财政收入一部分表现为土地财政收入,表现出高度依赖土地出让收益特征,因此地方政府通过追求土地利益而带来的土地扩张推动了城市空间的快速增长。

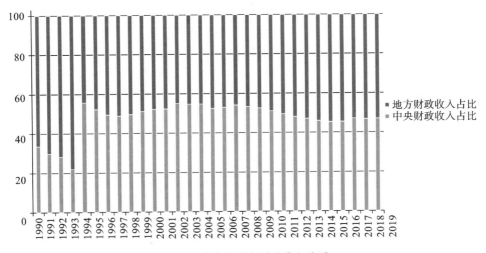

图 3.6 中央和地方财政收入比重

(来源:根据中国统计年鉴整理绘制)

其次,除土地财政之外,地方政府还要借助于工商企业的财产所得税和增值税稳定财政收入的来源。因此,地方政府之间为招商引资而展开竞争,扩大土地供应,吸引企业投资。这些现象在工业区的向外扩张中尤为显著,城市建成区外围用地地价极低,大量工业园区向外快速扩张,由此推动了城市郊区的空间增长。

可见,分权改革在强化了地方政府的经济职能的同时,也形成了地方政府政治职能变革主体和经济主体的双重身份,从而使得政府既进行行政管理又涉及经济,从某种程度上说,既承担着"裁判员"职能,也扮演着"运动员"角色。这种双重身份利弊共存,致使地方政府推动空间增长的主动性提高,但由于地方政府一味追求经济利益,又必然会导致损害公共利益的现象产生,如开发区蔓延扩张导致的土地资

---

❶ 常红晓.土地解密[J].财经,2006(04):34-44.

源浪费问题、体制空缺导致的"权力寻租"问题等。从总体上看,地方政府为寻求地区经济利益的最大化和政府自身利益的最大化,必然会以城市空间的增长作为实现其目标的主要途径。

2. 地方政府管理职能与城市空间增长

(1)城市规划的公共政策价值。

城市规划作为针对城市空间部署安排的公共政策,在由政府管理实施过程中,背负着作为公众利益代表、引导城市空间增长方向的重任。政府通过编制城市规划和提高管理技术,确保城市空间科学高效地增长,从而提高城市空间增长的质量。城市规划又是政府进行城市管理的重要工具,在其编制及实施过程中,成为地方政府表达利益追求的政策工具和主体渠道,体现着政府作为独立利益主体的核心价值取向。因此,城市规划在公共利益保障与政府追求利益两方面都呈现出不同的作用机制。

在公共利益保障方面,城市规划作为相对独立的理性技术与科学,代表了全体城市居民的长远利益,其中包括:城市空间范围的扩张、大量外来人口及市民的空间发展需求、城市总体空间质量的提高、城市综合持续发展能力的提高,以及市民个人利益在城市空间增长过程中的保障需求等等。站在服务于城市居民的角度,地方政府依据城市规划,通过行政力和执行力等方式保障这些长远利益的实现,使得城市规划成为城市空间增长的有效推动力。

在政府追求利益方面,城市规划作为城市空间的协调手段,反映着地方政府与中央政府的空间利益博弈关系。特别在土地资源安排上,中央政府站在国家利益层面,采取较为保守且强制的城市空间增长政策,集中表现在对地方土地利用的监察管理方面。《城乡规划法》第三十条明确指出:在城市总体规划、镇总体规划确定的建设用地范围以外,不得设立各类开发区和城市新区。但地方政府要以经济增长为目标导向,为实现其提高经济效益的目标,大力推进土地开发,要在中央政府管理框架之内,通过争取尽可能多的用地指标,使城市规划依据合理化,从而增加建设用地的空间规模和开发强度。

虽然地方政府有城市规划的操作权,但其意图的表达也需受到国家政府、市民及社会组织等主体的约束。城市规划作为一项公共政策牵扯到社会各主体的利益,因而受到广泛的关注,城市空间增长的多方博弈也因此产生。

(2)增长联合体的主体价值。

市场经济体制下,政府以间接调控为主的方式调节经济活动,通过以各类企业组织为代表的经济载体实现发展目标,而多数企业为达到缩减成本、提高产出效益的目标,也积极与地方政府展开合作。两者的博弈过程形成了共生相处的格局,地方政府运用自己掌握的管理权力,与控制着资本优势的企业集团结成企业-政府增长联合体。

对外来投资者,生产成本和产出效益的均衡控制尤为重要,目的是获取利润;对地方政府,则主要关注前期基础设施投资和土地征用所需成本,以及其所能带来的财政收入和通过市场运作增加就业岗位的能力。两者通过博弈达成产业发展的合作意向。投资者在土地、税收等方面特别是产业投入运营这一过程中都需与地方政府展开协作。这种协作关系上升到一定层次便形成企业-政府增长联合体。

分权化改革使中央行政不再向地方划拨投资,同时赋予地方政府主动吸引外来资金的权力,从而形成地方政府高度自治权。加上城市经营概念广泛传播,全球化带来的资金流通渠道多元化,导致城市间围绕吸引投资展开激烈竞争。地方政府尽其所能为外资提供优惠政策,并在外资进入之后与之形成增长联合体。政府作为公共利益的代表,需要在行使其行政管理权的过程中保持中立,而增长联合体的形成则会打破这种中立,导致政府在行使权力时出现偏袒现象。

增长联合体的内部博弈,也因企业性质的不同呈现较强的差异性。例如,房地产开发企业对于政府来说,是通过收取较高土地出让金获取财政收入的主要来源者,城市空间增长方面一般呈现为紧凑型、较高密度的空间形态;对于其他工商企业,政府主要通过税收的方式获取财政收入,以培养稳定的纳税主体,政府在土地出让方面往往给予各种优惠政策,因而往往形成中心城区建设用地地价高、密度高和外围工业园区地价低、密度低的蔓延格局。

(3)空间增长极的驱动价值。

渐进式和跳跃式是常见的两种城市空间扩展方式。渐进式的扩展是城市空间由内向外地蔓延式均质化扩展,跳跃式的扩展是选择与城市有一定距离的区域空投式集中化的扩展,是培育空间增长极的跳跃式空间增长模式,它主要基于某一特定产业驱动一个全新地段的快速成长。城市跳跃式扩展可以为城市快速扩张和经济快速发展的需要释放能量,增长极的建设恰好能够支持城市的快速扩张和经济的快速发展,与地方政府的根本利益诉求相一致。自20世纪90年代以来,国内出现了很多新的空间跳跃式增长的现象,其中以依托港口发展的出口加工区、保税区以及脱离老城区的独立开发区和城市近郊的大学城等为典型代表。

3.1.2.4 案例——基于地方政府层面的武汉市城市空间增长

1. 城市规划对武汉市城市空间增长的作用

1929年,武汉组织编制了《武汉特别市工务计划大纲》,内容涵盖武汉三镇的功能分区、水陆交通、公共建筑、市政设施等几大方面。该大纲是第一次按照西方国家城市建设经验和当时中国城市规划流行的做法,将城市按照功能分区实行空间重组,形成了武汉城市功能空间的雏形。

新中国成立以后,回顾武汉城市规划与建设的历史,城市规划在各个发展时期,都发挥着重要作用。1954年编制的《武汉市城市总体规划》,明确将武昌旧城区以东区域作为市区未来扩展地区,东南、东北地区作为重型工业选址对象;在珞珈山、喻家山、磨山一带规划高等文教区;工业区配套建设居住区,形成综合工业组团。

在"大跃进"形势影响下,1959 年编制的《武汉市城市建设规划(修正草案)》,开始控制城市规模,同时,为了给大规模新建工业项目安排空间,选择了一些小型和中型城市以及开放的卫星城镇(例如葛店)作为工业基地;提出武汉的城市性质和发展方向是建成为工业基地,科学技术、文化教育基地和交通枢纽;开始重视旧城区改造,确定了省、市、区中心广场位置,确定了城市空间的核心节点。

"文革"期间,编制了 1973—1985 年的城市总体规划,但并未报批,这一时期的城市建设基本以 1959 年的城市总体规划为依据。

1979—1981 年编制的《武汉市城市总体规划(1982—2000 年)》,于 1982 年获得国务院正式批准,这是新中国成立后武汉市第一次获得国家批准的总体规划。在武汉大力发展"有计划的商品经济"的背景下,武汉市有扩大城市空间的愿望,但在国家严格控制大城市用地规模的政策下,这轮规划对中心城区城市规模仍然严加控制。因此武汉市向内整合空间资源,汉口外迁旧京汉铁路和小型工业用地,向外加速发展小城镇,建设工业卫星城镇,并进一步明确现有工业区性质和建设原则。

1988 年,武汉市被定为国家综合配套改革试点城市,在此背景下编制的《武汉市城市总体规划修订方案》,加强了对人口机械增长的控制,对三镇进行功能划分。政府开始重视产业调整,提出发展光电子、生物工程、新材料等新兴产业,将市域城镇划为五个层次。

1996 年编制的《武汉市城市总体规划(1996—2020 年)》,将武汉城市性质定为"湖北省省会,我国中部重要的中心城市,全国重要的工业基地和交通、通信枢纽",开始从区域范围重新组织城市空间,城市地区集约发展,并构建七个卫星城。

2004 年编制的《武汉市城市总体规划(2010—2020 年)》,提出武汉市的城市性质为:湖北省省会,国家历史文化名城,我国中部地区的中心城市,全国重要的工业基地、科教基地和综合交通枢纽。构建以主城为核心,多轴多中心开放式空间结构;强化铁路、水运、公路、航空综合交通建设;规划主城区重点发展金融商贸、行政办公、文化旅游、科教、信息咨询等服务功能;依托区域性交通干线在主城区周边布局六个新城组群,集中发展现代化制造业。

总体来说,武汉市城市规划根据城市不同发展阶段的发展需求,划定城市建设用地范围,为城市产业发展、居民生活等安排足够空间,对城市空间增长促进作用明显,2004 年版城市总体规划中的建设用地面积是 1954 年第一版城市总体规划中的 4.5 倍。特别是在近年的城市快速发展阶段,城市规划的规模增长更快,从1988 年版规划到 1996 年版规划,八年间规划建设用地面积增长了 75%,而 1996年版规划到 2004 年版规划的八年间,规划建设用地面积又增长了近一倍。历次武汉市城市总体规划的主要指标见表 3.2。

表 3.2　历次武汉市城市总体规划的主要指标

名称	批准时间	规划期限	规划人口	规划用地面积
1954 年《武汉市城市总体规划》	1954 年上报	1972 年	1960 年为 176 万人,1972 年为 198 万人	203.5 km²
1959 年《武汉市城市建设规划(修正草案)》	—	—	1967 年为 240 万人	167 km²
1979—1981 年《武汉市城市总体规划》	1982 年	2000 年	1985 年为 260 万人,2000 年为 280 万人	200 km²
1988 年《武汉市城市总体规划修订方案》	—	—	加强对人口机械增长控制,2000 年控制在 740 万人以内,中心城区控制在 350 万人以内	建设用地面积 245 km²,城市规划区 650 km²
1996 年《武汉市城市总体规划(1996—2020 年)》	1999 年	2020 年	主城区常住人口为 505 万	建设用地面积 427 km²
2004 年《武汉市城市总体规划(2010—2020 年)》	2010 年	2020 年	市域人口为 1180 万	908 km²

(来源:武汉市历次城市总体规划)

2. 培育空间增长极对武汉市城市空间增长的作用

自 20 世纪 90 年代以来,武汉市相继培育了多个空间增长极,它们在推动工业发展的同时,带动了住宅、商业等的发展,城市建设用地也急剧扩张。

武汉东湖新技术开发区是其中一个空间增长极,位于武汉市洪山区、江夏区境内,东起武汉外环线、西至卓刀泉路、南抵汤逊湖、北达东湖南岸,形成以光纤通信综合开发、激光技术研究与产品开发、生物技术开发、新材料研发、计算机软件工程开发为主的五大高新技术产业基地。武汉东湖新技术开发区于 1984 年起步建设,1991 年被批为国家级的新技术开发区,其总体规划图(1990 年)如图 3.7 所示。作为空间增长极,东湖新技术开发区的空间增长效果明显,特别是在 2000 年以后,武汉市政府开始在东湖新技术开发区筹建"武汉·中国光谷",该地区城市建设以惊人的速度推进,光谷地区 2002 年与 2008 年土地利用状况如图 3.8 所示。光谷地区依托丰富的科教资源和优美的环境条件,凭借国际光电子发展的大势,在武汉市政府的大力扶持下,发展为光电子产业产、学、研结合的示范基地,光纤通信、计算机软件、信息科技等高新技术产业的发展已产生规模集聚效应。高新技术产业有

图 3.7　武汉东湖新技术开发区总体规划图(1990 年)

(来源:吴之凌,胡忆东,汪勰,等.武汉百年规划图记[M].北京:中国建筑工业出版社,2009.)

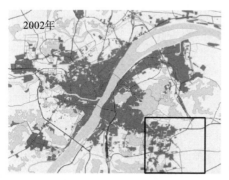

图 3.8　光谷地区 2002 年与 2008 年土地利用状况(方框内)

(来源:根据武汉市规划院提供的资料自绘)

别于一般工业,它可以有效带动城市其他功能的完善,2000 年以后,该地区的房地产业、商业等呈爆发式增长,形成了新的商业中心——光谷商圈,并带动武汉市东南部城市空间迅速向外扩张。

除武汉东湖新技术开发区外,武汉市培育的空间增长极还有汉阳的武汉新区、远城区的武汉化工新城及周边的卫星城镇(如阳逻、新洲、黄陂等)。武汉新区在汉水、长江和京珠高速(即武汉市外环线)围合的区域,武汉市旨在将其建设为辐射武汉乃至整个华中地区的现代制造业基地。武汉新区的建设带动汉阳地区的空间向外扩展,汉阳地区 2002 年与 2008 年土地利用状况如图 3.9 所示。武汉化工新城近年来才开始启动建设,拟沿江布局北湖和葛店两大产业组团,目前尚在建设中。卫星城镇布局工业,带动区域整体发展,成为区域城市空间增长的动力。

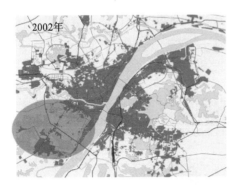

图 3.9　汉阳地区 2002 年与 2008 年土地利用状况

(来源:根据武汉市规划设计院提供的图片绘制)

新中国成立以来,武汉空间布局的总体发展是区域一体化发展代替主城区内聚。主城区的内聚一方面造成城市容量过大,另一方面,各组团之间的空间距离的扩大,使交通量明显增加。而在城市外围或者城市新区开发建设,则能有效缓解城市压力,为产业发展提供新的空间。

3.2　城市空间增长的市场驱动力

3.2.1　全球化与区域一体化

对于经济全球化概念的一般理解,人们普遍认为,自由市场经济在全球范围内的传播,改变了当地政府权力集中控制的局面,并允许资本在全球范围内流通,形成了全球经济的新模式。因此,当市场经济体制引入中国,政府监管的方式和强度受到影响。在许多城市,管理主义向企业化转换,城市经营的理念被广泛接受。

在城市经营的理念下,经济全球化影响城市之间吸引投资的竞争方式:城市政策制定者为吸引全球资本,政策方面采取特殊的优待条件,如廉价的土地租金、税收减免等,以提高城市本身的竞争力;跨国企业根据行业发展需要权衡每个城市的发展状况,使自己的利益更符合区域产业布局。这种政府和企业的双向选择形成各城市在全球经济中的分工,城市成为世界经济结构的一个节点。国际分工的城市定位在很大程度上引导着城市政府决策的提出与落实,对城市空间发展有着深远的影响。

工业化时代,大规模工业在城市中占据产业主导地位,依靠资本规模积累形成标准化的生产,第二产业占比大部分;进入后工业时代,由于信息技术的发展,交通模式改变的影响,第二产业的比重开始下降,第三产业占主导地位,以信息技术为基础的现代服务业成为国际化城市的主导产业,高新技术产业的比例持续上升。工业化时代的城市空间增长体现为大规模工业的产业集中,导致城市空间的快速扩张,后工业时代,信息化带来了新的区域影响力的评估模型,现代服务业在区域中心城市和全球城市集中,生产企业分散转移到不同地方的城市,促使不同级别的城市产业结构发生分化,城市的国际分工显示出更大的差异。

虽然全球化促进了发达国家城市的主导产业由工业向服务业转变,但总的数量上,制造业企业的数量仍呈增加趋势,仅仅是在地域分配上有所变化,大量制造业企业转移到发展中国家。中国大多数城市以廉价的劳动力资源和优越的环境吸引全球工业资本,在全球工业生产中占有较大比重。制造业的快速发展一直牵引着工业化的进展,城市空间的快速扩张也受其影响。同时,随着全球化的进一步发展,许多城市发展新兴产业,进行产业结构转型升级,逐步取代工业,高新技术企业替代能源消耗型的企业,使得中国部分城市出现一些后工业化的城市特点。传统制造业与新兴产业同时存在的格局,推动城市空间呈现出不同的增长特征和形式。

3.2.1.1　全球化和区域一体化的空间增长驱动表现

1. 促进产业结构调整,改变空间增长方式

随着市场经济的发展,全球化和区域一体化在产业发展中的作用越来越大,在市场上表现为促进资本、劳动力、技术、信息等生产要素在全球流动,将不同的国家和地区纳入全球经济体系,使其参与全球的产业分工。当前世界产业格局正在发生重大演变,如果将全球产业作为一个整体来看,以微电子、软件信息技术、航空航天、生物工程等为代表的高新技术产业正在推动全球经济产业结构的大调整,以高新技术为主导的产业结构正逐步形成。全球产业结构的升级,将带动参与全球化产业体系的各个城市及区域的产业结构的调整和升级。

从全球角度看,各个国家的发展处于不同阶段,国家间的竞争比较优势不同,导致产业结构调整的全球化呈现出多样化的趋势,体现在城市空间中则是包含分散的集中,形成了区域城市空间格局的网络结构。在新的定位方式中,管理和信息中心区域的空间集聚发展表现出向全球城市中心集中的趋势,而具体的生产和装配活动转移到地方城市,这种根据生产要素来改变生产成本的方式,使城市空间发展表现出扩散型特点。城市空间演化过程理论见表 3.3。

表 3.3　城市空间演化过程理论

阶段	空间结构形态	城市作用及空间特征
工业化前阶段	离散型	城市与城市、城市与区域间关联少;区域空间相互独立
工业化初期阶段	集聚型	城市为腹地的市场区,以向心作用为主,核心吸引边缘
工业化成熟阶段	扩散型	城市为创新中心、服务中心、制造业中心和扩散中心,并且形成次级核心,与地方空间成为一个整体
空间相对均衡阶段	均衡型	核心城市网络化,地方空间相对均衡,并开始相互融合,呈现区域一体化

(来源:陈修颖.区域空间结构重组——理论与实证研究[M].南京:东南大学出版社,2005.)

　　跨国公司在全球的城市产业结构调整中起到重要作用。在全球化背景下,跨国公司的内部管理、研发、生产、销售等方面体现在全球分工体系中。一般来说,发达国家工业化程度较高,其金融、管理、技术、信息等要素优势明显,而发展中国家工业化起步较晚,与发达国家的竞争优势体现在市场、土地和劳动力资源上。跨国公司综合各地优势,在发达国家与发展中国家之间的不同生产环节的布局,共同形成了国际生产体系。在全球产业定位中,跨国公司将金融管理、设计研发集中在信息和知识较为丰富的地区,一般为全球大都市;将销售网络分布在成熟的中心市场区;生产装配环节,根据地区的传统区位理论,则多分布在发展中国家的地方性城市。全球化引起的区域空间结构重组如图 3.10 所示。因此,全球城市空间结构重组的过程中,微观上往往体现在全球跨国公司产业布局的运作过程中。

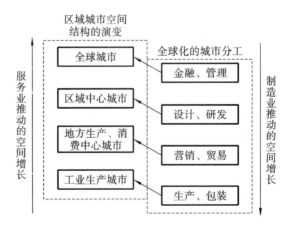

图 3.10　全球化引起的区域空间结构重组

(来源:查冬冬.基于政治经济分析的城市空间增长动力机制初步研究——以合肥市为例[D].武汉:华中科技大学,2010.)

　　跨国公司对不同生产环节的布局会对不同等级城市的产业结构产生不同的影响,从而使不同等级城市形成不同类型的空间增长动力。具体来说,金融管理和设计研发将带动城市第三产业的发展,促进城市产业结构升级,使城市向全球性大都市发展。生产装备环节将带动城市第二产业发展,促进发展中国家的地方性城市工业化进程。

2. 优化城市内部空间,吸引城市经营投资

全球化已经引起了城市经营理念的广泛传播。城市经营是在借鉴企业管理的基础上形成的一种市场管理方式。它通过土地资源的优化配置,提高城市的运行效率并获得经济效益。改善产业结构条件,则意味着可以获取更多的投资,从而加快产业升级,提高一个城市或地区的整体竞争力。城市经营策略是提高城市或地区在全球分工的地位的重要手段,它对于城市空间增长的特定动力机制,主要表现在以下几点。

城市通过竞争获得必要的产业资源。产业发展驱动空间增长,而全球化为工业的发展提供了机会,如工业生产的出口和国外金融服务。典型的例子是 FDI(外国直接投资)对城市空间变化的影响。研究表明,自 1990 年以来,外国直接投资在上海经济发展和城市建设中的作用十分明显,并具有积极和深远的意义。很多其他的相关研究也表明,外国直接投资对促进城市空间增长发挥着非常重要的作用。

城市经营策略使城市能够充分发挥其比较优势,形成合理的区域空间增长模式。城市的自然资源禀赋可以发挥作用,但市场的管理机制更能够加强城市的比较优势。从区域角度来看,面向市场的城市经营和城市竞争促进产业和资源的高效流通,并最终选择理想的发展空间。因此,城市经营在优化区域空间结构中发挥着重要作用。

城市经营促进城市内部空间的重组与优化,并对衰败地区的复兴提供一条可供参考的发展路径。城市经营需要在市场力量的帮助下,挖掘土地的价值潜力,并在不同主体之间的竞争发展中提高土地利用效率。同时,市场可以筹集大量的资金来建设城市基础设施,改善旧城区生活环境。除了经济和社会效益,城市经营还能帮助城市政府在空间发展战略上从非理性转向理性,促进城市空间结构的进一步改善。

作为一种经营理念,城市经营最常用在旧区更新等实践中。以武汉市城市扩张的过程为例,城市空间扩张形成众多城中村,其土地属于集体所有,但周围的城区为城市建设用地。武汉市政府采取城市经营的理念,通过政府引导、市场运作改造城中村,大面积改善了城市形象,促进了城市内部空间的增长。

3. 构建空间增长联盟,促进区域空间增长

在全球化的进一步发展中,不同级别城市区域的职能分工强化了其在全球产业体系中的作用,也形成了具有地域空间的新现象:全球城市区域(global city region)。全球城市区域不同于普通意义上的城市,也不同于仅有地域联系的城市群或城市连绵区,而是在高度全球化下,以经济联系为基础,由全球城市及其腹地内经济实力较雄厚的二级大中城市扩展联合而形成的独特空间现象❶。城市与区

---

❶　易千枫,张京祥.全球城市区域及其发展策略[J].国际城市规划,2007,22(5):65-69.

域空间一体化的发展趋势,导致"区域"概念的进一步发展,在世界范围内掀起新区域主义(new regionalism)的研究思潮。D. Wallis 将新区域主义的特点概括为:①是区域治理而不是区域管理;②是跨部门合作而不是一个单一的部门合作;③是合作而不是协调;④是过程而不是结构;⑤是网络结构和非正式结构❶。与传统区位理论相比,新区域主义倡导多维合作、区域之间的地区开放和复合的目标模式。

城市内部的增长联盟即城市增长联盟最早由 Molotch 在《The city as a growth machine:toward a political economy of place》中提出,他认为地方政府发展经济的强烈动机和投资者对土地经济利益的追逐,使二者组成联盟推动城市增长;而非政府组织(NGO)代表的市民等社会利益群体会对政府、投资者组成的增长联盟产生促进或制约作用,从而由政府、投资者、社会三方组成城市增长联盟,他们相互交流、合作和平衡,促进城市经济增长❷。在特定的区域范围内,通过劳动分工在不同的城市中发挥各自的比较优势,形成地区综合的整体优势,以促进联盟成员的共同增长。各种级别的区域合作组织已经成为实践新区域主义与空间增长联盟的实体。

(1)国际区域增长联盟。如欧盟、北美自由贸易区、亚太经济合作组织。欧盟的增长效用最明显,其区域内城市形成了一个成员网络结构形式。国际区域增长联盟在城市空间增长效应方面往往是间接的,联盟的成员开发环境存在巨大差异,限制了总体目标的实现,所以对具体的城市空间影响是有限的。

(2)区域增长联盟。伦敦都市区、加拿大多伦多都市区和泛珠江三角洲经济圈都是典型的区域增长联盟。以泛珠江三角洲经济圈为例,它旨在发挥各个省市的比较优势,包括资源和地理条件、劳动力和工业发展等,通过改善区域交通基础设施条件,整合政治和经济体系,发挥大城市的驱动力,促进该地区作为一个整体,从而实现全面发展。作为一个开放的区域增长联盟,它参与中国-东盟自由贸易区建设中,充分体现出新区域主义提倡的多层次开放区域理念和区域开放化特征。区域增长联盟对于城市空间的影响是非常明显的,尤其是交通网络建设、工业转移等实质性的举措,都会形成城市网络内部的紧密联系,为工业发展开发更多的新空间。

(3)城市发展增长联盟。城市发展增长联盟多以工业园区的形式出现。当地政府(一个或多个)为了经济的发展,采取以土地为主的优惠政策,使投资者手中的资金通过政策带来更多利润,而产业发展同时为人民带来就业的好处,因此三者形成增长联盟,如上海浦东新区开发区、天津滨海新区等。天津滨海新区借助其良好的地理位置和交通条件发展现代工业,其发展过程反映了城市发展增长联盟在发展的不同阶段的促进作用。初建前七年(1994—2000 年),天津滨海新区吸引外资

❶ 张京祥,殷洁,何建颐. 全球化世纪的城市密集地区发展与规划[M].北京:中国建筑工业出版社,2008.

❷ MOLOTCH H. The city as a growth machine:toward a political economy of place[J]. American Journal of Sociology,1976,82(2):309-332.

的主要载体为第二产业,第二产业的发展促进了新区经济的快速发展,在有了一定的产业基础后,随着金融服务业的发展,则又促进了城市产业的转型,优化了城市空间的结构。在经济增长过程中,滨海新区辐射周边地区的力量逐渐增强,成为领衔渤海城市圈经济发展的核心。

3.2.1.2　案例——全球化及区域一体化在武汉市城市空间增长中的作用机制

1. 全球化环境下武汉市的区域定位

从历次城市总体规划对武汉市城市性质的定位看,1954 年版总体规划、1959年版总体规划修正草案及 1979—1981 年版总体规划都将武汉市定位为湖北省政治、经济、科学、文化中心,除交通功能外,其他城市功能没有辐射到湖北省以外区域,处于相对封闭的区域空间之中。从 1988 年编制《武汉市城市总体规划修订方案》开始,武汉市在全国乃至全球的城市定位在城市性质研究中愈加受到重视。1988 年总体规划修订方案中武汉城市性质定位为:湖北省省会,充满革命传统的历史文化名城,全国重要的水陆空交通枢纽、通信中心和对外通商港口;国家重要的钢铁、机械、轻纺、化工、电子等传统工业的生产基地,并将逐步发展为全国光纤、微电子、激光、生物工程、新材料等新兴产业基地之一,在中国改革开放中形成华中地区和长江中游的商业、贸易、金融、科技、文教和信息中心。1996 年编制的总体规划中,武汉城市性质定位为:湖北省省会,我国中部重要的中心城市,全国重要的工业基地和交通、通信枢纽。2004 年编制的总体规划,武汉城市性质定义为:湖北省省会,国家历史文化名城,我国中部地区的中心城市,全国重要的工业基地、科教基地和综合交通枢纽。从历史角度看,武汉市的城市定位经历了省域维度—华中地区维度—全国维度的演化过程,在全球分工的大浪潮中谋取自身地位也成为城市寻求发展机遇的首要选择。历版总体规划(包括修正草案、修订方案)对武汉市城市功能定位的规定变化如图 3.11 所示。

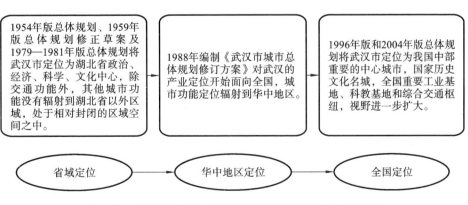

图 3.11　历版总体规划对武汉市城市功能定位的规定变化

从世界经济发展的角度来看,中国的土地、劳动力成本优势明显,广阔的市场使中国成为世界制造中心。长江三角洲、珠江三角洲地区由于资源和环境的限制、资金饱和、产业升级等方面原因,部分产业开始向内地转移。世界性产业转移和全国新一轮经济整合带来的产业转移,成为武汉提高其在全球产业分工体系中地位的有利条件。

武汉市与我国三大经济核心区距离都较远,相比与它们距离较近的中部其他省份城市,武汉接受辐射不强,但是武汉具有中部其他省份城市没有的巨大优势。首先,武汉在1992年被国务院批准为对外开放港口和沿江对外开放城市,享受一系列政策优惠。也就是说,依托长江黄金水道,武汉及其周边城镇组成的城市群具有发展成为长三角、珠三角那样直接参与全球性区域分工(而不是依靠其他经济核心区的辐射间接参与)的世界级城市群的条件,武汉市具有与上海、广州、深圳等城市一样发展为国际性城市的潜力。其次,武汉市在新中国成立之初就开始发展工业,钢铁、汽车、纺织、食品加工等工业发展较早,改革开放后,武汉市又积极发展光纤、机电制造、光电子、通信技术等高新技术产业,产业基础较中部其他省份城市更好。最后,武汉市的交通条件极为优越,是长江中游的航运中心,中国航空、公路、铁路交通枢纽,特别是铁路,已形成辐射北京、广州、深圳、郑州、西安、宜昌、重庆、合肥、南京、上海等各大城市的高速铁路系统,构建武汉城市圈一体化的公路、铁路交通系统。武汉市将具有辐射中西部大部分地区及与三大经济核心区形成较强联系的能力,并具有吸引跨国公司投资的巨大吸引力。

来武汉投资落户的企业持续增多,从2007年到2011年五年间,在武汉市投资落户的世界500强企业由70家增长到83家,武汉成为机械电子产品和高新技术产品投资的热点城市。

以产业转移和外商投资的形式改变国际分工的国际区域经济作用,对武汉市城市空间的增长具有显著的影响。其典型特征体现在开发区城市空间增长极的形成,以开发区或工业园区为中心的发展,往往会带动一个新城的基础设施和住房的开发建设,导致城市空间的向外扩展。其中,影响较大、空间增长效应最为明显的开发区包括:东湖新技术开发区、武汉经济技术开发区、吴家山台商投资区,以及近年来在城郊开发的阳逻经济开发区、滠口开发区、化工新城等。开发区的建设引导武汉市城市空间向"以主城区为核心、多轴多心"的空间结构发展,形成典型的产业引导型城市空间增长形态。

2. 产业结构重组与城市空间增长

从武汉市三次产业结构比例的变化中可以看出,武汉市三次产业之比由1978年的12∶63∶25调整为2010年的3∶47∶50,第一产业、第二产业比重分别下降了9%、16%,其中第三产业比重上升了25%。武汉市历来重视工业对城市发展的作用,改革开放后,更是注重产业结构的调整,大力发展先进制造业和高新技术产业。在产业结构调整过程中,以工业和服务业为代表的第二产业和第三产业的地位被强化,通过工业主导、服务业跟进,两者同步发展的产业动力机制主导了武汉市的空间增长。

武汉市第二产业在产业结构中的比重有所下降,但高新技术产业在其内部结构中的比重有所提高。2008 年,高新技术产业实现增加值 1108 亿元,占武汉市 GDP 的 27%。因此,产业结构向高端制造业转变的趋势明显。生产总量增加的同时,重点行业所占的比重持续增长,上、下游产业链正在逐步改善,集聚度逐渐增加。高新技术产业的发展减少了单位产值的能源消耗和污染排放,并大幅提高了税收收入,为城市的建设提供了资金支持,因此对于城市空间的良性增长是非常有利的。高端产业为承接全球产业转移和沿海产业梯度转移创造了良好的条件,提高了技术水平和产业集聚能力。

跨国公司在第二产业内部结构升级过程中发挥了积极作用。根据张艺影的研究结果,外商在湖北省第二产业的投资大部分集中在制造业,同时技术密集型产业的投资比重高于一般加工工业,带动了第二产业的结构升级❶。对于武汉市而言,引进世界 500 强企业不仅可以为城市注入资金,还可以引进全面的生产管理过程,以及技术水平和研发能力、组织和管理技能,促进人力资源发展和扩大国际贸易网络等,对武汉经济社会发展和产业结构调整具有深远的影响。例如,武汉市光纤通信产业,1988 年荷兰飞利浦这一世界 500 强企业与武汉长江通信产业公司合资,成立了长飞光纤光缆股份有限公司,其主要研发和生产的特种光纤,缩短了中国在光纤通信技术上与世界先进技术水平的差距。

除研发能力外,长飞光纤光缆股份有限公司引进国际先进组织管理技能,经过多次扩建,生产能力比刚成立时增长了几百倍,武汉市也由此跃居成为中国第一、世界第三的光纤生产基地,带动了武汉光纤通信产业的技术升级和快速发展。

生产、生活的服务需求随着市场经济的建立与发展明显扩大,第三产业也快速发展起来。武汉市 2010 年第三产业总量增加值达 2648 亿元,排除价格因素,相比于 1978 年增加了 65 倍,年均增长率为 16.6%,比 GDP 的年均增速(14.0%)高了 2.6 个百分点,因此第三产业发展步伐也在加快。近年来,随着武汉市第三产业对外开放,外国投资开始进入房地产、批发零售、餐饮、水利环境和公共设施管理等行业,对武汉市第三产业发展起到越来越大的带动作用。

从产业结构的角度来看,如果第一产业的比重不到 10%,第二产业的比重大于第三产业的比重,则这表明社会已经进入工业化高级阶段;如果第一产业的比重不到 10%,第二产业的比重小于第三产业的比重,则这意味着社会进入了后工业化阶段。自 2000 年以来,武汉市第一产业的比重不到 10%,第三产业的比重开始高于第二产业的比重,说明武汉已进入后工业化阶段。综合武汉市人均 GDP、城

❶ 张艺影.外商直接投资对湖北省产业结构的影响及对策研究[M].武汉:华中科技大学出版社,2009:128-130.

市化率及人口就业结构等因素,城市空间增长受工业和服务业的影响较大,未来产业的演化将趋向于高端产业,服务业的比重将不断提升。工业园区的发展空间也将更加多样化和全面化,相关服务行业将占据较大的城市空间,独立的综合性新城会越来越多,并会引起城市空间新的增长。

3. 外资注入作用

改革开放以来,随着经济长期较快增长,中国已逐步成为国际产业资本最主要的输入地之一。2010年,武汉市实际利用外资达32.93亿美元,其中外国直接投资(FDI)24.5亿美元。据武汉市统计局统计,截至2011年底,已有83家世界500强企业在武汉投资。外企投资领域涉及化工、建材、通信电子、食品、汽车零部件、纺织、电器、机械、商业零售等多个方面。武汉市部分年份实际利用外资总额见表3.4。

表 3.4 武汉市部分年份实际利用外资总额

年份	1990年	1995年	2000年	2005年	2008年	2010年	2012年	2014年	2016年	2017年
总额/亿美元	0.8	11.15	13.03	17.40	25.73	32.93	44.44	61.99	85.23	96.47

(来源:根据湖北省统计年鉴及武汉市统计年鉴整理得出)

武汉市的空间发展受外商投资多方面的促进作用而发生变动。首先,外商投资可以有力地促进地方经济建设与发展。城市基础设施建设通过大量税收获取充足资金,一定程度提高了城市空间扩展的质量,也稳定地提供了城市空间发展所需资金;外商投资的高端产业可以带动其他相关产业的发展,形成产业集群和空间增长极。其次,外商投资可以带来城市非农就业人口的增加,促进城镇化的进程,形成有效的空间增长需求,促进城市的地域扩张。再次,外商投资可以推动产业结构的调整。20世纪90年代以来,外国直接投资对武汉市产业结构升级起到很大的推动作用。第二产业中,外商对汉投资集中在制造业,且技术密集型产业的投资比重高于一般加工工业;对第三产业的投资集中在房地产和社会服务业,其次是批发和零售业。在武汉市工业园导向的空间增长动力机制下,工业园的发展受外资企业的带动较为明显。这种作用在武汉市汽车产业发展中体现得尤为突出。

武汉市汽车产业集中在武汉经济技术开发区,该开发区以汽车产业为龙头产业,于1991年编制了第一版总体规划,1993年被国务院批准为国家级开发区。

1992年5月,法国标致雪铁龙集团在武汉经济技术开发区投资,与中国东风汽车公司合资成立神龙汽车有限公司,总部位于武汉。该合资公司建立后,对武汉汽车产业的带动作用巨大,东风汽车开始全面涉足轻型车和轿车制造,奠定了多种车型和汽车零配件配套的产业基础。2003年6月,日本日产汽车公司与东风汽车公司合资成立东风汽车有限公司,这是中国汽车产业最大的合资项目。2003年7月,日本本田公司与东风汽车公司在武汉经济技术开发区共同组建了东风本田汽车(武汉)有限公司。法国标致雪铁龙集团、日本日产汽车公司和本田公司是世界排名前十的三大汽车巨头,它们对武汉汽车产业的投资,对武汉汽车产业集群的形成起到至关重要的作用。继日产、本田进入武汉经济技术开发区后,一批国际汽车零部件名企和中小整车企业成串进入武汉,如美国李尔、伟世通,日本理研,法国法雷奥、佛吉亚等等,它们带动了武汉的汽车产业链的延伸和壮大。至今,武汉经济技术开发区已形成以神龙汽车有限公司、东风汽车有限公司、东风本田汽车(武汉)有限公司为主体的集汽车制造和零配件生产、汽车研发、汽车贸易、汽车物流等多功能于一体的汽车产业集群,2006 年汽车产业成为武汉第一大产业。随着武汉汽车产业的发展壮大,武汉经济技术开发区的工业园用地快速增长。

从外商投资在武汉的空间分布来看,外资企业主要聚集于武汉市经济技术开发区、东湖新技术开发区及武汉周边工业新城,武汉市产业新区分布图如图 3.12 所示。这些产业新区的空间增长动力包括三个方面:一是外国企业自身的发展空间;二是外国企业促进了一大批相关产业的发展和工业园区的形成,并主要通过工业园区再促进城市空间的整合;三是当地政府改善该地区的竞争力和基础设施的工作,间接地促进了城市空间的发展。因此,外商投资对空间增长的影响不仅限于其行业本身,也会形成全方位的综合力量,共同促进城市空间的增长。

图 3.12　武汉市产业新区分布图

(来源:吴之凌,胡忆东,汪勰,等.武汉百年规划图记[M].北京:中国建筑工业出版社,2009.)

3.2.2 地方产业发展

3.2.2.1 产业发展与城市空间增长效应

1. 城市经济发展与城市空间增长

人口与经济活动的集聚是城市空间增长最基本的特征,人口集聚的积累依赖于经济活动的集中。通过吸引人口和经济活动的定向流动,城市产业经济发展的空间开始增长。理解城市的经济发展和城市空间增长的映射关系:一方面需要理解经济发展导致的城市空间集聚的逻辑原则,即"大众"链接;另一方面,需要理解产业发展与城市空间的数与量的对应关系。

经济活动一体化,是城市经济的基本特征之一,集中于城市是资本主义生产的基本条件。阿瑟·奥沙利文在其《城市经济学》中分析城市存在的原因,他认为区域间贸易的区域比较优势变得有利可图,这促进了区域贸易市场与城市的发展,制造工厂的生产效率比个人生产效率高,因此生产商品的推广又进一步促进了工业城市的发展,使企业集群在城市的集聚经济中进行生产和营销。这一理论可以作为相关的产业发展和城市空间增长的初步解释。新马克思主义的代表人物哈维给出了更直接的解释,他将城市看作是生产剩余价值的空间,资本主义依赖的剩余价值集中在城市,城市空间是剩余价值流过程的载体,受社会、经济、技术、制度的影响。因此城市空间的形成是资本的集中,产业发展是创造剩余价值、寻求空间线性化的过程。

上面所讨论的是经济发展与城市空间增长之间的基本逻辑关系,城市空间数量体现在经济发展水平和城市空间增长的促进和限制之间。在空间均衡增长中,每个城市功能辐射区都形成了核心-边缘地区的稳定结构,城市空间体现出封闭性、增长数量有限性的特点。由于古代城镇交通、产业、对外服务等功能不发达,空间增长特征不明显。而在当今日益频繁的空间交流的新环境下,不平衡增长理论(由赫希曼于1958年提出)可以更好地解释产业发展和空间发展规模之间的关系。在不平衡增长理论中,产业发展专业化,鼓励出口和跨区域服务,不再局限于产业所在地区的城市空间范围内,而是通过更大的区域竞争,获得更大范围的行业销售区域,从而促进产业空间的扩展。因此,经济发展的高级阶段,在不平衡增长的环境下,产业发展对于城市空间增长更具复杂的动力机制作用。

2. 城市经济发展与城市空间增长的正相关性

经济增长与城市空间增长的研究主要集中在对城市的经济发展水平与城市化率的提高之间的相关性分析上。经济学家兰帕德在其《经济发展和文化变迁》中指出,美国的经济发展与城市化进程呈现显著正相关关系。美国地理学家贝里分析了经济水平、技术能力、人口、教育等因素的影响,也证明了经济发展与城市化之间的正相关关系。钱纳里等人构建的 101 个国家长期的 GNP(国民生产总值)和城市化水平的相关性模型表明:在一定的人均国民生产总值水平上,就会有一定的生产结构、劳动力配置结构和城市化水平相对应。

中国地理学家对类似的研究也进行了很长时间的关注。何流、崔功豪(2000)对南京市城市空间扩展和经济发展的相关性分析显示,南京建设用地规模与市区经济发展水平有显著的相关性,南京市区城市建设用地量及 GDP(国内生产总值)增长率变化图如图 3.13 所示。周一星、许学强研究了 1981 年一百多个国家的相关资料,同样证明了 GDP 与城市化水平的相关性。刘婧、赵民(2008)研究了中国人均 GDP、财政支出、人均可支配收入等要素与城市化率的相关性系数,发现了经济增长在不同领域和层面与城市化率的关系。武汉市 1986—2018 年建城区面积与 GDP 总量见表3.5。武汉市 1986—2018 年 GDP 变化趋势见图 3.14。武汉市 1986—2018 年土地利用变化趋势见图 3.15。

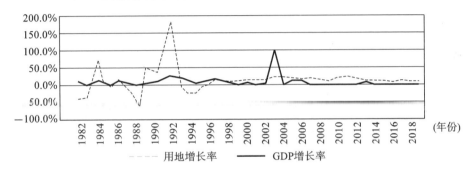

图 3.13　南京市区城市建设用地量及 GDP 增长率变化图

(来源:何流,崔功豪.南京城市空间扩展的特征与机制[J].城市规划汇刊,2000(6):56-60,80 及南京市统计年鉴)

表 3.5　武汉市 1986—2018 年建城区面积与 GDP 总量

年份	建成区面积/km²	城市建设用地面积/km²	GDP 总量/亿元
1986 年	185	142	106.35
1987 年	185	142	124.61
1988 年	187	145	156.44
1989 年	188	136	168.75
1990 年	189	148	176.83
1991 年	204	193	207.95
1992 年	194	194	255.42
1993 年	211	211	357.23
1994 年	196	227	485.76
1995 年	200	231	606.91

年份	建成区面积/km²	城市建设用地面积/km²	GDP总量/亿元
1996 年	202	233	782.13
1997 年	202	233	912.33
1998 年	204	236	1001.89
1999 年	208	239	1085.68
2000 年	210	241	1206.84
2001 年	212	247	1355.4
2002 年	214.22	249.22	1467.8
2003 年	216.22	251.74	1622.18
2004 年	218.22	254.42	1882.24
2005 年	220.22	255.42	2261.17
2006 年	222.3	255.42	2679.33
2007 年	451.0	222.3	3209.47
2008 年	460	480	4115.51
2009 年	466.6	480	4620.86
2010 年	484.01	732.21	5565.93
2011 年	506.42	751.14	6762.2
2012 年	520.3	807.7	8003.82
2013 年	543.28	708.04	9051.27
2014 年	552.61	989.23	10069.48
2015 年	566.13	462.77	10905.6
2016 年	585.61	481.22	11912.61
2017 年	628.11	840.19	13410.34
2018 年	723.74	864.53	14847.29

(来源:根据武汉市统计年鉴整理绘制)

3.2.2.2 土地竞租理论与城市空间增长方式的演化

1. 以土地经济理论解释的城市圈层增长

20 世纪之前,全球主流的城市空间增长方式一直是单中心圈层式增长。现在许多中小城市空间增长仍按单中心圈层式增长的基本机制运行;单中心圈层式增长理论也解释了现代大城市多中心、组团式增长的缘由。对单中心圈层式增长理论进行回顾,在它的基础上加入其他因素,讨论开放化多中心的城市空间增长的动

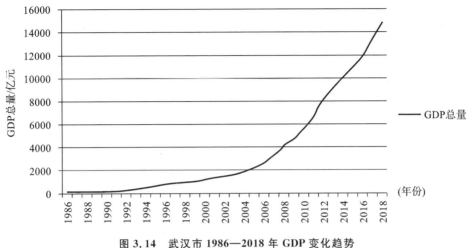

图 3.14　武汉市 1986—2018 年 GDP 变化趋势

（来源：根据武汉市统计年鉴整理绘制）

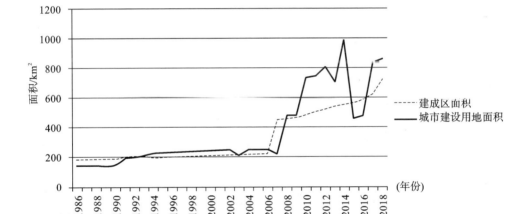

图 3.15　武汉市 1986—2018 年土地利用变化趋势

（来源：根据武汉市统计年鉴整理绘制）

态机制，剖析市场力量作为现阶段中国城市空间增长动力的基本理论。

　　单一的中心城市土地按用途可分为商业用地、住宅用地、制造业用地。在城市空间竞争中，每种类型的土地使用都会理性地考虑成本和收益，出具一定的出价租金标准。竞标租金一般从城市中央向周边逐渐衰减，一般不同的用地性质租金下降率是不一样的。竞租理论示意图见图 3.16。假设土地所有者仅依据土地租金的高低标准出让土地，符合不同行业的投标曲线，可以得出投标租金的空间分布依赖于不同行业的特征。在这个简化的模型中，最高投标租金曲线为商业，位于中心区，住宅在中部地区，制造业在城市边缘发展。竞标地租反映业主平衡投入-产出的预期，所以城市空间的整体增长幅度也可以被看作是城市土地收益的平衡，即土地投入-产出效率的高低决定了城市空间增长的市场规模。

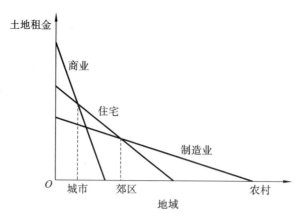

图 3.16　竞租理论示意图

单中心圈层式增长模式受到多种因素的影响,形成了复杂的多元力合成反应。从土地利用的角度来看,以下几个因素的变化对城市空间增长的影响较为明显。

(1) 交通条件的变化。

通勤成本对投标租金曲线的斜率产生巨大的影响,这是因为单位成本较低的通勤,企业对运输成本的敏感性较小,投标租金曲线的斜率较平稳。有效的交通条件使制造业企业可以选择的空间扩大,工业用地向外扩张的可能性增加。同时不断有新的第三产业进入城市中心,制造业企业受益于较低的运输成本,开始向城市外围迁移,这是城市产业空间增长的主要动力之一。

以交通为变量模型,探讨其对空间拓展的影响。这种模式表明,通勤成本变化会导致工业区位决策变化,并反映为实体空间的增加或减少。随着交通条件的发展,交通运输成本越低,城市空间的发展受交通条件的限制越小,导致城市空间向外扩展。由于交通条件的改善,人口稠密的地区形成了一个网络化、区域化的城市,显示出交通条件对空间增长显著的影响。

(2) 销售市场的变化。

销售市场由外向型出口产业扩张到整个产业带。根据经济基础理论,外部需求是基本动力,产业扩大出口构成了城市的经济基础。出口增加了产品的需求,使工业空间的规模扩大,从而导致城市空间的增长。产业空间增长通过乘数效应,扩大其影响力,带动相关产业和服务业的发展,引起城市空间更大的增长。

销售市场的扩大减少了依赖当地市场的弊端,使产业基地与城市中心距离减小(但由于对公共设施和产业集聚优势的追求,它往往仍然是接近城市,但向心性减弱)。因此,其投标租金函数斜率更为缓和,空间实体表现为制造业向郊区蔓延的趋势。

因此,销售市场的扩大、出口产业的发展,促进了城市空间的二维扩张,制造业的空间迁移显现出郊区化。当今经济全球化带来了资本和市场,外向型经济的发展开始出现,这是近几年中国城市空间扩展的主要动力。

2. 新区位模式影响产业布局与空间增长方式

新区位模式是相对旧区位模式来说的,旧区位模式一般考虑原材料生产地和销售市场的城市地理位置,新区位模式是指在生产全球化和信息化的背景下,各行业对城市地理位置的选择产生新的标准。信息技术的发展可以降低流通成本,材料、信息、知识、技术和其他生产要素的成本也都随之降低而效率提高,于是经济主体会考虑更多的其他因素,包括整合知识的能力、网络配置全球资源的能力、全球化和地方保护的能力、协调国家主权权利和世界城市对外开放的能力。在新区位模式下,城市空间增长的方式有很大的改变。

首先,传统的严格等级中心型结构的城市地域结构体系发生改变。垂直结构网络城市系统仍然存在,这种关系的本质不是传统的商业服务半径的层次结构,而跨国公司在全球的工业布局、垂直分工的区域城市网络系统特征是社会经济关系与运输、信息和其他基础设施共同形成的结果。城市根据参与经济全球化的程度、接受国际产业分工的质量,在城市层面上找到自己的位置,形成多种类型,例如首位型城市系统、平衡型城市系统和跨国城市系统。网络系统中节点之间的关系和传统的位置因素削弱,新的位置因素影响显著增加,极化的城市空间和功能专一化趋势的特点将会进一步加强,不同功能城市之间的联系越来越紧密,形成网络区域空间结构。

其次,两极分化的空间发展趋势更加明显。在新的区位模式下,城市密集发展的地区,由于资本聚集效应形成知识、服务聚集中心。这些要素的聚集又强化了该地区的新区域传热,导致持续发展的空间密集向极化增长模式转变。如中国的长江三角洲地区、珠江三角洲地区,因其发达的工业基础,吸引大量的人才、资本流入,形成新的知识、资本和其他因素聚集的中心,进而提高其在全球分工中的地位,吸引新的人力资源、金融资源流入。

空间极化增长的根本原因是,它把已有空间转换为区域优势,然后再以这种竞争的优势投入全球化运行中,从而形成一个良性循环,以确保持续增长的动力。传统区位模式之下无法做到这一点,因为地理位置的优势是固定的,不能自我增值。因此,极化对城市空间增长的影响不能被取代,中心城市的快速发展促进形成和发展了一些大城市。

以上分析了市场对空间增长动力机制的一般化和普遍化的基本原理,侧重于简单客观地对产业经济学和土地经济学的规律进行描述。而实际上,这些规律在具体的国家和城市当中,与文化环境、政策环境等结合,会形成不同的城市空间增长动力机制。值得注意的是,城市空间增长是城市经济社会发展的主体动力和人为意识调控的辅助动力共同作用的结果。因此,在具体分析逻辑中,除考虑市场运转、产业发展等经济动力之外,还应考虑人为调控的因素,才能对城市空间的增长获得更为全面系统的认识。

3.3　城市空间增长的社会均衡力

3.3.1　公众和个人

3.3.1.1　公众和个人影响城市空间增长的方式

目前,公众和个人对城市空间增长产生的直接影响是微弱的,其对城市空间增长产生影响的方式主要有参与城市规划、维护个人利益和使用城市空间。

1. 参与城市规划

目前,《中华人民共和国城乡规划法》(以下简称《城乡规划法》)明确规定,城乡规划在审批前和批准后都必须有公众参与。公众和个人对规划的参与权利包括知情权(《城乡规划法》第八条规定:"城乡规划组织编制机关应当及时公布经依法批准的城乡规划。但是,法律、行政法规规定不得公开的内容除外。")、查询权(《城乡规划法》第九条规定:"任何单位和个人都应当遵守经依法批准并公布的城乡规划,服从规划管理,并有权就涉及其利害关系的建设活动是否符合规划的要求向城乡规划主管部门查询。")、控告权(《城乡规划法》第九条规定:"任何单位和个人都有权向城乡规划主管部门或者其他有关部门举报或者控告违反城乡规划的行为。城乡规划主管部门或者其他有关部门对举报或者控告,应当及时受理并组织核查、处理。")、发表意见权(《城乡规划法》第二十六条规定:"城乡规划报送审批前,组织编制机关应当依法将城乡规划草案予以公告,并采取论证会、听证会或者其他方式征求专家和公众的意见。")。这些以法律形式固定的权利,可以实现公众对配置城市空间资源的城市规划的监督,对公众维护自身权益和监督城市建设是否按照规划实施提供了一条合法途径,一定程度上对政府和开发商的城市空间增长要求起到了制衡作用,保障了城市空间的合理增长。然而,公众没有参与规划的决策权,城市规划的重大决策往往由政府和规划师做出,开发商的利益诉求通过政府或规划师表达,公众的利益诉求只能寄希望于政府代表公共利益的程度。而且,公众虽然有发表意见的权利,但是并没有相关法律法规保障公民意见的实现。因此,公众和个人通过参与城市规划对城市空间产生的影响有限,反映到城市空间增长层面上,影响更是微乎其微。公众和个人产生的影响往往只局限于个人利益的微小事情上,如日照间距、住宅区绿地率是否达标等。

2. 维护个人利益

在市场经济制度体系下,公众和个人的私人财产应受到保护。然而,在中国市场经济体制尚未完善和政府集权的情况下,城市空间增长过程中仍会出现侵犯公民个人利益的问题,集中体现在城市拆迁和土地征用中。公众和个人在维护自己利益时,往往结成利益集体,从而影响城市空间增长。

通过对自身利益的关注,维护自身利益一定程度上影响了城市空间增长的速度和方式。其结果有两种,一种是阻碍城市空间增长,另一种是促进城市空间增长。如在拆迁和土地征用中,居民利益得不到适当的补偿或达不到其索要标准,那么公民个人将会尽自己所能去阻止拆迁或土地征用,迫使另一方更多地补偿自己的损失,以使个人利益最大化。这在一定程度上会阻碍城市的空间增长。比如,南京市 2004 年共批准拆迁项目 66 个,截止到该年年底共完成 12 个,仅占当年批准拆迁项目的 18%;个别 2003 年批准的项目已经延期 9 次,拆迁期限长达 1 年 10 个月。而在旧城更新中,被拆迁居民为了保障以后的生活或为了从土地升值价值中获得更多利益,往往索要大额拆迁赔偿。开发商付完赔偿费后,为确保盈利就要增加开发量,这在一定程度上促进了城市空间增长。此外,目前城市空间二维扩张的主要途径是征用农村集体土地。目前的集体土地征用的补偿标准已大幅提高,农民被征用土地后往往能得到大额赔偿,远超过种植业所得利润。因此,位于城市边缘的集体土地所有者往往希望自己拥有的土地被划入城市建设用地范围。根据中国社科院发布的一项调查显示,全国超过一半的农民在能得到合理补偿的前提下希望国家征用他们的土地,这一行为一定程度上促进了城市空间的二维增长。大量被征地农民失去土地后转为城市居民,又增加了城市用地需求。

3. 使用城市空间

公众和个人对城市空间的使用,是诱发城市空间增长的主要原因之一。公众和个人对城市空间的使用包括居住、交通、学习工作、休闲购物、日常交往等。公众对空间的使用很多是需要支付代价的空间消费行为,拥有自由选择权,这种选择自由权很大程度上影响了城市空间的增长。

在居住选择上,公众和个人根据自己的经济状况和房产价格,同时考虑交通便利程度、公共服务设施的完善程度等,优先选择离城市中心较近的居住区,而居住的发展又会带动服务、零售等产业的发展,促进旧城更新和现有建成区的空间增长;如果公众更关注居住环境或者住房价格问题,城市外围郊区自然环境更好、住房价格相对便宜,选择居住在郊区则会促进城市外围空间的增长。

在交通选择上,如果公众以私人小汽车为交通工具,则私人小汽车的增多必然会导致城市空间的增长。一方面是增加的小汽车需要更多的道路空间和停车空间,导致空间增长;另一方面,小汽车的增多意味着更多的人出行距离可以延长,活动范围扩大,给城市外围更远地方的空间发展提供了更多的机会。

3.3.1.2　公众和个人对城市空间增长作用力的局限性

公众和个人参与城市管理和规划的不足之处表现在以下几个方面。

(1) 对公共利益的忽视。目前,公众关注的重点和有意愿干预的往往是与自身利益切实相关的方面,而对公共性的城市生态环境保护、历史文化保护以及城市社会保障等问题,缺乏参与的热情,往往会忽视或持观望态度。这也与公众和个人势单力薄,而公共问题牵涉甚广,不是单个市民能决定的原因有关。这些问题的解决需要有严密组织、有较多会员和能对城市决策产生影响的社会组织发挥作用。

(2)以自发参与为主,组织松散,组织化程度低。目前公众参与的城市规划多以个人身份进行,而以集体或政治性社团名义参与的情况较少。

(3)公众参与的意识淡薄。由于长期以来的惯性作用,公众认为城市管理是政府的事情,跟自己没有太大关系。对不直接牵扯到自身利益的事情则没有参与意识。比如大多市民认为城市规划是国家、政府的事,自己没有参与到规划决策中的意识,目光只停留在规划是否侵占了自身利益上。这与中国目前尚没有有效途径和法律保障其参与有一定关系,但主要还是与公众参与的意识尚未觉醒,不能有效推动公众参与的制度建设与改革有关。

(4)公众参与程度低。按照 Arnstein 建立的市民参与梯级理论,中国公众参与仍属于没有参与阶段,公众参与的形式长期滞留在新闻发布会、规划展示会、规划公示会和其他形式的初级阶段。绝大部分城市建设项目由政府主导,公众较少有机会参与决策过程。

(5)没有法律保障。一是体现在公众意见表达没有法律保障;二是体现在公众表达意见后,没有相关法律法规保障实现。

以欧美发达国家的实践来看,几乎没有单个的公民参与城市社区规划,并能成功地影响规划和政策的案例,但由个体组成的利益集团却可以起到相当大的作用。

3.3.2　社会组织

3.3.2.1　美国社会组织发展现状及作用

美国的社会组织包括社区自治组织、民间性的理事会、志愿性社团(非政府组织)和"草根"组织等,数量庞大的社会组织构成了美国的公民社会。20 世纪 80 年代,美国非营利组织开始呈蓬勃增长之势,2011 年有 128 万个,已覆盖了公共安全、社会服务、医疗健康、教育研究、环境保护、体育竞赛、文化艺术、扶贫和弱势群体保护、宗教事务等非常广泛的社会领域,其结构与功能也发生了明显变化,对公共政策的影响日益增长❶。美国的社会组织发展完善与其自身特点、政府的支持及美国社会体制的特点是分不开的。美国社会组织一般人员分工明确、运作管理规范,其人员安排及收支报表在网络公开,接受政府和公民的监督。对于社会组织,美国政府一般给予财税及政策支持❷。

---

❶ 李培林,徐崇温,李林.当代西方社会的非营利组织——美国、加拿大非营利组织考察报告[J].河北学刊,2006,26(2):71-80.

❷ 胡清平.美国社会组织运作模式及其功能[J].社会工作(实务版),2011(5):59-60.

目前,作为第三方力量,美国社会组织在社会生活中发挥着重要作用,它们成为政府治理城市的帮手、公民与政府沟通的平台,为美国城市治理效果的提升奠定了组织基础;同时,社会组织独立于政府,当市场或政府有失公平或侵犯公民权益时,社会组织可以更有效地调动资源,发挥组织力量,向城市政府表达利益诉求并获得重视,从而达到维护公共利益或社会公平的目的,是公平正义的维护者。公民通过社会组织参与城市公共事务的治理,与城市政府平等互动,并向城市政府表达诉求,协调利益分歧,影响或改变城市决策,监督政府行为。城市政府也通过社会组织动员社会力量,整合社会个体,执行公共政策❶。

3.3.2.2　中国社会组织的发展现状及作用

1. 中国社会组织的发展现状

社会组织,又称"民间组织""第三部门""非政府组织",泛指由各个不同社会阶层在社会转型过程中自发成立的,在一定程度上具有非政府性、非营利性和社会性特征的各种组织形式及其网络形态❷。非政府性、非营利性和社会性是社会组织的基本属性,非政府性强调社会组织具有不同于党政机关的特性,非营利性强调社会组织具有不同于企业等营利组织的特性,社会性则强调社会组织在资金来源、提供服务和问责等方面的社会属性。这些组织通常包括被称为"学会""商会""协会""促进会""研究会""联合会"等名称的会员制组织,以及包括基金会和各种民办学校、民办医院、民办社会福利设施等各类公益服务实体在内的非会员制组织❸。

改革开放以来,中国的社会组织经历了 20 世纪 80 年代的兴起与繁荣,90 年代的制度转型与规范管理,近年来开始呈现出许多新的特点和趋势。一是数量上的快速增长,1979—2019 年中国主要社会组织年度增长图如图 3.17 所示;二是结构上的变化,各种协会商会的比重呈显著增长趋势,而各种学会研究会的比重则相对缩小,民办非企业单位、协会商会和其他新兴社会组织等全面兴起❹。根据民政部门统计的数据,2018 年末全国共有 81.7 万家社会组织注册登记,吸纳社会就业人员 980.4 万人。社会组织的发展已经遍及社会生活的多个方面,其中农业及农村发展约占 10%,社会服务占 13%,工商业服务占 5%,文化占 6%。2018 年登记注册社会组织分领域结构图如图 3.18 所示。

2. 中国社会组织的作用

社会组织具有追求社会公平、维护社会公正的公共性的一面。在市场经济体

---

❶　安建增,何晔.美国城市治理体系中的社会自组织[J].城市问题,2011(10):86-90.

❷　王名.走向公民社会——我国社会组织发展的历史及趋势[J].吉林大学社会科学学报,2009,49(3):5-12,159.

❸　王名.走向公民社会——我国社会组织发展的历史及趋势[J].吉林大学社会科学学报,2009,49(3):5-12,159.

❹　王名,孙伟林.我国社会组织发展的趋势和特点[J].中国非营利评论,2010(1):1-23.

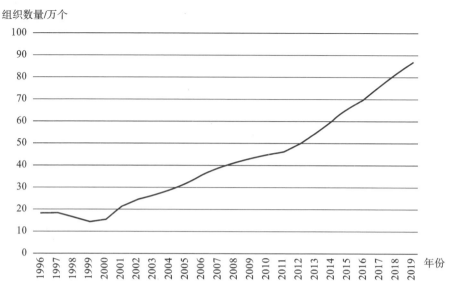

图 3.17 1979—2019 年中国主要社会组织年度增长图

（来源：民政部统计公报）

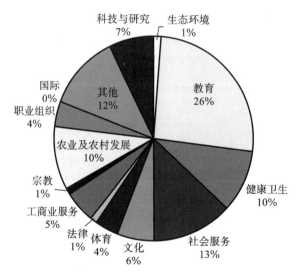

图 3.18 2018 年登记注册社会组织分领域结构图

（来源：2018 年民政事业发展统计公报）

制下，市场是配置资源的主体。然而，在社会公共设施和一些特殊服务的提供方面，会有市场失灵、政府顾及不到的时候，导致公平、正义的缺失。社会组织则可以及时填补市场与政府都不能及时解决问题的不足，满足整个社会的多样化需求，保留和发展多元化的文化。社会组织源于社会、扎根社区，能够更及时、灵活地回应来自社会民间和弱势群体的需求。

3. 中国社会组织影响城市空间增长的机制

影响政府决策。承担一部分公共职能、分享政府的公共权力,这是社会组织影响政府决策的基础。此外,社会组织更有组织性,能调动更多的社会资源,形成更大的力量影响政府决策,从而对城市空间增长产生比个人更强的影响。

影响城市规划。社会组织的专业性更强,对城市规划的了解更深刻,能跳出个人利益得失,从更高层面关注城市规划作为公共政策的公益性,发现城市规划对土地资源的配置是否损害公共利益,从而更有目的性和计划性地参与城市规划,并能运用其社会影响力保证其意见的采纳与实施。每个社会组织通常有其成立的目标,在其运行过程中,会为实现这个目标采取一系列行为,这些行为组成社会的自组织,其日常运作本身会对城市空间增长产生一定影响。

总体而言,社会组织对城市空间增长存在促进和制约两个方面的作用。社会组织代表一定群体的利益或价值观,其组织目标的设定往往也与之有关。如随着市场经济走向成熟,越来越多的商业协会成立,它们多是由各个行业组成的,掌握着大量资金和社会关系资源,其目标往往是促进行业的发展和协调行业内部主体的关系。而行业发展需要空间支撑,这些协会一般会根据各自的利益需求,倡导和影响公共政策,通过政府或城市规划扩张城市土地,从而引起城市用地增长。而另一方面,大量的其他社会组织,即第三部门,如环境保护组织、非物质文化遗产保护组织、文物古迹保护组织等,如果城市空间增长有违其组织目标,它们会进行干涉,阻碍城市空间的增长。

3.3.2.3　中国社会组织的主要缺陷

近年来中国社会组织发展迅速,内部结构也趋于多元化,但与发达国家的社会组织相比,其组织性和影响力还很弱。社会组织发展不充分,也不能起到补充政府管理的作用,不能达到应有的维护公共利益、保卫社会公平正义等功能。这与中国的社会组织在以下几个方面的不足有关。

社会组织独立性差,往往是官方或半官方组织,力量薄弱。依据中国现行相关法规,新成立的社会组织正式注册登记前必须找到一个主管单位,因而,绝大多数的社会组织就此"挂靠"在主管单位下或置于政府部门的管控之下。此外,合法登记注册社会组织的门槛较高,能够合法登记注册的社会组织大多要借助政府权威部门或权威政治人物推动,与政府有着紧密联系,社会组织置于政府部门或主管单位的管理体制下,其"类科层化"或"官僚化"特点依然突出❶。社会组织失去其应有的社会独立性,在处理公共事务时,如参与城市规划表达公众意见时,往往不会反对政府的决策,不能发挥其政治平衡作用。

社会组织总体数量相对还较少,其内部结构不尽合理。目前中国各种社会组

---

❶　王名,孙伟林.我国社会组织发展的趋势和特点[J].中国非营利评论,2010(1):1-23.

织有 300 多万家,美国为 120 多万家,人均水平大约只有不到美国的 60%。其内部结构也有待优化,目前中国社会组织主要集中在教育、社会服务和健康卫生领域。从图 3.18 中可以看出,2018 年登记在册的社会组织中工商业服务类占 5%,生态环境类只占 1%,而体现城市居民自组织的社会组织还没有。

社会组织没有充足的资金来源。我国绝大多数社会组织发展都面临资金短缺的问题。根据有关调查资料,被调查的行业协会、学术性社团、民办非企业单位和基金会中,分别有 53.3%、51.1%、37.3%、40.5%存在资金短缺问题❶。资金不足导致社会组织的正常运营十分困难。

社会组织不能较好地切实履行其核心职能的宗旨和社会使命、不能较好地承担参与公共服务和社会管理的职能。中国当前多数社会组织没有详细的工作计划、组织管理制度及监管制度,不能履行其宗旨和社会使命,不能获取社会公众的认可、支持和参与,这也是其资金不足的原因之一。

除此之外,中国有大量民间组织仅仅停留在意识认同中,并未在民政部门登记注册,现有的民间组织也存在着规模实力偏小、资金不足、能力弱、效率低、内部管理不规范等问题。总体上看,中国社会组织发展的现状与问题都与中国社会发展的制度环境有一定的关系。现有的制度环境中存在着一些不利于社会组织发展的弊端。监管体制通常以限制和控制为政策取向,一定程度上限制了公民社会组织的发展壮大。因此,构建适应当前社会发展需要的民间组织管理体制很有必要,可以以建立公民社会、和谐家园为目标导向,以培育服务和监督规制并举的方式,为未来优化中国社会制度环境的调整提供方向。

3.3.2.4　走向公民社会

虽然中国的社会组织目前仍存在很多不足,但是他们在社会生活的各个方面仍发挥着重要作用。20 世纪 90 年代以来,社会组织以各种形式出现在国家体系的边缘部分,并且越来越多地出现在国家、社会、市场三者之间,以及各种可能的公共领域里。社会组织通过广泛动员志愿者参与,吸纳各种社会资源,开展多种形式的公共服务、公益服务、中介服务等社会服务,形成一个有别于国家和市场体系的公民社会体系❷。社会力量的发展最终将形成公民社会,成为制衡政治与市场的第三方力量。

市场经济越是发展到高级阶段,其代表的金钱和企业的力量就越强大。从前文分析中可以看出,市场追求利润的过程会导致城市空间增长,如果这种力量不受到管制,将会导致城市空间的无序增长和土地资源的浪费。政府是国家权力的执行机关,拥有军队、警察、法院等,政府通过维护其权威和强制执行其颁布的各种法

---

❶ 王名.中国 NGO 的发展现状及其政策分析[J].公共管理评论,2007(001):132-150.

❷ 王名.走向公民社会——我国社会组织发展的历史及趋势[J].吉林大学社会科学学报,2009,49(3):5-12,159.

令,来管理整个国家。国家的权力本应代表全体公民的权益,为全体公民服务,然而现实中,政府为追求自身利益,其权力往往会被利益集团绑架,偏离国民利益,不能对城市空间增长实行合理的管制。这时就需要公民社会的力量,组织公民发挥对公共事务的影响力,约束政府的权力,制衡市场的力量,以保障社会的公平和城市的可持续发展。

3.3.3　规划师及专家学者

规划师是城市规划的制定者,而专家学者是社会的知识精英,他们的理论和行为会影响城市空间的增长。

3.3.3.1　规划师

一般来说,城市规划作为公共政策,是政府意志与规划师专业技术和规划理念的高度结合,其间会考虑开发商、市民、环境保护者等多个利益群体或个人利益诉求,最终形成城市土地资源配置方案。规划师根据自己所掌握的规划理论编制规划,这些规划理论,是规划工作者或学者思考、工作实践的结果,目的是解决城市发展中遇到的问题、保护生态环境和维护城市广大居民的公共利益等。规划理论对城市空间结构的规划影响至深,成为城市空间增长的动力或抑制力。近年来,影响城市规划的主要理论包括以下几种。

(1)霍华德的田园城市理论。该理论强调城市保持合理规模,并用永久性的生态农田控制城市增长。

(2)卫星城理论。该理论建议通过建设卫星城市,缓解大城市的居住、交通等压力,从而控制大城市的进一步蔓延。

(3)美国于20世纪80年代和90年代分别提出的新城市主义理论和精明增长理论。这两种理论提倡城市用地紧凑发展,反对郊区化的低密度无序蔓延,注重保护生态环境,实现可持续发展。

(4)城市空间增长边界(urban growth boundary,UGB)理论。城市空间增长边界是当前美国等西方国家在限制城市空间扩张管理方面研究的热点之一,该理论希望通过划定允许城市发展的界限来限制城市空间增长。

(5)可持续发展理论。可持续发展理论是很多其他城市规划理论的理念指导及价值回归点,该理论认为城市规划需要综合考虑城市发展的资源与环境问题,以实现城市的可持续发展。

(6)公众参与理论。公众参与理论近年来在中国规划界的呼声越来越高,受到众多规划师的认可。该理论认为城市规划作为公共政策,应该扩大公众参与的范围和强度,以综合平衡各方力量,达到更好的公共资源配置效果。

规划理论是制定规划的思想基础,总体来说,这些规划理论都旨在指导城市向

更好的方向发展。规划师利用这些理论编制城市规划,能在一定程度上平衡政治、市场等因素,推动城市空间有序增长。但是,规划师也会受政府影响,制定的规划往往被动倾向于保护政府利益,相关内容将在本章3.4节中详细叙述。

3.3.3.2 专家学者

专家学者作为知识精英,对城市空间增长产生的作用集中表现在其理论和言论对公众及政府的影响。对政府来说,专家学者是其进行空间、产业发展等方面决策的智囊团,政府直接向他们咨询意见或参照其理论,决策结果在很大程度上会受到他们的影响;对公众来说,因为公众对相关专业领域了解不深,一般倾向相信权威,因此专家学者的言论或观点对他们的选择影响很大。

3.4 城市空间增长的多元驱动作用

城市空间增长的多元驱动作用表现在代表政治力量、市场力量和社会力量的各个利益主体之间的三方博弈,是一种集宏观政策与微观调动于一体的运动,持有各种发展目标的各利益主体运用自身的资源优势,通过各自的优势手段获取自身的利益,驱动空间的可持续增长。

3.4.1 城市空间增长的动力主体划分及其特点

现有研究对于城市空间增长动力主体的界定大致相同,可划为三大部分:政府、各类经济主体、代表社会主体的城市居民。根据城市空间增长的动机和驱动因素所发挥作用的不同,按照政治力量、市场力量、社会力量三类范畴将城市空间增长动力主体及其特点细分如下,具体见表3.6。

表 3.6 城市空间增长动力主体及其特点

动力主体	概念界定	根本利益诉求	利益诉求方式与手段	特点	空间增长动力表现
政府	中央政府为宏观政策的制定者;地方政府为具体空间增长政策的决策者和实施执行的组织者	促进城市健康、高效运行;筹措各类影响城市空间发展所需的建设资金	直接的行政管理干预	在空间增长的各方博弈中占有绝对优势;决策过程的科学程度依赖管理者个人能力与水平	GDP带动空间增长;土地财政推动空间扩张及建设用地增加

续表

动力主体	概念界定	根本利益诉求	利益诉求方式与手段	特点	空间增长动力表现
房地产开发商	以获取经济利益为目标的空间增长的具体操作实施者	开发行为有利可图,通过土地、房产在开发操作过程中增值	获取土地后进行开发,然后出售房屋	单纯的逐利行为,考虑眼前利益而忽视城市长远利益	实现城市实体的开发建设
工商企业	通过经济驱动力促进城市空间增长,成为新增土地的最终使用者之一	产业发展集群化;用地成本最小化	以增加税收和提供就业岗位等优势向政府申请用地	主要考虑相关部门利益	增加GDP,以此通过政府间接扩大城市建设规模
城市居民	通过消费需求促进城市空间增长,成为新增土地的最终使用者之一	可以接受的房价;良好的环境和设施,便利的交通	选择个体合适的居住地	被动接受,难以参与社区前期的规划、建设活动	居住空间消费需求推动城市空间增长
集体土地所有者	"被城市化"的对象,是城市空间未来发展方向上集体土地的所有者	保障所持有土地的效益最大化;参与城市的发展,未来将会在城市谋得一席之地	以集体土地与政府、开发商谈判	空间增长过程中较被动;合法利益的范围缺乏明确的划分	提供充足、廉价的土地;增加城市化人口数量
其他相关主体	高校和规划师等	高校:充足的发展空间。规划师:空间增长的技术化、理性化、合理化	通过政府间接表达利益诉求	其决策行为受政府部门影响较大	高校:空间增长的主体之一。规划师:增长决策的政府转达者和代言人

（来源:查东东. 基于政治经济分析的城市空间增长动力机制初步研究——以合肥市为例[D]. 武汉:华中科技大学,2010.）

3.4.1.1　政治力量

政府——空间增长政策的决策者和实施执行的组织者,中央政府和地方政府在空间增长中扮演不同角色。

中央政府是宏观政策的制定者,通过宏观政策的倾斜指导城市总体空间增长,对每个城市的土地利用进行监督检查,实施原则性和总量性的监督。地方政府是城市空间增长的组织实施者,在实现公共利益需要时扩张土地,以满足公民日益增长的各种各样的物质和文化需求。其政治利益需要开发更多的城市土地以提高GDP,获得政治资本;经济利益需要大力发展工商业获取税收和出售更多土地获取土地出让金。所以地方政府从城市空间增长中将会获得更多的利益,会支持城市空间增长,而中央政府为维护所有公民的长远利益,一般会控制城市空间增长,采取偏保守的管理政策,确保城市空间增长不会危害国家的长远利益。

3.4.1.2　市场力量

房地产开发商——空间增长的具体操作实施者。开发商投资前,土地是重要的价值追求对象和赚取差额利润的载体。城市空间的发展是受利润的驱动而完成的。理论上开发商对空间增长的作用主要受到政府出售土地限制的影响,但近年来,大型项目的开发商也开始在城市空间增长中发挥主动引导作用。

工商企业——新增土地的最终使用者之一,是城市空间增长的经济驱动力。工商企业的作用是提高城市GDP,并为政府提供稳定的税收,解决城市居民的就业问题。所以,满足工商企业的发展是推动城市空间扩展,进而推动城市空间增长的主要驱动力。例如,随着全球化发展,跨国公司对一个地区的空间增长,特别是发展中国家的城市空间增长发挥着日益重要的作用,因为其投资规模一般较大,工业园区和产业集群主导作用突出,能促进城市空间增长突飞猛进。但是,各种工业开发区、高科技工业园区的发展便是受工商企业自身的经济利益驱动的,但工商企业对于城市公共利益,如生态保护、公共交通等考虑不足,具有一定的盲目性,因此工商企业对城市空间的增长也必须遵循合理和积极的导向。

3.4.1.3　社会力量

城市居民——新增土地的最终使用者之一,其消费需求促进城市空间增长。根据王玲慧(2008)的研究,城市居民由于异地享受、异地保障(被动外迁)、异地改善、异地流动(外来借住)等多种原因,往往迁往城市边缘地区,这些外迁需求与旧城改造共同推动城市和生活空间的重组,进而促进城市的居住空间增长。

社会组织——城市土地的间接管理者,由单一的居民通过共同的目的和价值取向组成。社会组织使社会个体的主观价值放大、力量增强。社会组织的发展将形成公民社会系统,影响城市空间增长。

集体土地所有者——城市空间未来发展方向上集体土地的所有者,他们掌握最为重要的土地资源的使用权,但缺乏最基本的控制空间增长的能力。在城市边缘区的开发中,他们希望用自己的土地资源开发产业,或直接修建商品住宅,但他们也面临着法律限制。因此集体土地所有者一直处在与政府等部门博弈的状态，对城市空间增长的影响受政府限制。

其他相关主体——包括寻求新的发展空间的高校、参与城市新的空间发展的主体和规划师等。大学城的建设是高校推动城市空间增长最显著的表现，教育外迁成为许多城市新区建设的重要跳板和手段；规划师一方面被动地将政府的发展意志落实在城市空间上，另一方面通过学术研究告知政府采取更为理性科学的增长决策。

3.4.2　动力主体的多元驱动作用

城市空间增长的微观机制体现为各动力主体之间的博弈，他们形成各自的影响力，并以不同的权重、层次叠加为合力，落实到空间实体上即为城市空间的实质增长。

3.4.2.1　中央政府与地方政府

随着计划经济向社会主义市场经济的转型，中央政府开始向各级政府简政放权，使得地方政府行政空间的自由度更大。1994 年的"分税制"促进了中央与地方经济的权力分离制度的形成，极大调动了地方政府的积极性，促进了地方经济的快速发展。政府权力分化一方面使得城市地方政府利益明确化，出于经济和政治的目的产生很强的空间发展愿望，也获得较大的发展授权决策能力；另一方面在上级政府监管减弱、民间监督尚不成熟的情况下，城市政府的发展行为不能得到有效的控制和约束，在实施过程中产生了部分非理性或违法行为。

地方政府官员在"任职期限短、政绩考核压力大"的情况下，不断招商引资、开发土地；而中央政府对地方土地征用的管理机制和出让金的管理体制尚不完善，监督地方政府的土地扩张行为非常困难。所以在各级政府的博弈中，地方政府有更大的主动权。《城乡规划法》出台后提出更为严格的建设用地管理规定，但地方政府依然可以通过城市规划这一公共政策扩大城市用地面积。总体规划用地范围超出建设用地范围，以及各种类型的概念规划、战略规划、发展规划的出现，再加上城市规划与土地利用总体规划衔接不当，导致中央政府在制定和实现城市空间增长目标(保护耕地、土地集约利用、生态可持续等)时，实际实施过程中采取的措施大打折扣。

3.4.2.2　地方政府与集体土地所有者

城市空间增长需要大量的土地供给支撑。土地的来源路径主要是通过把农村集体土地征用为国有土地，然后政府再转让给房地产开发商，房地产开发商建成楼

盘后再租售给工商企业。

地方政府和集体土地所有者的土地征用博弈促进了城市空间的增长。集体土地用于农业生产时效率不高,需要依靠政府的力量改善交通和基础设施建设,优化区域环境,之后其土地价值会远远高于用于农业生产时的价值。在这个过程中,地方政府获得空间发展所需的土地,集体土地所有者则获取较高的土地收益,两者的共生利益关系出现,这种共生利益关系是促进城市空间增长的根本力量之一。

在土地征收过程中,地方政府要收回部分外溢的价值,而集体土地所有者也要求自己的资产增值。两者博弈的焦点在于如何分配附加值。由于没有客观标准的分配计算方法,在二元土地产权制度不明的背景下,双方试图通过各种手段最大限度地提高自己的利益,因而导致城中村、小产权房等现象,并且城中村、小产权房成了替代促使城市空间增长的另类动力机制,而其产生的实质是政府和集体土地所有者利益的冲突及土地产权的模糊不清。

3.4.2.3 地方政府与房地产开发商

城市空间增长的过程中,房地产开发商通过开发土地获取利益。而开发商在自己获取一定的商业利益的同时,也使地方政府获取了大量土地收益。从这一角度看,开发商与地方政府存在较大的利益交集,因此导致城市空间绝对数量的增长。

房地产开发商之间也存在竞争,其竞争体现在土地批租的过程中。空间增长的热点地区,土地供应失衡。开发商互相竞争来获取大量的土地储备,为了从土地开发中获取更大收益而延迟建设,导致大量的土地"占而不用"。这种博弈的模式下,城市空间增长迅速,但土地开发的效率较低,需要依靠后期内涵式增长来弥补。

偏远地区房产价值的预期升值空间较小,土地市场供应过剩。地方政府倾向于用较低的价格吸引开发商,并主动改善周边基础设施条件。然而,由于缺乏城市空间增长极,开发商对土地的开发处于零星分布状态。

3.4.2.4 地方政府与工商企业

工商企业可以为城市提供大量有效的工作岗位,并以纳税的形式为政府提供财政收入。因此地方政府对工商企业具有一定的依赖性。而工商企业也需要借助地方政府的各种行政权,从而获取利润。因此地方政府与工商企业形成利益共同体,共同承担促进城市经济发展、提供就业机会、增加城市税收等任务。两者的利益依存关系使得地方政府和工商企业在促进地方经济发展上有着共同目标,但同时也会导致寻租行为的出现。寻租行为主要通过工商企业与地方政府组成的联盟共同运行,同时需要地方政府干预自由竞争的市场形态。地方政府不希望投资企业自由流通,通过行政和经济手段来维持各投资企业的稳定性。

这些博弈过程不可避免地影响城市空间增长的进展。首先,两者之间的相互合作促进了城市产业的快速发展,各种行业的规模递增带来了大量的土地需求和人口需求,形成有效的空间增长驱动力。但是,联盟的形成主观上阻碍了生产要素的流通,不公平竞争阻碍了空间增长质量的改善,一些优势产业在地方政府保护下仍可能继续存在,但另一些无法获得地方政府优惠政策的产业则无法在城市发展。在产业结构调整的进程中,地方政府应减少对工商企业运行的直接干预,创造更为自由的市场环境,促进资金和产业的流通以及城市的长远发展。

3.4.2.5　地方政府与城市居民、社会组织和规划师

从地方政府建立的初衷和规划师的最高目标看,他们应该代表城市居民的公共利益,成为制定公共政策的主要力量。然而,在具体操作过程中,由于不同主体的利益要求,利益诉求的方式和能力也不同,所以在博弈过程中呈现不平衡的模式。

地方政府与城市居民、社会组织和规划师三者博弈格局的现状是:城市居民和社会组织的诉求通过各种渠道反映给地方政府,地方政府根据自身的利益和能力权衡之后以城市公共政策的方式,选择接受或不接受城市居民的提议。城市规划作为一项公共政策,主要反映地方政府的各种意图,城市居民的意见难以在规划中直接体现。规划师由于设计经费来源于地方政府,因而失去其本应具备的独立性。在地方政府意图与城市居民的公共利益之间产生矛盾时,规划师往往被动倾向于保护政府利益。

因此,在这一博弈过程中,会呈现出一家独大的格局,即地方政府的目标成为城市发展的最高目标。这导致在城市空间增长的过程中,规划师沦为地方政府的代言人,地方政府对城市空间增长的追求通过城市规划转化为法定的公共政策来实现;地方政府在追求空间增长的过程中不能完全听取公众意见,关系全民利益的公共资源则必然不能以最有效的方式配置;城市居民和社会组织的意见由于没有法律、制度保障,不能很好地被地方政府采纳;规划师由于缺乏决策权,对于公共利益的诉求也无法实现。不平衡的博弈格局使得地方政府成为城市空间增长的主要决定者,社会力量的平衡作用不能体现。

多元驱动作用的结果往往是代表政治力量的政府和代表市场力量的房地产开发商对城市空间增长的作用更突出,而代表社会力量的城市居民、社会组织以及规划师和专家学者发挥的作用极其有限。政治、市场、社会三种力量对城市空间增长的作用如图 3.19 所示。

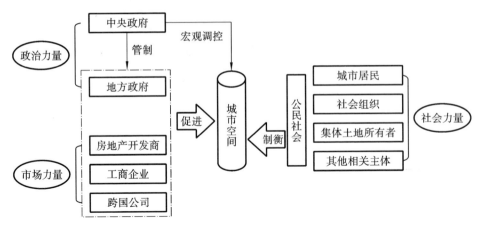

图 3.19　政治、市场、社会三种力量对城市空间增长的作用

3.5　小结

本章研究分析了政治、市场、社会三种力量对城市空间增长的作用机制。

政府作为政治力量的代表,是城市空间增长政策的制定者。中央政府为促进经济社会发展、维护社会公平正义、实现可持续发展,制定国家级区域政策、城市发展方针等,对城市空间增长进行宏观管理,保障城市空间合理增长,这一定程度上抑制了地方政府用地的增长。地方政府作为公共利益代表,同时也是独立的利益群体,其对城市空间增长具有强烈需求。具体来说,地方政府通过城市规划、组成增长联合体、培育空间增长极等管理城市空间增长。

市场对城市空间的影响通过全球化和地方产业发展体现出来。全球化会给城市经济发展带来新的动力,在促进城市产业结构调整的基础上,改变城市空间增长方式;在引导城市合理经营的基础上,通过吸引国外投资进一步促进城市空间增长;构建区域-城市增长联盟促成区域整体空间增长。地方经济产业发展与城市用地扩展存在明显的正相关性,同样是城市空间增长的主要动力。不同位置的城市用地价值不同,各类产业根据市场新区位规律进行选址。在新区位模式下,产业布局发生变化,由传统的严格等级中心型向网络型演化,并产生极化效应,从而引起城市空间增长向区域性转变和极化增长。

市场和政治的力量都趋向促进城市空间增长,并且目前政府的目标是保障经济增长,这需要依靠市场的力量,使政府减弱对市场行为的管制。现阶段,政府充分发展市场经济,会导致一定程度的公平缺失,这也体现在城市空间增长中。这时,必然需要社会力量的成长,对政府及市场的力量加以制衡,以保障城市空间的合理增长和增长过程中的公平。事实上,公众和个人、社会组织以及以规划师和专家学者为代表的知识精英已经在以各种方式对城市空间产生影响,但效果尚不明显。公众和个人的力量太微弱且关注点多与自身利益有关而忽视公共利益,知识精英们有时会被多种因素操纵,不能起到应有的平衡作用。这时需要发展社会组织,形成公民社会,组织公民有效参与到公共事务中去。

总之,城市空间在政治、市场、社会多因素共同作用下呈增长趋势。这种增长是否能达到高效利用土地资源、实现资源环境可持续发展及兼顾社会的公平正义,在于政府能否对市场力量进行合理引导,以及社会力量能否充分发挥。

第4章 城市空间治理的制度环境

政府、市场与社会力量要在城市空间的增长中发挥积极有效的作用,离不开国家对城市空间治理的制度安排。探讨当前中国城市空间治理的制度环境,辨识这一制度环境引发的城市空间治理的问题,对新常态下如何构建更合理的城市空间治理制度环境尤为重要。

4.1 中国城市空间治理的权力来源

中国社会正处于转型时期,城市空间治理面临诸多突出与尖锐的矛盾,如城市功能转型升级、城市交通及市政基础设施建设、城市环境治理以及无法回避的征地拆迁等问题。一方面,社会利益分化空前复杂,利益博弈日趋激烈,任何政策都会受到既得利益者的阻挠,征地拆迁、信访维权、社会公共安全等方面的压力越来越大,社会利益协调难度越来越高❶;另一方面,实施城市空间治理必须动用国家征收权,但在国家征收方面缺乏必要的法律解释和严格、明确的程序规范,导致社会公众对国家征收行为做出误判和责难,使阻碍城市空间治理的恶性事件频频发生,城市空间治理举步维艰。

《中华人民共和国宪法》(以下简称《宪法》)及《中华人民共和国物权法》(以下简称《物权法》)所确定的国家征收制度,都强调必须基于公共利益的需要才能行使国家征收行为。本文试图对公共利益的属性、特征展开讨论,初步回答如何看待城市规划中的公共利益的问题,分析国家征收与城市规划之间的关系,并提出如何有效动用国家征收权推动城市规划的实施。

4.1.1 关于公共利益的讨论

中国目前的法律条文均未对"公共利益"做出明确界定,学术界对此也没有形成共同一致的解释,认识的混乱导致政府难以行使国家征收权或恣意扩大其权力范围的局面。对"公共利益"的关注和研究,一般都从对"利益"内涵的讨论入手,并

---

❶ 本刊评论员."强势政府"也是法治政府[J].廉政瞭望,2009(3):1.

且注重"公共利益与私人利益"的相互关系❶。

利益首先是一种对主、客体相互关系的价值判断,是被主体获得或肯定的积极价值。在内容上也不限于物质形态,还可涉及精神状态,并受到不断发展的社会情形左右,在不同时期呈现差异❷。同时,利益是需求主体以一定的社会关系为中介,以社会实践为手段,使需求主体与对象之间的矛盾状态得以克服,即需求的满足。其实质都是一定社会关系的体现和反映,即利益主体通过社会实践活动以一定的社会关系对权利的选择和分配的过程❸。在此过程中,各利益主体因其利益的共性部分而形成某种利益共同体,而公共利益作为该共同体的总体利益体现,协调各主体之间的利益关系。

应当认为,公共利益以个体利益为基础,但不是个体利益简单的机械相加,而是由个体利益中最一般、最本质的部分组成。公共利益不可能包含了全部的个体利益,而只能体现为其中表现出共性的理性追求。另一方面,由于不同时代利益主体的判断标准不同,所表现出的对公共利益的诉求也不完全一致,因此讨论公共利益时,需以当时的社会条件为参照系。

既然公共利益与社会发展条件有关,那么对其属性的探索必然需要一段相当长的时期。美国在不同社会发展阶段对公共利益判定标准的变化,具有一定的代表性。从法院对有关国家征收的案例判决中可以看出公共利益的判定标准呈现扩大化的趋势❹。美国在国家新建阶段,为保护既得的私有财产,对政府征收权力进行了严格限制,将公共利益界定为是否对公众有用;工业革命之后,工业的飞速发展必然要求建造大型公共设施和兴办大量工厂,如果绝对强调对私人财产的保护,必将阻碍工业革命的进程,于是对公共利益的判断标准由严到宽,公共使用的判断标准转化为公共目的的判断标准;20 世纪以后,随着城市更新计划的推行,法院将征收纳入警察权范畴,各地方根据自身发展需求决定公共利益的判断标准,多数还是以公共使用为标准❺。通过苏泽特·凯洛等上诉新伦敦市及新伦敦开发

---

❶　余洪法.对公共利益内涵及其属性特征的考察——以物权征收制度中的公共利益为视点[J].昆明理工大学学报(社会科学报),2008(5):38-43.

❷　城仲模.行政法之一般法律原则[M].台北:三民书局,1997.

❸　王伟光,郭宝平.社会利益论[M].北京:人民出版社,1988.

❹　利维.现代城市规划.[M].5 版.张景秋,等,译.北京:中国人民大学出版社,2003.

❺　姚佐莲.公用征收中的公共利益标准——美国判例的发展演变[J].环球法律评论,2006,28(1):107-115.

公司一案❶可以明显看出，美国对公共利益的判定标准并非局限于公共使用或公共目的，对于能够促进城市发展，能够为地区"不景气"的经济带来好处的个别行为甚至是商业开发行为，也是符合公共利益的，一样可以被视为符合宪法第五修正案中对"公共使用"的规定❷。

通过对公共利益自身属性以及美国判定标准的演变分析，可以推导并归纳出公共利益的几点特征。

（1）公共利益具有动态性，具有时代特征。

需以发展的眼光进行考察，避免陷入孤立静止的形而上学观。首先，社会的发展使人们对自身需求的认识，以及各利益主体之间的社会关系发生变化，这是导致公共利益和时代关联的动力所在。其次，辩证法认为矛盾的双方是相互依存、相互促进并相互转换的，而公共利益和私人利益正是依另一方的存在而存在，依另一方的发展而发展；公共利益是个体利益的保证，对个体利益的追求也可能促进公共利益的发展，具有一定的外部性；在不同的时代，双方亦有可能相互转化。

（2）公共利益是一个缺失的概念，有其缺失性。

援引"公共利益"实施某项政府行为时，必然对一部分人有利，对另一部分人不利❸。任何个体利益都会受到社会一般利益的支配和影响，在某种条件下，两方的利益主体会采取对峙的形式，其结果只能是牺牲一方的利益。集体和国家作为公

---

❶ 新伦敦是美国康涅狄格州（Connecticut）的一座小城市。20世纪末，该市经济走向萧条，失业率剧增，人口也大量流失。为推动经济复苏，1998年1月，州政府批准发行债券，资助一家民间非营利实体"新伦敦开发公司"（NLDC）开展城市规划活动。同年2月，辉瑞（Pfizer）医药公司计划在新伦敦投资建立研究机构。地方官员设想，以该研究机构和拟建的海岸警卫队博物馆为中心，对周边地区进行商业开发。2000年1月，市政府批准了NLDC制订的涉及90英亩（约0.36 km²）土地的综合开发计划，并委托NLDC作为开发代理商负责实施。同时，授权NLDC购买或征收私人财产。NLDC成功地议价购买了90英亩开发范围内的大多数房地产，但与另外一些业主（他们拒绝出售）的谈判受挫。同年11月，NLDC启动征收程序从而引发了本案。12月，苏泽特·凯洛（Susette Kelo）等9个业主将新伦敦市及NLDC诉至当地高等法院，主张征收行为违反宪法第五修正案规定的"公共使用"限制。在高等法院做出禁止部分财产征收的裁决后，双方又上诉至康涅狄格州最高法院，而州最高法院认定了全部征收行为的有效性。接着，凯洛等向联邦最高法院上诉，主张市政府征收他们的财产用于私人经济开发是一种违宪行为。2005年2月22日，联邦最高法院审理了本案。法庭辩论中，地方官员宣称，为辉瑞公司新建研究大楼配套的开发项目将创造就业岗位、增加税收并促进长期不景气的地方经济，这有助于改善整个公共福利，因而符合联邦宪法规定的"公共使用"条件。但居民们及其代理律师认为，这种征收行为极不公平，只能损害财产权和分裂社会，要求法院予以阻止。该裁决认定，为消除"贫民窟或衰落区"而采取的财产征收行为可以构成"公共使用"，因而是被允许的。法官金斯伯格（Ginsburg）认为，新伦敦市处在经济"不景气"的情形中，还没有到经济"衰落"的地步。居民们的代理律师也主张，1954年案中的那种城市衰败不同于目前新伦敦市经济不景气的情况。但法官肯尼迪（Kennedy）认为，经济不景气地区可以很快沦为衰落区。2005年6月23日，联邦最高法院的9名法官以5比4裁定，维持州最高法院的裁决，从而认定了一个城市可以为一项旨在振兴不景气地方经济的发展计划而征收私有财产。其法律意见书指出，新伦敦市拟采取的征收行为符合宪法规定的"公共使用"要求。

❷ 钱天国."公共使用"与"公共利益"的法律解读——从美国新伦敦市征收案谈起[J].浙江社会科学，2006（6）：79-83.

❸ 刘连泰."公共利益"的解释困境及其突围[J].文史哲，2006（2）：160-166.

共利益的代表,有可能较多地追求整体发展这一公共目的,希望有一定的社会生产资料用于扩大再生产,或转化为公共福利事业。这样一来,个人利益和公共利益之间就产生了矛盾❶。因此,需要有一定的协调工具对此矛盾进行合理协调,在为了追求公共利益而对个体利益产生损害时对个体利益做出补偿。

（3）公共利益与商业利益并非是绝对矛盾对立的。

经济学家相信,存在于自由竞争市场中那只"看不见的手",能够在引领每一个人在谋求私人利益的同时,无形中也促进公共利益的发展。正如亚当·斯密所言:"在追求自身利益时,个人对社会利益的贡献往往要比他自觉追求社会利益时更为有效。"虽然会存在市场失效的情况,但市场无疑仍然是配置社会资源的最佳手段,也是促进公共利益最有效率的方法。任何将公共利益和商业利益截然分开的判断都是不全面的,要客观地对待公共利益和商业利益之间的关系。同时,对于政府来说,由于公共利益的动态性和政府能力的有限性,无偿地承担一切公共利益既不可能也没必要。

4.1.2　如何看待城市规划中的公共利益

如何看待城市规划中的公共利益,是城市空间治理负责人首先必须回答的问题。有学者对此作过专门的讨论,其中较为有代表性的观点认为城市规划中的公共利益体现在:维护法律秩序,倡导社会公平,追求美好环境,促进全面发展,提供公共服务等❷。本书作者十分认同以上的观点,进而将城市规划中的公共利益归纳为两个层面:一是城市规划追求的公共目的,包括维护法律秩序,倡导社会公平,追求美好环境,促进全面发展等;二是城市规划追求的公共服务,包括为公共健康、公共安全、公共交通、公共文化与教育等提供公共服务的公共物品的配置。

就城市规划本身而言,追求城市发展这一公共目的就是对公共利益的体现。作为一种面向城市未来发展的学科,同时作为政府宏观调控的手段之一,城市规划将国家、城市的发展政策目标转化为可供实施的方案,通过控制城市土地使用的数量和规划城市空间结构,协调隐藏在土地和空间背后的复杂利益关系,从而避免过度的市场逐利行为所产生的合成谬误甚至是市场失灵现象,以此达到引导城市健康发展的目的。当代中国,发展仍然是国家与民众的共同追求,发展是城市最大的公共目的。无论是经济的增长,还是社会生活水平的提高,都需要以城市空间为载体,最终落实在城市土地使用之上。城市规划正是通过对土地使用的安排,介入利益分配当中,促进城市整体发展。

另一方面,在市场经济条件下,城市规划还通过保证配置公共物品的实现,增

❶　王伟光,郭宝平.社会利益论[M].北京:人民出版社,1988.

❷　石楠.试论城市规划中的公共利益[J].城市规划,2004(6):20-31.

进社会公共福利,进而实现公共利益。任何市场行为都会存在一定的外部性,经济人的理性选择虽然对社会资源分配的效率较高,但并不能促进整个社会福利最大化,很难甚至不可能达到经济学上"帕累托最优"。公共物品为所有土地使用者共同使用而具有非排他性,但不可能由纯粹的市场进行提供。因此,必须由政府出面,运用行政手段限制并引导各类经济行为,提供公共物品。城市规划在分析城市发展中存在的问题并预测必需的公共设施规模后,对公共设施建设的位置和数量提出建议,并通过行政手段保证实施,这是维护公共利益实实在在的表现。

中国社会正处于转型阶段,城市发展将在两个层面展开,一是城市发展空间的外延扩张,二是城市空间的功能更新和环境再造,这些给城市规划工作提出新的要求。一方面,快速城市化和经济高速发展迫切要求城市建设用地规模与之相适应,为城市发展提供空间保证,这也是世界城市化潮流中不可逆转之势;另一方面,快速城市化所带来的城市内部的问题逐渐显现,人民对生活环境品质的要求迅速提高,旧城区的更新挖潜成为规划工作必须面临的重大课题。因此,当前城市规划所追求的公共利益还应当包括指导城市规模扩张和内部更新。

4.1.3 国家征收是城市空间治理的基石

城市规划的效用及其所追求的公共利益只有在实施当中才能得以体现。城市规划本质上是政府干预市场,并对社会资源,尤其是空间资源进行重新分配,即对权利的再分配。《物权法》的出台,标志着国家对于私有财产的重视与保护程度上升到了一个新的高度。市场经济环境下不再单纯地强调国家和集体利益高于一切,私人物权同样处在不可侵犯的地位,这给原有的城市规划运行模式带来巨大冲击,因此其首先需要直面的问题就是对物权的调整。

在现代城市规划制度中,一个最为重要和关键的问题是,政府是否使用公共权力来对私人财产进行必要的控制❶。哈耶克认为:"城市规划在整体上是必需的……而规划的措施在增进某些个人地产价值的同时,却降低了其他一些个人地产的价值……那么当局就必须承担这样一种责任,即对那些地产价值得到增益的个别所有者收取费用,并对那些地产价值蒙受损失的所有者进行补偿❷。"这是城市规划通过行政权力对私人财产进行必要调节的表现,目的在于保障公共利益,体现社会公平。实践当中,国家征收是实现上述目的最有效的工具之一。

中国的法律对国家征收已有初步的制度安排。2018年3月,十三届全国人大一次会议通过的《中华人民共和国宪法修正案》第十条规定:"国家为了公共利益的需要,可以依照法律规定对土地实行征收或者征用并给予补偿。"第十三条规定:

---

❶ 孙施文.现代城市规划理论[M].北京:中国建筑工业出版社,2007.

❷ 哈耶克.自由秩序原理[M].邓正来,译.北京:生活·读书·新知三联书店,1997.

"国家为了公共利益的需要,可以依照法律规定对公民的私有财产实行征收或者征用并给予补偿。"该规定可以说是中国国家征收制度的宪法依据。《物权法》第四十二条也明文规定了对土地以及对单位、个人的房屋及其不动产的征收制度。《中华人民共和国土地管理法》第五十八条规定:"有下列情形之一的,由有关人民政府自然资源主管部门报经原批准用地的人民政府或者有批准权的人民政府批准,可以收回国有土地使用权:(一)为实施城市规划进行旧城区改建以及其他公共利益需要,确需使用土地的……"

国家征收建立在维护人民公共利益,国家、人民利益高于一切的思想基础上,其目的是促使社会建设更加规范、更加良性的发展。作为一种处理公共利益与个体利益矛盾关系的权力工具,国家征收能够克服自愿交易的障碍,防止私人"漫天要价"❶、减小城市发展进程当中的阻力,为规划落实提供空间上的保证。前文已经讨论过,当前城市规划中所包含公共利益的时代要求体现在城市的规模扩张和内部更新上。城市外延扩张将不可避免地动用国家征收权,将农民集体所有的土地及其财产收归国有,旧城更新也将不可避免地动用国家征收权,将私人使用的土地及其财产收归国有。城市空间治理与国家征收也就存在着必然的联系,没有国家征收,城市空间治理也就无从谈起,国家征收是城市空间治理的基石。

4.1.4　动用国家征收权实施城市空间治理

动用国家征收权实施城市空间治理,必然涉及在什么条件下可以动用国家征收权,如何行使国家征收权,如何解决在行使国家征收权过程中出现的矛盾和冲突等问题。

4.1.4.1　英、美等国的国家征收制度

英、美等市场经济国家是私有制的国家,私有财产神圣不可侵犯。如何在私有制的制度背景下行使公共权力提供公共服务,就成为现代政府必须面对的基础性问题,通过一百余年的探索,他们找到了不得已的办法:立法赋予政府动用国家征收权。

现代城市规划制度的形成源于英国的城市规划立法,在 1947 年颁布的第一版《城乡规划法》中,首次赋予地方政府可以强制购买私人土地,实施城市空间治理的权力。在议会确定了土地使用目的为公共利益时,地方政府依据《强制购买土地法》可以对私人土地进行征用,以此保证全面振兴城市经济的计划不因土地所有者不愿意出售土地而被搁浅❷。

---

❶　张千帆.“公共利益”的困境与出路——美国公用征收条款的宪法解释及其对中国的启示[J].中国法学,2005(5):36-45.

❷　张芝年.英国政府怎么征地[J].农村工作通讯,2004(11):52.

在美国法律中,与服从公共利益关联的政府征收私人财产并给予正当补偿的这一权力被称为"eminent domain"。《牛津法律大辞典》将其直接译为"国家征用权",认为 eminent domain 是"国家固有的、强制将私人财产用于公共目的的权力,通常被认为是主权国家所固有的权力。给予合理补偿使它与单纯的没收相区别"。美国法律规定国家征收行为必须具备三个要件,即公共使用、正当的法律程序和合理补偿。美国联邦宪法规定:"非依正当法律程序,不得剥夺任何人的生命、自由或财产;非有合理补偿,不得征用私有财产供公共使用。"❶除了宪法上的限制,国家征用权的使用还由一些地方法规所支配,这些法规对政府所征收的财产以及如何对财产拥有者进行相应赔偿均做出了特别说明。由于土地作为私有财产,严格受到法律保护,地方政府要想取得教育、道路等公共事业以及对衰败地区进行再开发的用地,都要运用国家征用权。联邦政府则只能在宪法准许的情况下,通过正当的法律程序,给予合理的补偿,取得私人财产❷。

英、美等市场经济国家通过立法对国家征收权做出界定,并对动用国家征收权行使征收行为的前置要件、征收程序等做出法律规定,形成了成熟的国家征收制度,为城市规划的实施扫清了制度障碍。

4.1.4.2 如何动用国家征收权实施城市空间治理

中国是社会主义公有制国家,城市土地为国家所有,农村土地为农民集体所有。计划经济时代的经济社会建设无偿使用土地,实施城市空间治理几乎不存在权力制度障碍。然而,自20世纪80年代以来,中国走上了社会主义市场经济道路,从土地所有权上分离出土地使用权,赋予公民土地使用权和财产权等私有权利,由此建构起国家公权与公民私权组成的权利体系。在公民社会国家里,公权与私权往往是对立的,私权抵抗公权是公民社会国家的问题所在。这就给社会主义市场经济体制下实施城市空间治理带来了制度障碍,当下的城市扩张和更新中暴露出的种种矛盾均是由此引发的。前文介绍的英、美等市场经济国家的经验值得我们借鉴,建立概念明确、程序合理、行为合法的国家征收制度尤为迫切。

1. 建议出台《国家征收法》,赋予政府动用国家征收权进行城市空间治理

《中华人民共和国宪法修正案》虽然规定了政府可以因为公共利益的需要征收私有财产,但并没有对什么是公共利益做出法律解释,也没有对如何行使国家征收权做出法律规定;《中华人民共和国城乡规划法》虽然赋予了政府编制、实施规划的权力,但对实施规划中如何调整公权与私权的关系,并没有也不可能做出法律规定;《中华人民共和国物权法》作为私法更没有设定国家征收行为的职能。因此有

---

❶ 周大伟.美国土地征用和房屋拆迁中的司法原则和判例——兼议中国城市房屋拆迁管理规范的改革[J].北京规划建设,2004(1):174-177.

❷ American Planning Association. Planning and urban design standards[M]. Hoboken:John Wiley & Sons,Inc.,2006.

必要围绕国家征收的权力、机制、程序等做出制度规定,出台《国家征收法》,赋予政府行使国家征收权,保障城市规划的实施。

2. 必须明确国家征收权的权力行使主体是国家,其行为是行政行为而非市场行为

根据《中华人民共和国宪法》,国家依据公共利益的需要,在依法补偿的前提下,可以对单位和个人的房屋及其他不动产实施征收。因此,征收权力的行使主体是国家,其行为属于行政行为。但在具体城市空间治理工作中,尤其是在旧城更新中,部分地方政府混淆行政行为与市场行为,将征收行为转交给开发商,本是行政行为的国家征收却变成带有市场交易性质的民事行为,导致开发商与被征收人双方为了自身利益的最大化而发生冲突。这是引发重庆"最牛钉子户"❶之类的恶性事件屡屡上演的重要原因,严重阻碍了城市规划的实施进程。实践中,必须将实施城市空间治理中的国家征收行为和纯市场开发行为严格区分开,纯市场开发行为不得动用国家征收权,而应该是开发商和原住民之间展开的私权与私权的博弈过程,政府无权干预。

3. 必须遵循先征收、后开发的城市空间治理程序

对于符合公共利益需要的城市规划项目,必须遵循先征收、后开发的实施程序,这两个阶段均有不同的工作目标,前一阶段工作目标的完成是启动后一阶段工作的前提条件。无论是城市规模扩张中对农民集体土地及财产所有权的征收,还是旧城更新中对国有土地使用权和财产权的征收,都必须秉持官民协商一致的原则,取得所有被征收人的同意,在对被征收人实施赔偿和安置的基础上,将土地所有权或使用权以及财产权收归国有,完成全部征收工作。征收的过程是官民互动的过程,是公权侵犯私权的过程,必须健全救济机制,对被征收人提供权利救济的管道❷。后期开发行为的主体可以是政府自身,也可以交给市场,政府可以规约市场实现公共利益的目标。

4. 国家征收必须遵循程序正义和司法终裁

由于公共利益的动态性和缺失性,导致政府和公民对公共利益的理解和判断存在差距,引发公民对国家征收合法性的疑义;即使国家征收行为合法,也不排除

---

❶　在重庆市九龙坡区杨家坪鹤兴路片区的旧城改造项目中,共涉及居民 204 户。开发商经过谈判协商后,除了杨武、吴苹夫妇外,其他拆迁户都接受了安置方案并搬迁。但由于杨武、吴苹夫妇坚持原地同朝向同面积现房安置,并补足差价,开发商难以接受。到 2006 年 9 月,整个鹤兴路上只剩下杨武、吴苹一家。他们夫妇所拥有的这栋房子便形成了断水断电的"孤岛"。2007 年 3 月 21 日,杨武进入这一空置两年的房子,誓与房屋共存亡,这就是媒体提到的所谓"最牛钉子户"事件。最终,该事件经过区委、区政府的协调和开发商与当事人之间的多次磋商,以签订拆迁安置协议而得以解决。该事件引发了关于什么是公共利益以及政府该扮演何种角色的广泛讨论:该项目是因为公共利益的需要还是商业开发的需要? 如果是因为公共利益的需要,为何让开发商与被拆迁人直接谈判? 政府才应该是拆迁的主体而不是开发商;如果是因为商业开发的需要,政府不但不应参与其中,还应坚决退出,当好"守夜人"。

❷　陈锦富,刘佳宁. 城市规划行政救济制度探讨[J]. 城市规划,2005(10):19-23,14.

征收过程中出现国家赔偿不公或公民漫天要价的情形发生。此时国家征收行为的程序正义就显得尤为重要,协商不合意寻求听证,听证不合意寻求复议,复议不合意只有寻求司法裁决,司法裁决是最终的决断。所谓的"强征"必须是司法的裁定,而不应是政府的决定。遵循程序正义和司法终裁,不仅有利于国家征收中的利益纠纷各方进行公平对话以解决矛盾,更对中国社会转型时期依法治国,培养全社会"在法庭上见"的意识和构建法治社会具有重要意义。

4.2 中国城市空间治理的行政制度环境

中国城市空间治理运行的政治、经济、社会环境起源于计划经济时代,与西方城市空间治理理论与实践发展的基础有着较大不同。随着国际化与城镇化进程的加速,中国经济进入连续的高速增长期,而城市空间治理却逐步陷入"借鉴"理论不适应"本土"体制的困境❶。由于缺少市场化经验,又面对大量的空间调控需求,改革开放以后的中国城市空间治理只能先借用"成熟"的西方理论作为行动的参照。理论上,作为一种政府行为,城市空间治理的合法性源于政府为减少市场逐利行为的负外部性,避免市场失灵而进行的合理干预,其出发点在于维护公共利益。但这一评判的关键假设是政府作为"利他"组织,而这并不确切符合中国地方政府在市场经济体制转型过程中所表现出的"谋利"倾向。因此,在地方政府高度参与的经济增长过程中,城市空间治理到底起到了怎样的作用?是否有能力减轻市场行为对社会公平、生态环境等方面产生的消极影响,实现自身的价值目标?在深化改革的环境下,客观审视城市空间治理的运行环境,认清其所处的行政权力体系,是构建中国城市空间治理理论的前提。

4.2.1 城市空间治理的需求偏好:为增长而竞争

制度通过建立社会活动的基本规则,限制或引导人们的行动选择,进而对市场行为和政府行为同时进行规制。而政治过程在任何情况下都以对关键性经济制度的塑造来影响私人的选择❷。政府作为城市空间治理的决策者,是公利性和自利性的矛盾统一体,其行为的动机并不一定完全以公共利益为导向❸。在中国当前财政和人事制度的交互激励作用下,城市空间治理一定程度上成为地方政府甚至行政主管追求自身发展的工具。

❶ 赖寿华. 国际经验在中国——理论和实践[J]. 城市规划,2014,38(3):44-47,52.

❷ 埃格特森. 经济行为与制度[M]. 吴经邦等,译. 北京:商务印书馆,2004:19.

❸ 彭海东,尹稚. 政府的价值取向与行为动机分析——我国地方政府与城市规划制定[J]. 城市规划,2008(4):41-48.

4.2.1.1　作为政府行为的城市空间治理

关于城市空间治理的内涵有多种表述,但大都建立在"政府行为"这一基本属性之上。作为管理城市公共事务的一个维度,城市空间治理的运行遵循行政管理的一般原则,是地方政府落实空间发展意图的政策工具。首先,就自身性质分析,城市空间治理具备公共政策的特征,可理解为政府在特定目标下确立的空间使用规则;其次,以历史眼光来看,无论是"国民经济计划的落实手段",还是"保障公共利益的公共政策",城市空间治理始终是政府的公共职能;再次,从法律层面来看,《中华人民共和国城乡规划法》赋予了地方政府及其规划行政主管部门对城市规划进行编制审批、调整修改、监督监察、复议裁决等方面的权限。综上所述,地方政府在城市空间治理的全过程中居于强势地位,易于实现自身利益。

因此,城市空间治理受制于地方政府的价值偏好,不能"自动地"实现公共利益。基于社会公众与政府之间的委托-代理关系,城市空间治理的"应然"作用是调配城市空间资源,维护公共利益,提升社会整体福利。但是,地方政府的发展意图并不能简单地等同于社会意愿或公共利益。政府由独立的"经济理性人"组成,政治精英也非圣人,摆脱不了对自身利益的追求。在一定的制度安排下,政治家必然会遵从自身的政治利益和追求,并选取相应的政策工具加以实现。城市空间治理不可能脱离政治追求和意识形态而存在,因而只能和政府行动保持一致,以制度安排下的政府行为逻辑为基础。

4.2.1.2　制度激励下的地方政府行为

越来越多的学者将地方政府行为纳入制度的框架内进行解释,把目光聚焦到中国分权化的体制结构和激烈的区域竞争,进而认为制度激励下的地方政府行为对中国经济的快速增长起到了决定性的作用。尽管不同学者的观点之间仍存在复杂而有趣的争论,但已形成以下共识❶:①地方政府在经济发展中起到了重要作用,且具有强烈的"自利"倾向;②1994 年分税制改革是中国改革开放后一个重要的发展节点,诱导了地方政府对预算外收入,特别是土地出让收入的追求;③土地财政是制度激励下出现的必然现象。

---

❶　钱颖一,许成钢,董彦彬. 中国的经济改革为什么与众不同:M 型的层级制和非国有部门的进入与扩张[J]. 经济社会体制比较,1993(1):29-40.

周飞舟. 分税制十年:制度及其影响[J]. 中国社会科学,2006(6):100-115,205.

张军. 理解中国经济快速发展的机制[M]//吴敬琏. 比较(第 63 辑). 北京:中信出版社,2012:57-61.

张五常. 中国的经济制度[M]. 北京:中信出版社,2009:159.

许成刚. 中国经济改革的制度基础[J]. 世界经济文汇,2009(4):105-116.

陶然,陆曦,苏福兵,等. 地区竞争格局演变下的中国转轨:财政激励和发展模式反思[J]. 经济研究,2009,44(7):21-33.

地方政府不约而同地采取了"招商引资"和"土地出让"两方面行动对策,争取在横向的增长竞争中"获胜"。为争夺税基,地方政府开始招商引资,并尽可能地扩大城市用地规模,建立产业园区和开发区,配套相应的基础设施,并对投资企业给予税收、土地等多方面优惠。其目的在于从未来的增值税、营业税、企业所得税中获得长期回报,以及从就业人口增长和服务业发展中带来居住、商业用地需求。在土地出让方面,地方政府利用对土地一级市场的垄断,以土地储备和招拍挂的方式形成卖方市场,对商业和居住用地高价出让。获取的计划外收入用来补贴招商引资时提供的"优惠条件"和基础设施投入,化解城市建设方面的资金瓶颈。

4.2.1.3 城市空间治理的现实作用

空间政治经济学家认为,空间是政治经济的产物,它们在一定的意图和目的下被生产出来。现代经济的规划倾向于成为空间的规划,人们通过生产空间来逐利,空间就成为利益争夺的焦点[1]。在中国经济高速发展的阶段,土地具有长期的增值价值,其所带来的巨大收益必然引起利益相关者的关注和争夺。而政府需要通过城市空间治理进行干预,规范土地增值收益的分配。

在"为增长而竞争"的发展逻辑下,地方政府并未止步于提供基础设施和公共服务,而是积极加入市场竞争下的空间生产中,间接成为市场经济中的一方。

城市空间治理在地方政府眼中,被视为积极服务于投资开发、积累空间资本的工具。地方政府通过对城市空间进行外部拓展和内部更新,获取土地资源,实现对资本的积累。对于城市空间外部拓展,中央政府出于对粮食安全和环境保护方面的考虑,要求必须以公共利益为前提,才能对农村集体土地进行征收。在进行城市内部更新时,地方政府面对的则是多方利益主体的较量,同样需要公共利益作为行动的前提。而公共利益正是地方政府运用城市空间治理对空间进行合法干预的理论出发点。城市空间治理的技术"供给"恰能满足地方政府获取空间的诉求,进而成为积累"空间资本"的合法化工具。

4.2.2 城市空间治理运行的权力配置:集权与分权

"为增长而竞争"描述了制度安排下地方政府间的竞争关系,决定了城市空间治理的现实作用。但是,政府的行为逻辑只是解读城市空间治理运行环境的一个层面,如果局限于此,自然会得出城市空间治理偏离自身价值目标的结论,并对政府行为及制度环境产生诸多诟病。但城市空间治理仅是政府干预空间使用的政策工具之一,并不具备改变自身运行环境的能力。如果单纯地根据城市空间治理自

---

[1] 林坚,许超诣.土地发展权、空间管制与规划协同[J].城市规划,2014,38(1):26-34.

身设定的价值目标而否定某一项制度,则有可能陷入改革陷阱。

另一个更为深入的观察城市空间治理运行环境的层面是中央与地方政府之间的权力博弈关系。无论在什么情况下,稳定与统一都是讨论中国问题的大前提。应当承认当前制度安排的不完美,同时也不能否定它所构成的长期增长的制度框架❶。过度集权导致效率损失,过度分权又会引发公平问题,这在苏联等其他国家历史上也有很多例证。正确的做法是在集权与分权中寻找平衡,即"哪些权应该集,哪些权应该分"。在分税制和官员晋升制的共同作用下,中央与地方政府之间实际上形成了相对稳定的行政权力配置关系,这对于20世纪90年代之后的中国市场化改革,具有政治和经济两方面的重要意义。

4.2.2.1　财权上收、事权下放、人事任命权集中

分税制和官员晋升制共同确立了中央与地方政府之间"财权上收、事权下放、人事任命权集中"的行政权力配置。一方面,分税制改革旨在调整20世纪80年代形成的中央与地方关系,使中央政府成功回收了在改革初期转移到地方政府手中的大部分财政权力❷,实现了"财权上收"。但分税制仍然保留了地方政府扮演中央政府支出代理人角色的责任体制,完成了中央向地方的"事权下放"。地方政府在享有相对独立决策权力的同时,需要以地方税权为代价完成中央的某些政策。另一方面,高度集权是中国政治体制的一个显著特点,而"人事任命权集中"是官员晋升制得以发挥作用的重要基础。中国各级地方政府的行政首长都由上一级政府任命,层层集中的人事任命权形成了除法律以外约束地方政府行为的主要手段。

4.2.2.2　作为历史选择的行政权力配置

制度经济学家将制度定义为一种人类设计的,构造政治、经济和社会相互关系的一系列约束。即使面对相同的技术知识并联结于相同的市场,制度安排也会因国家而异。因此,要理解特定的制度安排为什么在某些特定国家生成,就需要有比较的知识。不仅要对不同国家和地区的共时性特点进行比较,还需要以历史的知识理解制度变迁的原因和过程❸。简言之,人们是根据不同的历史条件和利益需求,对社会运行中的权力与权利进行安排,并以制度的形式确定下来。从这个角度来说,政府行为逻辑以及城市空间治理运行的行政权力环境都是历史选择的产物。

---

❶　张军.朱镕基可能是对的:理解中国经济快速发展的机制[J].经济与社会发展研究,2013(6):57-61.

❷　陈硕.分税制改革、地方财政自主权与公共品供给[J].经济学(季刊),2010,9(4):1427-1446.

❸　青木昌彦,周黎安,王珊珊.什么是制度?我们如何理解制度?[J].经济社会体制比较,2000(6):28-38.

1. 行政权力配置奠定了市场经济转型的基础

客观来看,分税制和官员晋升制所确定的"财权上收、事权下放、人事任命权集中"的行政权力配置构成了中国特色的政府内部治理方式,形成了中央与地方政府的一种博弈均衡状态,使中国较为平稳地度过了市场化改革的初期阶段。自新中国成立以来,"一收就死,一放就乱"的权力配置特点在中国体现得淋漓尽致❶,中央与地方政府处于不断变动的权力配置关系之中。改革开放后,为了迅速整顿和恢复经济,中央政府在20世纪80年代不得不做出主动让步,向地方政府进行财政分权,希望通过"财政包干制"提高地方政府的积极性,扩大市场机制的调节作用。但至20世纪80年代末90年代初,由于恶性通胀、财政状况恶化、东欧剧变等一系列危机,人们对改革开放产生了怀疑;同时,中央与地方的权力配置关系已经到达"分权的底限",税收制度缺陷引发的地方保护、价格机制混乱等问题,在当时成为改革开放的最大瓶颈。坚持改革开放,则必须理顺中央与地方政府的权力关系,平衡中央政府宏观调控能力和地方政府经济发展的积极性,进而合力化解上述问题。从这样的背景条件来看,分税制以后所确定的行政权力配置结构,成功地调动了中央和地方政府两个方面的积极性,稳固了市场经济转型的基础。

2. 行政权力配置的必要性

奥尔森(2005)基于集体行动理论解释了国家兴衰之道,指出受制度约束的"强化市场型政府"是实现繁荣的保证。"强化市场型政府"是一个关于政府与市场关系的高度概括的概念:一方面,个人权利和市场契约只有在政府权力的保护下才有可能实现,这就需要政府具备足够强大的能力,以避免利益集团和掠夺行为对社会财富、公平的侵犯;另一方面,对于政府权力也要设置制度上的约束,以杜绝政府对个人权利的"强取豪夺"。要构建"强化市场型政府",首先,要认定市场为发展的源泉,强调市场在资源配置方面的效率和明确政府职能边界;其次,政府应当具备较强的行政能力,以保障市场运行的基本条件;再次,塑造政府与市场、社会发展的

---

❶ 20世纪50年代初,国家财政能力较新中国成立前大大增强,但高度集权的计划经济体制也限制了地方政府扩大财政收入的积极性。因此,伴随着"大跃进",中央对地方政府在财政、计划、企业管理等方面进行了第一次放权改革,旨在通过"放权让利"调整中央和地方的关系,消除计划经济高度集权的弊端。但这次"激进式"的改革使地方政府预算外资金迅速膨胀,带来了巨大的财政赤字,因而随"大跃进"的失败而流产。随后,中央政府不得不在20世纪60年代初上收生产、基建、劳动、财务等多方面的管理权限。但这次收权仅是摆脱"困难时期"的权宜之计,中央政府只应该是象征性的"虚君",凡是收回的权力都交还给地方,"连人带马全出去"。因此,20世纪70年代初,尚处于"文革"之中的中央政府再一次下放了对地方企业和财政收支的管理权限。受"文革"和地方政府自利性的影响,这次放权改革使激发出来的地方积极性主要表现在对地方利益的追逐上。更为严重的是,自利意识与独立财源一起,有可能构成潜在的"离心力量"。这使处于改革开放之初的中央政府在处理与地方政府关系时不得不再次主动放权,偿还"历史旧账"的同时求得政治稳定。关于这段历史,可参见:王绍光.分权的底限[M].北京:中国计划出版社,1997:31-44;吴敬琏.当代中国经济改革[M].上海:上海远东出版社,2004:46-49;胡鞍钢.中国政治经济史论(1949—1976)[M].北京:清华大学出版社,2008:247-251,512-515;科斯,王宁.变革中国——市场经济的中国之路[M].徐尧,李哲民,译.北京:中信出版社,2013:190.

"共容利益"❶是当中的关键❷。

某种程度上讲,当前的行政权力配置在地方经济发展和政府政治利益诉求之间构筑了一定的"共容利益",也赋予了地方政府强大的行政能力。这使地方政府深入参与经济发展当中,同时具备了较强的行政能力,体现出部分"强化市场型政府"的特征,为市场资源流动提供了强有力的组织支持,实现了"增长奇迹"。

(1)"财权上收"使国家能力❸得以提升。

国家能力提升有利于社会公平发展,提升国家能力是国家改革和发展的必要手段。改革和转型意味着资源的重新分配,也必然伴随着不同地区、不同社会阶层的利益得失。为了维护全国范围内发展的稳定,保证转型过程相对平缓,补贴结构改革的失利者,中央政府必须具备很强的财政汲取和转移支付能力,进行如保持宏观经济稳定、建立社会保障系统等方面的工作,从而集中力量办大事。

(2)"事权下放"能够提高地方政府创新发展的积极性。

中国的转型没有经验可以参照,因此需要采取"改革试验"的方式先在局部地区进行试验,获得成功后再将其经验推广至全国,这是中国改革的一个重要特点❹。如改革开放之初成立"特区",以及现阶段设置"两型社会试验区"等,都是"改革试验"的体现。而"试验"的方法取得成功的关键条件之一,就在于地方政府被赋予了相对独立的事权,具备相应的发展决策权力和资源调动能力。这也符合制度经济学中"职能下属化原则",即主张将集体行动中的每一项任务放置在尽可能低的政府级别上,并由相互竞争的机构来承担❺。

(3)"人事任命权集中"强化了中央对地方的控制能力。

对追求"政治生命"的行政官员而言,集权的人事任命体制不仅构成其"向上负责"的逻辑基础,也使中央的命令得以逐级下达,进而形成全国范围内的协调动员作用。这一特点与西方国家基于普选的行政体制有很大不同,且自中国封建社会时期即已形成,可以说是中国历史的延续❻。在集中的人事任命权控制下,上级政府通过可比较的评价指标,对地方政治绩效进行评估,使同级地方政府间的横向竞争成为现实。

---

❶　"共容利益"是奥尔森在其理论中提出的一个核心概念,指如果某利益集团的利益与社会经济增长的利益相关,即能够从增长中获得较大份额的收益,同时也会因为经济衰退而承受较大份额的损失,那么该利益集团与社会之间就形成了共容利益。参见:奥尔森.权力与繁荣[M].苏长和,嵇飞,译.上海:上海人民出版社,2005:151.

❷　奥尔森.权力与繁荣[M].苏长和,嵇飞,译.上海:上海人民出版社,2005:134,151.

❸　"国家能力"包括四个方面:第一,中央政府为实现"国家利益"而从社会经济中动员财力的汲取能力;第二,指导社会经济发展的调控能力;第三,运用政治符号在民众中创造共识,进而巩固其统治地位的合法化能力;第四,运用暴力或威胁维持统治的强制能力。本文中的"国家能力"指国家的汲取能力和调控能力。参见:王绍光.分权的底限[M].北京:中国计划出版社,1997:1-8.

❹　许成刚.中国经济改革的制度基础[J].世界经济文汇,2009(4):105-116.

❺　刘汉屏,刘锡田.地方政府竞争:分权、公共物品与制度创新[J].改革,2003(6):23-28.

❻　王亚南.中国官僚政治研究[M].北京:中国社会科学出版社,1981:19.

4.2.2.3 行政权力配置的负外部性

虽然,当前的行政权力配置形成了较为有效的政府内部治理结构,但也必须看到,这一结构在"渐进式"体制改革的制约下所显示出的负外部性。"财权上收"使地方政府资金匮乏,不得不以土地作为融资工具❶。这不仅积累了财政风险,也形成地方公共支出结构重基础设施建设、轻公共服务的扭曲现象。"事权下放"使地方政府行为边界模糊,加之以经济增长为导向的制度的强激励作用,引发地方政府的市场角色"越位",以及对地方政府行为监督和问责的"缺位",甚至诱导了地方政府的"区域竞次"竞争❷。"人事任命权集中"虽然强化了自上而下的政府内部控制协调能力,但也使地方政府官员只注重完成上级政府在经济增长方面的任务,对居民和企业的多样化偏好的有效反应不足。

4.2.2.4 国家治理转型下的行政权力配置改革

降低行政权力配置的负外部性,需要对其进行改革。但应当明确的是,改革并非是将以往的制度安排全盘推翻,而是在肯定成绩的基础上,与时俱进地对其进行修补。经济与政治、社会发展的不同步,使中国政府只具备了"部分的强化市场型政府"的特征,需要进一步理顺中央与地方之间的行政权力配置关系,明晰不同级别政府间的事权和财权划分;在层次分明的基础上,应明确有关社会公平、资源环境保护等关键领域的权力和责任,并加大其在政绩考核指标中的权重。通过对行政权力的纵向调整,进一步强化政府的有效行政能力。

而降低行政权力配置的负外部性,依靠对政府内部行政权力的调整并不足以完成,还需要经济、社会方面的治理转型支撑。《中共中央关于全面深化改革若干重大问题的决定》中明确地把"推进国家治理体系和治理能力现代化"作为实现中国全面深化改革的总目标,注重改革在政府、市场、社会之间的协同性。客观而言,当前的权力配置结构虽然能使政府在市场运行中发挥作用,但与市场、社会的关系并不清晰。正如科斯在其研究中国市场化改革的著作中提到的:"在市场经济中,一个功能完善的地方政府的称职表现无非就是能保证地方公共品的供给,而中国的地方政府做的远远比这要多。"❸

因此,当前的国家治理转型实际上是一个由政府向市场和社会逐渐"分权"的过程。一方面,"经济体制改革是全面深化改革的重点,核心问题是处理好政府和市场的关系,使市场在资源配置中起决定性作用和更好发挥政府作用"❹。现实中

❶ 赵燕菁. 土地财政:历史、逻辑与抉择[J]. 城市发展研究,2014(1):1-13.

❷ 陈锋."区域竞次""非正规经济"与"不完全城市化"——关于中国经济和城市化发展模式的一个观察视角[J].国际城市规划,2014(3):1-7.

❸ 科斯,王宁. 变革中国:市场经济的中国之路[M].徐尧,李哲民,译. 北京:中信出版社,2013:190.

❹ 参见《中共中央关于全面深化改革若干重大问题的决定》。

的市场和政府都有自身不可克服的缺陷,因而抽象地谈论强政府和弱政府的优劣势并无意义。关键是要寻求经济及社会发展、市场机制与政府调控的最佳结合点,使得政府干预在匡正和纠补市场失灵的同时,避免和克服政府失灵❶。这一最佳结合点,就在于分开对待政府的行政能力与职能范围——建构强行政能力的同时使职能范围与时代需求相对应❷。另一方面,向社会分权能够发挥中国社会的社会资本力量。在规范行为、组织信任和社会关系网络的基础上,社会资本能够在分散的个人之间起到"调节性的作用",同时增强社会成员的"集体行动"意识❸。有利于解决社会整体层面上面临的多方面问题,使行政权力配置改革的过程能够更加平稳地运行。

4.3　小结

国家征收是主权国家行使公共管理的必要手段,国家征收权作为处理公共利益和私人利益冲突的行政权力,其实质是国家对私人利益的侵犯,但前提是必须以公共利益为目的并对受侵犯方作必要补偿。在国家发展进程中,对公共利益的判断并不是静止的,不同的经济社会发展阶段对公共利益有不同的解释与诉求。中国当下正处在城市化进程的加速期,城市的规模扩张和更新是城市规划领域的首要任务,《中华人民共和国物权法》(后称《物权法》)的实施更迫使政府在实施城市规划中必须依法动用国家征收权。动用国家征收权实施城市规划,需要分清什么是城市规划中的公共利益,寻求对城市规划中的公共利益的司法解释;出台国家征收法,树立国家征收的法律权威;解决城市规划中公共利益和私人利益冲突,必须遵循程序正义与司法终裁。

政府行为中的城市空间治理并不具备改革运行环境的能力,而只能求助于体制改革。从地方政府行为逻辑的视角来观察,城市空间治理在增长竞争中更多地发挥着空间资本积累的作用。这与城市空间治理一直所倡导的以公共利益为导向的认知有所不同,但却又是不得不面对的现实。忽视这一点容易使城市空间治理陷入现实能力与价值理想不符的窘境。

"为增长而竞争"这一逻辑的背后是中央与地方之间纵向的行政权力配置关系。仅从问题的角度看待政府行为及其背后的制度和权力因素,很容易忽略中国特色制度体系中好的方面,难以客观地理解城市空间治理的运行环境。事实上,

❶　金太军.市场失灵、政府失灵与政府干预[J].中共福建省委党校学报,2002(5):54-57.
❷　福山.国家构建:21世纪的国家治理与世界秩序[M].黄胜强,许铭原 译.北京:中国社会科学出版社,2007:19-21.
❸　陈捷,卢春龙.共通性社会资本与特定性社会资本——社会资本与中国的城市基层治理[J].社会学研究,2009(6):87-104,244.

"财权上收、事权下放、人事任命权集中"所构成的政府内部治理结构,呈现出强大的自上而下的控制能力和积极的地方发展意愿,构成了中国发展的基本框架。这对于从计划经济过渡到市场经济的中国社会主义市场化改革有不可忽视的经济和政治意义,可以说是历史选择的结果。

但这一权力配置结构也有其负外部性,在放大了地方政府行政能力的同时也诱导了地方政府职能的"过界",从而产生一系列问题。对于问题的解决,并非单纯地改革某项制度就足以完成,需要以在国家治理层面上向市场和社会的分权作为支撑。在中央政府逐渐放权的过程中,地方政府在城市空间治理时应当对运行环境怀有一定的"制度自信",同时也要反思自身干预市场的职能边界,避免市场、政府、社会的"原教旨主义"。将政治意识同专业技术相结合,在政府、市场、社会之间寻找平衡,塑造三者之间的共容利益。

第5章　城市空间治理的制度变革

所谓管理是管理者通过计划、组织、指挥、协调和控制来推动实现组织目标。这一系列行为是否合理、合规、合法,取决于围绕管理活动特征所制定的行为规范,这些行为规范的总和则构成了管理的制度安排。城市空间治理的对象是城市空间资源,管理主体则是政府,政府依据城市空间治理的制度安排对城市空间资源的配置实施管理,实现城市空间资源的优化配置和可持续利用。

改革开放以来,中国已构建起一套有关城市空间治理的制度体系,这套制度极大地激发了中国城市发展的活力,城市发展的速度与规模迭创新高。但同时资源过度消耗、环境急剧破坏和社会冲突频发的问题也随之而来,与新常态下的核心价值观和国家发展理念存在着诸多的不适应。本章试图在前述几章有关城市空间增长的进程与趋势、动力机制、制度环境讨论的基础上,对当前的制度安排提出改良与优化建议。

新公共管理理论主张将行政管理活动中高度集中的决策权、执行权、监督权予以分解,三种行政管理权力由三个平行的职能部门独立行使,从而达到行政管理权责明确、相互制衡的制度设计目标。尽管受制于中国传统和现有的制度环境,其所形成的权力制约只能是一种有限的制约,但是相对于传统的部门集权体制,行政权力三分在一定程度上分解了行政权力,实现了权力的分散化,达到了一定程度的权力制衡。比如,决策权与执行权分离,在规则制定与利益分配过程中,决策部门很难与执行部门合谋。同时,由于决策部门、执行部门、监督部门的分立,三者利益不再完全一致,任何一个部门的行为都始终处在其他两个部门的牵制和监督当中。

城市空间治理是政府行政管理的重要职能,改革开放以来,空间治理的决策权、执行权和监督权由单一职能部门行使,自定规则、自己执行、自我监督,高度集中的行政权力配置,极大地释放了发展的效率,推动了城市空间的快速扩张,但也易于产生权力寻租、腐败的现象,甚至引发一系列资源、环境及社会问题。新常态下,必须重构城市空间治理体制,构建决策、执行、监督相对分离、相互制衡的制度框架,建议制度框架如下。

(1) 行政职权三分。

将原集中于城市空间管理的职能部门的决策权、执行权、监督权予以分解,根据职能分工组建以城市空间管理为工作对象的决策部门、执行部门和监督部门。比如将原城市规划局的规划编制决策职能剥离,组建城市规划委员会;将规划监察职能剥离,组建城市空间管理监察局;原城市规划局仅仅保留建设项目的批前、批中、批后管理的职能。三个职能部门行政职权平行,直接隶属市政府,对市政府

负责。

（2）行政事权集中。

将原分散于政府多个职能部门的涉及空间资源管理的决策、执行、监督职能分别整合形成一个决策部门、一个执行部门、一个监督部门。比如将分散在发改委、国土、规划等部门的空间规划决策职能进行整合，组建空间规划委员会，实现多规合一，集中决策。

这一新的行政制度安排必须伴随空间治理的法律制度的变革。

5.1 空间治理法律制度的变革

5.1.1 名目繁多的各类各级法律法规

中国现行有关城市空间资源管理相关的法律主要有《中华人民共和国城乡规划法》《中华人民共和国土地管理法》《中华人民共和国环境保护法》《中华人民共和国森林法》《中华人民共和国草原法》《中华人民共和国地方各级人民代表大会和地方各级人民政府组织法》和《中华人民共和国各级人民代表大会常务委员会监督法》等，同时还包括与之配套的条例、规范和地方性法规。这些法律法规主要可以分为两类：一类是以土地、森林、草原、海洋、矿产等自然资源为管理对象，对其计划、使用或者管理方式、程序等做出规范的部门单行法（详见表5.1），另外一类是《中华人民共和国地方各级人民代表大会和地方各级人民政府组织法》《中华人民共和国各级人民代表大会常务委员会监督法》等对相关行政管理和行政许可程序等规则内容做出规定的法律。

5.1.2 现行城市空间治理法律的主要问题

5.1.2.1 部门法交叠冲突，缺乏整合空间资源的基础性法律

改革开放以来，国家颁布了多部关于空间资源配置的部门法，这些部门法在城市化快速发展期对规范空间资源配置行为发挥了重要的作用。然而观察上述有关空间资源配置的法律法规，不难看出，这些部门法对空间资源配置的管控存在着交叉重叠，甚至相互矛盾和抵触的情况。

当前中国城镇化水平已经超过60%，已然开启了由农业大国向城市型国家转型的新模式。在可持续发展的大背景下，城市和农村、林地和草原、生活与生产、农业用地和建设用地等的空间关系已经成为复杂的网络关系。如厦门在城市建设的

表 5.1　部门单行法比较

名称	特性	决策（规划）	执行	审批	实施	监督
《中华人民共和国城乡规划法》	· 综合性。 · 依据国民经济和社会发展规划，并与土地利用总体规划相衔接	· 总体规划由本级政府组织编制。 · 依据上次层次规划进行，自上而下	· 地方负责，上级政府负责监督	· 国务院城乡规划主管部门负责全国的城乡规划管理工作。 · 县级以上地方人民政府城乡规划主管部门负责本行政区域内的城乡规划管理工作。 · 报同级人大（或常委会）审议，报上级政府审批	· 强制性较弱	· 上级政府、本级人大。 · 任何单位和个人。 · 规划修编调整
《中华人民共和国土地管理法》	· 依据国民经济和社会发展规划、国土整治和资源环境保护的要求，土地供给能力以及各项建设对土地的需求	· 各级人民政府组织编制。 · 依据上次层次规划进行，自上而下	· 县级以上地方人民政府以公告并组织实施	· 分级审批	· 强制执行。 · 年度用地指标	· 国务院、上级政府土地行政主管部门。 · 县级以上人民政府土地行政主管部门。 · 执法检查。 · 任何单位和个人都有遵守土地管理法律、法规的义务，并有权对违反土地管理法律、法规的行为提出检举和控告

续表

名称	特性	决策（规划）	执行	审批	实施	监督
《中华人民共和国环境保护法》	• 县级以上人民政府应当将环境保护工作纳入国民经济和社会发展规划。 • 与主体功能区规划、土地利用总体规划和城乡规划等相衔接	• 国务院环境保护主管部门会同有关部门，根据国民经济和社会发展规划编制国家环境保护规划。 • 县级以上地方人民政府环境保护主管部门，根据国家环境保护规划的要求，编制本行政区域的环境保护规划。 • 环境保护规划的内容应当包括生态保护和污染防治的目标、任务、保障措施等	• 县级以上地方人民政府环境保护主管部门会同有关部门报同级人民政府批准并公布实施	• 报国务院批准。 • 国家加大对生态保护地区的财政转移支付力度。有关地方人民政府应当落实生态保护补偿资金，确保其用于生态保护补偿	• 编制有关开发利用规划，建设对环境有影响的项目应当依法进行环境影响评价。 • 未依法进行环境影响评价的开发利用规划，不得组织实施；未依法进行环境影响评价的建设项目，不得开工建设	• 信息公开和公众参与
《中华人民共和国森林法》	相关内容较少	• 国务院林业主管部门和省、自治区、直辖市人民政府划定自然保护区。 • 各级人民政府应当制定林业长远规划	• 各级林业主管部门	• 报上级主管部门批准	• 国家设立森林生态效益补偿基金	—

续表

名称	特性	决策（规划）	执行	审批	实施	监督
《中华人民共和国草原法》	• 依据国民经济和社会发展规划，并遵循相关原则。 • 与土地利用总体规划、环境保护规划、水土保持规划、防沙治沙规划、林业长远规划、城市总体规划、村庄和集镇规划以及其他有关规划相协调	• 国务院草原行政主管部门会同国务院有关部门编制全国草原保护、建设、利用规划，报国务院批准后实施。 • 制定全国草原等级评定标准。 • 建立草原统计制度。 • 建立草原生产、生态监测预警系统。 • 建立草原自然保护区	• 县级以上地方人民政府草原行政主管部门依据上一级草原保护、建设、利用规划编制本行政区域的草原保护、建设、利用规划，报本级人民政府批准后实施	• 县级以上人民政府	• 县级以上地方人民政府草原行政主管部门依据利用规划，建设、利用区域草原保护、建设、利用规划编制本行政区域的草原保护、建设、利用规划，报上级人民政府批准后实施	• 县级以上人民政府草原行政主管部门会同同级有关部门定期进行草原调查。 • 设立草原监督管理机构，负责草原法律、法规执行情况的监督检查，对违反草原法律、法规的行为进行查处。 • 在临时占用的草原上修建永久性建筑物、构建物的，由县级以上地方人民政府草原行政主管部门依据职权责令限期拆除；逾期不拆除的，依法强制拆除；所需费用由违法者承担。 • 未经批准，擅自改变草原保护、利用规划的，由县级以上人民政府责令改正；对直接负责的主管人员和其他直接责任人员，依法给予行政处分。

续表

名称	特性	决策（规划）	执行	审批	实施	监督
《中华人民共和国渔业法》	—	• 国家建设征用集体所有的水域、滩涂，按照《中华人民共和国土地管理法》有关征地的规定办理 • 禁止围湖造田。沿海滩涂未经县级以上人民政府批准，不得围垦；重要的苗种基地和养殖场所不得围垦	• 国务院渔业行政主管部门主管全国的渔业工作。县级以上地方人民政府渔业行政主管部门主管本行政区域内的渔业工作。 • 设渔政监督管理机构	—	—	• 统一领导，分级管理
《中华人民共和国环境影响评价法》	—	• 规划有关环境影响的篇章或者说明，应当对规划实施后可能造成的环境影响作出分析、预测和评估，提出预防或者减轻不良环境影响的对策和措施，作为规划草案的组成部分一并报送规划审批机关	• 国务院有关部门，设区的市级以上地方人民政府及其有关部门，组织对专项规划环境影响评价，并向审批相关规划的机关提出环境影响报告书	• 设区的市级以上人民政府在审批专项规划草案，作出决策前，应当先由人民政府环境保护行政主管部门或者其他部门召集有关部门代表和专家组成审查小组，对环境影响报告书进行审查。审查小组应当提出书面审查意见。 • 国务院环境保护行政主管部门负责审批	• 审查小组的专家，应当按照国务院环境保护行政主管部门的规定设立的专家库内的相关专业专家名单中，以随机抽取的方式确定。 • 涉及水土保持的建设项目，还必须经水行政主管部门审查同意的水土保持方案	• 对环境有重大影响的规划实施后，编制机关应当及时组织环境影响的跟踪评价，并将评价结果报告审批机关；发现有明显不良环境影响的，应当及时提出改进措施

续表

名称	特性	决策（规划）	执行	审批	实施	监督
《中华人民共和国海岛保护法》	• 国务院海洋主管部门会同本级人民政府有关部门、军事机关，依据国民经济和社会发展规划、全国海洋功能区划，组织编制全国海岛保护规划，报国务院审批。 • 全国海岛保护规划应当与全国城镇体系规划和全国土地利用总体规划相衔接	• 国务院海洋主管部门和国务院其他有关部门依照职责分工，负责全国有居民海岛及其周边海域生态保护工作。 • 沿海县级以上地方人民政府海洋主管部门和其他有关部门按照各自的职责，负责本行政区域内有居民海岛及其周边海域生态保护工作	• 国务院海洋主管部门负责全国无居民海岛保护和开发利用的管理工作。 • 沿海县级以上地方人民政府负责本行政区域内无居民海岛保护和开发利用管理的有关工作。 • 沿海直辖市人民政府组织编制的城市总体规划，应当包括本行政区域内海岛保护专项规划	• 依据全国海岛保护规划、省域城镇体系规划和省、自治区土地利用总体规划，组织编制省域海岛保护规划，报省、自治区人民政府审批，并报国务院备案	• 国家实行海岛保护规划制度。 • 禁止改变自然保护区内海岛的海岸线。 • 国家安排海岛保护专项资金。 • 依法进行环境影响评价。 • 划定禁止开发、限制开发区域。 • 依法批准设立海洋自然保护区或者海洋特别保护区	• 任何单位和个人都有遵守海岛保护法律的义务，并有权向海洋主管部门或者其他有关部门保护法举报违反海岛保护法律、破坏海岛生态的行为

续表

名称	特性	决策（规划）	审批	执行	实施	监督
《中华人民共和国旅游法》	• 国务院和省、自治区、直辖市人民政府以及旅游资源丰富的设区的市和县级人民政府，应当按照国民经济和社会发展规划的要求，组织编制旅游发展规划。 • 对跨行政区域且适宜进行整体利用的旅游资源进行利用时，应当由上级人民政府组织编制或者由相关地方人民政府协商编制统一的旅游发展规划。 • 旅游业发展规划应当包括旅游业发展的总体要求和发展目标，旅游资源保护和利用的要求和措施，以及旅游产品开发、旅游服务质量提升、旅游文化建设和旅游形象推广、旅游基础设施和公共服务设施建设的要求和促进措施等内容。 • 县级以上地方人民政府可以编制重点旅游资源开发利用的专项规划，对特定区域内的旅游项目、设施和服务功能配套提出专门要求	• 国务院和县级以上地方人民政府应当将旅游业发展纳入国民经济和社会发展规划。 • 旅游发展规划应当与土地利用总体规划、城乡规划、环境保护规划以及其他自然资源和文物等资源保护和利用规划相衔接。 • 各级人民政府编制土地利用总体规划、城乡规划，应当充分考虑相关旅游项目、设施的空间布局和建设用地和建设用地交通、供水、供电、通信等基础设施和公共服务设施，应当兼顾旅游发展的需要。 • 景区，是指为旅游者提供游览服务、有明确的管理的场所或者界限区域		• 对自然资源和文物等人文资源进行旅游利用，必须严格遵守有关法律、法规的规定，符合资源、生态保护和文物安全的要求，尊重和维护当地传统文化和习俗，维护文化遗产的区域整体性和地域特殊性，并考虑军事设施保护的需要。 • 有关主管部门应当加强对资源保护和旅游利用状况的监督检查	一	• 各级人民政府应当组织对本级旅游发展规划编制的旅游规划的执行情况进行评估，并向社会公布。 • 县级以上人民政府有关部门，在履行监督检查职责中或者在处理举报、投诉时，发现违反本法规定的行为的，应当依法及时作出处理；对不属于本部门职责范围的事项，应当及时书面通知并移交有关部门处理

续表

名称	特性	决策（规划）	执行	审批	实施	监督
《中华人民共和国防洪法》	• 防洪工程设施建设，应当纳入国民经济和社会发展计划。 • 防洪规划应当服从所在流域、区域的综合规划；区域防洪规划应当服从所在流域的防洪规划。 • 编制防洪规划，应当遵循确保重点、兼顾一般，以防为主、防治结合，工程措施和非工程措施相结合，蓄泄兼施，充分考虑洪涝规律和上下游、左右岸的关系以及防洪和国民经济其他方面的关系，并与国土规划和土地利用总体规划相协调。	• 防洪费用按照政府投入同受益者合理承担相结合的原则筹集。 • 开发利用和保护水资源，应当服从防洪总体安排，实行兴利与除害相结合的原则。 • 江河、湖泊治理以及防洪工程设施建设，应当符合流域综合规划，与流域水资源的综合开发相结合。 • 国家确定的重要江河、湖泊的防洪规划，由国务院水行政主管部门依据该江河、湖泊的流域综合规划，会同有关部门和有关省、自治区、直辖市人民政府批准。 • 其他江河、河段、湖泊的防洪规划或者区域防洪规划，由县级以上地方人民政府水行政主管部门分别依据流域综合规划、区域综合规划和有关的防洪规划编制，报本级人民政府批准，并报上一级人民政府水行政主管部门备案	• 防洪工作按照流域或者区域实行统一规划、分级实施和流域管理与行政区域管理相结合的制度。 • 国务院建设行政主管部门和其他有关部门在国务院的领导下，按照各自的职责，负责有关的防洪工作。 • 县级以上地方人民政府水行政主管部门在本级人民政府的领导下，负责本行政区域内防洪的组织、协调、监督、指导等日常工作。县级以上地方人民政府其他有关部门在本级人民政府的领导下，按照各自的职责，负责有关的防洪工作。 • 禁止在河道、湖泊管理范围内建设妨碍行洪的建筑物、构筑物，倾倒垃圾、渣土，从事影响河势稳定、危害河岸堤防安全和其他妨碍河道行洪的活动	• 修改防洪规划，应当报经原批准机关批准。 • 防洪规划确定的河道整治计划用地和规划建设的堤防用地范围内的土地，经土地管理部门和有关河道管理机构会同有关地区县级以上人民政府按照国务院规定的权限批准后，可以划定为规划保留区；该规划保留区范围内的土地涉及其他土地利用项目的，有关土地管理部门和有关河道管理机构审核后，应当征得有关部门同意。 • 规划保留区依照前款规定确定后，不得建设与防洪工程设施无关的工矿工程设施；在特殊情况下，国家工矿建设项目确需占用前款规定的规划保留区范围内的土地的，应当按照国家基本建设程序报请审批，并征得有关水行政主管部门的意见	• 国务院水行政主管部门负责全国防洪的组织、协调、监督、指导等日常工作。 • 国务院水行政主管部门在所管辖的范围内行使法律、行政法规规定的和国务院水行政主管部门授权的防洪协调和监督管理职责。 • 国家确定的重要江河的规划治导线由流域管理机构拟定，报国务院水行政主管部门批准。 • 其他江河、河段的规划治导线由县级以上地方人民政府水行政主管部门拟定，报本级人民政府批准；跨省、自治区、直辖市的江河、河段和省、自治区、直辖市之间的省界河道的规划治导线，由有关流域管理机构组织有关省、自治区、直辖市人民政府水行政主管部门拟定，经有关省、自治区、直辖市人民政府审查提出意见后，报国务院水行政主管部门批准	—

续表

名称	特性	决策（规划）	执行	审批	实施	监督
《中华人民共和国防洪法》	—	• 跨省、自治区、直辖市的江河、河段、湖泊的防洪规划由有关流域管理机构会同江河、河段、湖泊所在地的省、自治区、直辖市人民政府水行政主管部门、有关主管部门拟定，分别经有关省、自治区、直辖市人民政府审查提出意见后，报国务院水行政主管部门批准。 • 城市防洪规划，由城市人民政府组织水行政主管部门和其他有关部门，依据流域防洪规划、上一级人民政府区域防洪规划编制，按照国务院规定的审批程序批准后纳入城市总体规划。 • 防洪规划应当确定防护对象、治理目标和任务、防洪措施和实施方案，划定洪泛区、蓄滞洪区和防洪保护区的范围，规定蓄滞洪区的使用原则	• 禁止围湖造地。已经围垦的，应当按照国家规定的防洪标准进行治理，有计划地退地还湖。 • 在洪泛区、蓄滞洪区内建设非防洪建设项目，应当就洪水对建设项目可能产生的影响和建设项目对防洪可能产生的影响作出评价，编制洪水影响评价报告，提出防御措施。建设项目可行性研究报告按照国家规定的基本建设程序报请批准时，应当附具有关水行政主管部门审查批准的洪水影响评价报告	• 防洪规划确定的人工扩大或者开辟的人工排洪道用地范围内的土地，经省级以上人民政府土地行政主管部门和水行政主管部门会同有关地区核定，报省级以上人民政府批准后，可以划定为防洪规划保留区，适用前款规定。 • 前款工程设施需要占用河道、湖泊管理范围内土地，跨越河道、湖泊空间或者穿越河床的，建设单位应当经有关水行政主管部门对该工程设施建设的位置和界限审查批准后，方可依法办理开工手续；安排施工时，应当按照水行政主管部门审查批准的位置和界限进行	• 禁止围垦河道。确需围垦的，应当进行科学论证，经水行政主管部门确认不妨碍行洪，输水后，报省级以上人民政府批准。 • 各级人民政府应当按照防洪规划对防洪区内的土地利用实行分区管理。 • 属于国家所有的防洪工程设施，应当按照经批准的设计，在竣工验收前由县级以上人民政府按照国家规定，划定管理和保护范围。 • 属于集体所有的防洪工程设施，应当按照省、自治区、直辖市人民政府的规定，划定保护范围。 • 在防洪工程设施保护范围内，禁止进行爆破、打井、采石、取土等危害工程设施安全的活动	

续表

名称	特性	决策（规划）	执行	审批	实施	监督
《中华人民共和国防震减灾法》	·国务院地震工作主管部门和县级以上地方人民政府负责管理的部门或者国务院有关部门，按照各自职责规定定地震观测环境保护范围，并纳入土地利用总体规划和城乡规划	·国务院地震工作主管部门会同国务院有关部门组织编制国家防震减灾规划，报国务院批准后组织实施。 ·县级以上地方人民政府负责管理地震工作的部门或者机构会同本级有关部门，根据上一级防震减灾规划和本行政区域的实际情况，组织编制本行政区域的防震减灾规划，报本级人民政府批准后组织实施，并报上一级人民政府负责管理地震工作的部门或者机构备案	·对地震观测环境保护范围内的建设工程项目，城乡规划主管部门在依法核发选址意见书时，应当征求负责管理地震工作的部门或者机构的意见；不需要核发选址意见书的，城乡规划主管部门在依法核发建设用地规划许可证时，或者核发乡村建设规划许可证时，应当征求负责管理地震工作的部门或者机构的意见。 ·实施过渡性安置应当尽量利用现有设施，实施过渡性安置用地，并避免对自然保护区以及生态脆弱区域造成破坏。过渡性安置用地按照临时用地安排，可以先行使用土地，事后依法办理有关用地手续；到期未复垦为水久性用地的，应当复垦后交还原土地使用者。 ·编制地震灾后恢复重建规划，应当征求有关部门、单位、专家和公众特别是地震灾区受灾群众的意见；重大事项应当组织有关专家进行专题论证		·国务院地震工作主管部门负责制定全国地震烈度区划图或者地震动参数区划图。 ·国家鼓励城市人民政府组织制定地震小区划图由国务院地震工作主管部门负责审定。	

过程中发现同样的一段岸线在交通管理部门定位为运输港口,而在城乡规划管理部门定位为生活岸线。目前这种部门单独管理带来的问题还有许多,逐渐稀缺的空间资源与可持续发展问题使得国土的全领域综合规划显得愈发重要。

中央政府早已意识到全域空间规划的重要性,2010 年颁布实施了《全国主体功能区规划》,2013 年 12 月 12 日—13 日举行了中央城镇工作会议,2014 年又颁布了《国家新型城镇化规划(2014—2020 年)》,进一步明确了优化城市发展结构并且划定城市增长发展边界是健康城镇化的基本要求等全域规划概念。但从《全国主体功能区规划》等以往全域规划的实施效果来看并不理想,主要原因是缺乏与之相对应的法律制度保障其顺利实施。在城市空间增长过程中,因为涉及的各种不同的空间资源会带来名目众多的行政许可和行政审批,自然地会形成部门和地方利益,如果没有跨区域、跨部门的以空间资源整体作为对象的基础性法律,很难突破条块分割、各自为政的管理困境。

5.1.2.2 缺乏对于规划的决策权、执行权和监督权的具体考量

现行的法律体系针对规则立法方面也存在着一些问题。针对规则的立法,包括对于决策权的立法、执行权的立法和监督权的立法。

目前,对于城市空间治理的决策权缺乏明确的法律条文对权责进行分配,即缺乏法定的、权责统一的行政主体。而根据《中华人民共和国宪法》,城市政府实行行政首长负责制,即市长负责制。市长拥有最后决定的权力,并由市长对市人大负法律责任,对上级人民政府负行政责任。在这种情况下,城市空间治理的决策难免会变成“市长决策”。

在执行权方面,由于参与行政的主体众多,所涉及的相关法律的主要问题集中体现在对各部门的权力划分及衔接方面,如《中华人民共和国城乡规划法》和《中华人民共和国土地管理法》在各自规划编制中对土地用途的衔接等。

在监督权方面,法律体系的不完善体现在缺乏相应的法律条文明确城市空间治理的监督主体,而根据现行《中华人民共和国各级人民代表大会常务委员会监督法》,其并没有明确人大常委会对于城市空间治理的监督权。另外,关于人大常委会监督权力的分配,现行的《中华人民共和国地方各级人民代表大会和地方各级人民政府组织法》中缺乏相关法律条文进行明确,导致现行的人大常委会委员构成不能完全反映政府力量、市场力量、社会力量在发展中的代表性,从而导致监督权执行的不利。

5.1.2.3 以行政许可为基础的现行执行体系

现行城市空间治理的执行权,主要涉及发改部门、土地部门、规划部门和建设部门。同时,环保、交通、财政、税务等部门的行政行为也会对城市空间治理的执行造成影响。

发改部门、土地部门、规划部门和建设部门的行政行为侧重在对建设项目的管理上。发改部门主要负责项目的立项审批及土地资源的分配;土地部门侧重于对国有土地使用权出让的管理;规划部门重点审核设计方案的合理性;建设部门负责管理项目的施工建设。而在中国,根据建设项目类型的不同,项目建设前期所需要进行的评价也各不相同,涉及部门包括环保、交通、水利等众多部门。这些部门通过对建设项目的前期评价审批来影响城市的空间治理。

另外,财政杠杆及税收杠杆也是影响城市空间治理的重要因素。财政拨款与税收制度在空间上的倾斜都会对城市的空间治理带来极大的影响。这些部门主要通过各种行政许可和行政审批对城市空间规划和建设做出行政管理行为,种类繁多的各类行政许可是各管理部门的利益之一。

5.1.3　城市空间治理法律制度的完善途径

5.1.3.1　加强关于决策主体及程序的立法

推进科学决策,建立现代化的国家治理体系,需要相关法律给予空间管理明确的定位及事权划分。要从根本上改变"精英决策"对于城市空间治理不利的影响,需要从法律层面界定城市空间治理的决策主体。通过法律条文,为建立并赋予相关机构城市空间治理决策权提供明确的法理基础。在机构人员的协作方面,通过相关法律条文的实施,保障政府力量、市场力量及社会力量的协调。另外,还需通过相关法律条文的规定,提高决策过程的透明度,为社会监督及舆论监督提供条件。

任何人为强行打破或超越自然秩序的思维和行为,都是对决策活动内在规律的否定,其后果就表现为决策失误。中国城市空间治理决策中的主要问题是程序的缺失、程序的不合理以及不遵从程序,这是很多重大决策失误的根源。实践已经反复证明,决策程序是实现决策目标的必要条件。由于城市空间治理决策的后果具有政治性、社会性、长远性和不可逆性,故遵从科学的决策程序的重要意义就显得尤为重要。

行政程序立法是现代立法的特色。程序性立法的目的在于规范行政行为,鼓励并吸纳公众参与,体现行政的公平、公正、公开。各国相关法律针对不同的行政行为提出相应的规范,有的甚至对程序中的每一步都进行详细的规定,不依据有关程序的行政活动就属于违法活动。有关程序性的规定,有些国家写入规划法,如日本的 1968 年《城市规划法》;也有的在专项法或从属法规中加以规定,如《新加坡总体规划草案(2019)》。

在中国现行的法律法规中,虽然已有一些关于行政程序的法律规范,但仅局限在行政诉讼和行政处罚等极少数领域;就整体而言,行政程序的立法滞后,很多行政行为的程序没有法律化。已完成法律化的程序都或多或少地存在程序不完整、相互脱节、手续烦琐、互相冲突等问题。目前城市空间治理决策失误在很大程度上也是由于决策的非程序化造成的,"拍脑袋"式的决策现象时有发生。行政程序立法越不完善,给违法决策行为和不良决策留下的空间就越大。因此,加强城市空间治理决策过程中的程序立法,是体现决策过程公平、公正、公开的有效途径,从而有效地避免"暗箱操作",对提高行政效率、监督城市空间治理行政机关的行为,防止失职、越权、滥用职权以及腐败现象的发生都有重要作用。

应当根据不同的决策事项层次、决策机构,设定合理的决策程序并予以法定化。程序设定的原则应当有利于决策的科学化和民主化,有利于及时准确地决策,有利于决策的监督和执行。比如,对于宏观层次的规划决策应当兼顾各个方面,在问题设定、方案备选阶段就应设置得细致一些;对于一些微观层次的决策则可能更注重现状的调查与研究及决策实施等问题。总之,要通过制定完善的程序法来规范一个合法规划完成的过程,以达到城市空间治理合理、科学、可操作的目的❶。

5.1.3.2　研究制定国土空间规划法和相关配套条例规范

要从根本上改变当前空间规划的决策、执行、监督部门分割,目标混乱的问题,必须从立法入手。在国务院各部委主导制定的《中华人民共和国土地管理法》《中华人民共和国城乡规划法》等法律之上,制定国土空间规划法统一国家空间资源的管理。

建议在该法内明确界定国家空间规划决策体系,设立国家空间规划委员会;明确界定国家空间规划执行体系,整合分属于国务院各部委的国家空间规划行政职能;明确界定国家空间规划监督体系,构建多元制衡的监督机制。

规范和完善的空间管理需要相关配套的法律法规,包括核心法、行政法规、部门规章、地方法规、技术法规五个部分。依据法律规范各个部分的事权,通过不同的内容和侧重点,充分发挥不同的作用以形成合力,只有这样才能保证空间规划工作依法行政的科学性和严肃性。

5.1.3.3　调整现行部门单行法,明确各部门事权

当前城市空间治理各相关部门之间的关系问题,实际上是相关单行法律与法理基础的定位关系问题,这使得在管理过程中相关部门的部门利益与职能产生交叉。而法律是根据相关管理中存在的实际性问题而制定的,对其关系界定不够清晰。所以,部门之间相互推诿的原因在于相关单行法律之间的不协调。要从法律的高度来解决部门之间职能交叉甚至是争权的问题,避免出现"政府权力部门化、部门利益个人化以及审批方式复杂化、获利途径审批化"的倾向。

---

❶　杨梅.城乡规划法施行后城市规划决策优化途径研究[D].济南:山东大学,2009.

在市场经济条件下,经济活动主体多元化,政府制定的发展目标要求具有较大的弹性空间,因为它是对市场活动的一种预期和引导,它可以让政府根据市场状况对目标进行灵活的调整修改,处理市场中出现的新问题、新状况。"发展规划"调整的社会经济发展目标具有的战略性、弹性、动态性,决定了其难以用法律的形式固定下来。由此,综合性强的"发展规划"属于战略性规划,其法律的强制地位较低。市场经济下"城乡规划"管理的核心是以空间利益为基础形成的物权关系。它必须通过一套社会公认的空间利用准则,用契约的形式固定下来,并且用法律的强制力确保实施过程中被遵循。因此,作为公共政策的城市空间治理是具有稳定性、约束性和广泛认可性的,具有很高的法律地位。"土地规划"以对地方政府使用土地权力的限制来保障中央宏观经济的调控能力。通过《中华人民共和国土地管理法》和土地规划,清晰界定各级政府对土地管理的公权范围,并建立一套强有力的法律监管体系来确保遵守用地规划,具有强制的行政效力和严肃的法律地位。

　　首先,在拟颁布的国土空间规划法的基础上进一步调整有关三大行政管理部门主要职能的法律。国家层面形成以"发展规划"为主导、城镇体系规划和国土资源规划为补充的战略层面规划,强调规划的时效性、引导性、政策性。地方层面的"发展规划"属战略规划,发挥弹性引导作用;"城乡规划"和"土地规划"是法定规划,强调其刚性地位。其次,补充完善《中华人民共和国城乡规划法》《中华人民共和国土地管理法》中关于"三规协调"关系的表述,在原有强调"发展规划是城乡规划和土地规划依据""城乡规划和土地规划相协调"的基础上,补充"发展规划也要与城乡规划相协调""发展规划和城乡规划所制定的城市建设范围,应该符合土地利用规划"的条文。在法律层面,明确"三规"间的平衡协作关系,保障"三规"协调发展。

　　在制定"发展规划",确定本级社会经济发展总目标和分目标的基础上,各级政府采取城市空间治理的手段来落实社会管理和经济建设等建设内容;中央政府利用"土地规划"来调控各级的"城乡规划"和"发展规划",而上级政府则通过"土地规划"的实施来监督下级政府的实施行为❶。

　　另外,在部门事权划分方面,需要通过法律条文明确发改、规划、建设等部门的行政权限为地方事权,如发展规划、城市空间治理等相关规划的编制及实施管理,具体由地方负责,上级政府负责监督;土地部门、水务部门等不可再生资源的直接管理部门,属于国家事权。以土地规划为例,它的编制和实施管理由中央政府主导,各级政府负责,实行垂直管理的方式,自上而下地进行编制、实施和监督。

5.1.3.4　补充完善人大组织法及相关地方性法规,优化监督权的配置

　　监督权方面,需要从完善《中华人民共和国全国人民代表大会组织会》入手,通

---

　　❶　郭耀武,胡华颖."三规合一"？还是应"三规和谐"——对发展规划、城乡规划、土地规划的制度思考[J].广东经济,2010(1):33-38.

过法律条文的规定明确人大及常委会内部关于决策权的分配。积极促使政府力量、市场力量及社会力量的代表者平等地参与监督权的分配中。改善目前监督的弱势地位,加强对于城市空间治理各方面工作的监督。

由于中国各地发展阶段的不同形成了不同的发展局面,导致各地方发展差距较大,因此,对于监督权的分配,不应一刀切式地直接规定其固定比例。应发挥地方立法权的优势,由省、自治区、直辖市人民代表大会和具有立法权的城市制定分配监督权的地方法规。这些城市的资源、地理环境、经济与社会发展、人口分布以及文化背景具有自身的特殊性,该层面行政管理承上启下的作用相当重要,决定了其法制建设的关键性和重要性。地方法规涵盖的内容必须包括各个方面,并且必须有相当强的可操作性,以便成为市场经济条件下的城市空间治理工作法制化的基础依据。

5.2 空间治理决策制度的变革

5.2.1 官方主导的多元决策体系现状

在管理学上,决策的主体可以是个体或者个体的集合。计划经济时代,城市空间增长的决策主体是单纯的行政主管部门。随着土地市场的开放,土地使用权从土地所有权中分离而进入市场流通,城市空间治理趋向复杂化,相应的管理部门设置逐渐细化,决策成为一个需要多部门参与的行政过程。另外,随着"人本主义"思想的传播及"公众参与"逐步受到重视,市场利益集团、公众及部分社会组织成立并参与规划决策过程中。城市空间治理有了多元化的决策主体,主要包括两大类型:官方决策者和非官方的决策参与者。

1. 官方决策者

官方决策者是指具有合法权威进行决策的人。决策人员可分为主要决策人员和辅助决策人员。主要决策人员直接拥有宪法赋予的行动权威,而辅助决策人员必须从主要决策人员那里获得行动权威。就中国目前城市空间治理的决策主体来说,政府首长和部门领导是当然的主要决策主体之一,其决策权来源于法律法规的授予❶。

涉及城市空间治理的官方决策者按其作用于城市空间治理的方式可以分为直接作用决策者和间接作用决策者,城市空间治理决策权分配示意图如图 5.1 所示。直接作用决策者主要有规划部门、土地部门、计划部门、建设部门、环保部门、交通

---

❶ 杨梅.城乡规划法施行后城市规划决策优化途径研究[D].济南:山东大学,2009.

部门等,他们通过直接的行政决策影响城市的空间增长,如计划部门通过项目立项决策、土地部门通过对国有土地出让决策、环保部门通过环境评估报告决策来直接影响城市空间的增长;间接作用决策者主要包括财政部门、税务部门等,其决策对于城市空间增长的影响是通过其行政行为的间接效果体现的,如财政部门通过财政拨款的调整、税务部门通过税收政策的倾斜,间接地引导城市空间的增长。

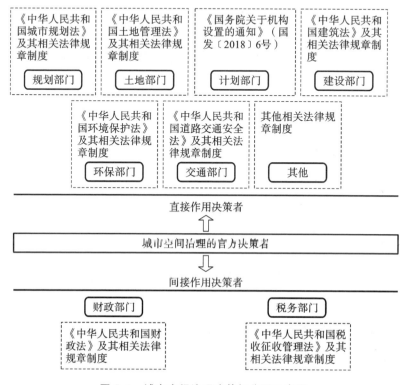

图 5.1　城市空间治理决策权分配示意图

2. 非官方的决策参与者

除了官方的决策者之外,还有许多人参与了决策过程,这些参与者包括相关利益集团、非政府组织、专家和公众。之所以把他们称为非官方的决策参与者,是因为不管他们多么重要或处于何种地位,他们通常都不具有合法的权力去做出具有强制力的决定,而只能通过资本、社会舆论等手段对决策过程产生影响。

在市场经济下,控制了资源(资金、技术、人才)的各利益集团由于有了利益诉求而参与城市空间治理的决策。理论上说他们并不具备进行决策的条件和能力,但事实上,由于一部分规划建设方案需要他们去实施,需要其通过资本运作积极地参与规划建设,因此也能参与决策。所以,从这个方面来看,利益集团的决策权是用金钱买来的。

公众作为城市空间的最多数使用者,其利益诉求更能代表城市空间治理的需求。在城市空间治理方面,他们本该是重要的决策主体,但由于他们的力量非常有限,至今这个群体还没有很多表达自身意愿的机会。在西方国家,非政府组织和社区是公众参与规划决策的两种主要组织形式。由于中国市民社会才起步,公众自身的参与意识不强,公众参与规划决策的途径没有完善,并且缺乏相应的法律法规以及制度的保障,中国的非政府组织和社区的力量非常单薄,因此从目前的情况来看,公众参与大多流于形式,面对现实问题并没有起到实质性的作用。

应当注意到的是,按照中国现行的规划相关的法律法规,只有领导者才拥有合法的规划决策权,其他相关主体的规划决策权都不是法律授予的。按照《中华人民共和国中央人民政府组织法》的规定,城市政府实行行政首长负责制,即市长负责制,市长拥有最后决定的权力,并由市长对市人大负法律责任,对上级人民政府负行政责任。从这个意义上说,市长拥有城市空间治理的最后决策权。为领导者服务的专家也是决策参与者之一,但并不是所有的专家都可以成为决策主体,只有那些因水平、经验、资历、威望等原因受聘而进行顾问咨询的专家才能成为决策主体之一,通常是通过专家评审会或技术审查会的形式来反映他们的评判,行使投票权和表决权。专家的决策权不是天然的,是由政府或规划行政主管部门授权或委托行使的❶。

5.2.2 现行城市空间治理决策制度的主要问题

5.2.2.1 政治精英决策的基本模式

系统论认为,缺乏使得决策发生的环境,决策的形成过程就不能被很好地研究。政策运行的环境相当重要,政策产生于环境并且由环境传到政治系统。反过来看,环境限制和制约着决策者的行动。城市空间增长决策与国家的政治经济体制、文化习俗、经济条件以及政策倾向联系十分紧密,它不仅是一个专业方面的问题,更是一个制度上的问题。

根据管理学原理,要使决策自然公正有两个基本准则:一是在与自己相关的案件中,任何相关人都不能当法官;二是所有利害关系人都拥有为自身利益辩护的权利。第一点是针对决策中的决定权,为了避免决策者因为追求自身利益而做出不公正的决策;第二点是针对决策中的参与权,为了保证所有相关利害人参与的机会与权利,从而维护相关利害人的正当利益。在现行的中国城市空间治理体系之中,政府与行政机关作为决策实施主体,与城市空间治理方案有方方面面的政治和利益上的联系,但同时也担负着决策的职能。由此看来,它违反了自然公正原理的基

---

❶ 杨梅.城乡规划法施行后城市规划决策优化途径研究[D].济南:山东大学,2009.

本准则与一般管理科学中决策与实施分权制衡的原则。同时,中国的政府及其职能部门均实行首长负责制,管理决策实质上是首长个人决策,更降低了决策的科学性,导致规划变成了对"领导一句话"的阐述与解释。

中国中央电视台的《新闻1+1》栏目中曾经曝光过郑州"短命"天桥。2010 年 2 月 9 日建成的郑州黄河路文化路人行天桥,到 2015 年 3 月 25 日,桥墩已被写上了大大的"拆"字。短短 5 年,可以说还是新建的人行天桥却要被拆除,郑州市建委公开信息表示:高架桥造价为 854 万元,市民惊讶于它的短命。有关部门回复:2009 年方案设计的时候,规划的地铁 5 号线并不沿着黄河路敷设,二者并不矛盾。郑州市在 2012 年对地铁线网进行加密优化,对原有的规划进行了修改,重新确定了 5 号线,并且要建立 5 号线与 7 号线换乘站。原有的地铁线路规划修改导致建设冲突。节目中专家指出:①新建的天桥不应该这么短命;②城市建设变化速度快,当时的线网规划没有估计到,也可能和周边人口、设施改变有关;③决策和执行部门的政策可能并无连续性;④规划决策"拍脑袋"可能出现问题,另外应与市民沟通;⑤规划评估的科学性问题。

美国学者詹姆斯·E·安德森认为,不同的国家公共政策和决策的不同,至少一部分原因可以用政治文化的不同来解释。政治文化影响着政治行为、共同价值、信念和态度,为决策者与公民的行动提供依据,并引导或限制着这种行动。新中国成立后,中国建立了社会主义的国家制度,实行的是计划经济体制。虽然宪法规定了一切权力属于人民,但由于中国市民社会远未形成,公众参政议政的能力很低,政府代表人民行使管理国家的权力,实行的是行政领导负责制,由此产生了政治精英式的决策模式。

改革开放以来,中国建立的市场经济体制代替了以公有制为基础的高度集中的计划经济体制,经济体制的转变适应了社会发展规律,极大地促进了中国社会各方面的发展与进步。体制改革改变了投资主体单一的局面,形成了多元化、多层次的融资渠道,城市建设速度明显加快。这种投资主体的多元化带来了利益主体和决策主体的多元化,在对有限的自然、社会资源进行竞争的情况下,利益主体的多元化导致了各团体之间的利益冲突,城市发展的不确定性也日益加强。全球化趋势的影响、城市化进程的高速发展更加剧了这种不确定性❶。因此,建立独立于行政执行体系之外并与之平行的、具有法定地位的群体决策机构势在必行❷。

5.2.2.2　城市规划委员会制度的发展困境

目前的城市空间治理正处于由个体决策向群体决策转型的过程。在中国大中

---

❶　杨梅.城乡规划法施行后城市规划决策优化途径研究[D].济南:山东大学,2009.

❷　王兴平.城市规划委员会制度研究[J].规划师,2001(4):34-37.

城市,城市规划委员会制度已经逐渐普及,成为地方城市空间治理决策的重要力量。

由政府与其职能部门的首长和领导决策向城市空间规划委员会集体决策的转变,可以发挥集体审议和决断的综合优势,使得决策更加科学与民主,避免产生在城市空间治理行政执行部门中权力过于集中的问题,还可以促使分权制衡机制在规划行业内部形成,降低各种不当行政行为产生的可能性。各个利益代表都有公平参与决策的机会,使城市空间治理决策更加公正,并且更容易获得社会各界的理解;便于实施的基础委员会体制的协商功能可以使得各部门在政策、计划等方面更好地协调,从而有效地降低各部门在城市空间治理事务上的矛盾;集中行使分散在不同职能部门的城市空间治理决策职权,可以使城市空间治理决策的权威性增强,并且使城市空间治理职能部门在规划事务职权上的不足得到弥补❶。

目前,城市规划委员会制度在市级城市空间治理审批决策领域逐步被建立起来,预期将过去行政首长个人决策的方式转变为城市空间规划委员会集体决策的方式。实际上,虽被称为"城市空间规划委员会",但这类机构形式多样、功能各异,总结起来,有咨询协调型、法定审议型和法定决策型三种基本类型。

咨询协调型。它是一种非法定性的机构,中国大多数城市的规划委员会是这种类型,如南京等城市。它的组成人员有市政府聘请的专家与相关专业领导。它的决议与对行政决策的参考意见,在对城市空间治理事务的干预能力方面是最弱的,主要作用是在重大城市空间治理与建设决策层面提供相关的咨询(审议)与顾问。

法定审议型。它在地方性的法规中作为一种法定组织,在政府的行政序列中有明确的程序,它的审议意见可以对政府的决策产生较大的影响,主要是对重大城市空间治理和重大事务的决策产生影响,但终审权仍由市人民政府和规划层面主管部门掌握,对应城市有武汉和厦门等。

法定决策型。这种类型的城市规划委员会是依法设置的,不仅对需由上级部门批准的规划事务具有批准前的审议职能,对很多城市空间治理事务也有相关的审批职能。它的管理决策能力较强,不仅可以提出参谋意见,而且能代替政府做出决策,其性质表现为法定的决策机构。例如对法定图则具有决策权的深圳市规划委员会❷。规划委员会制度发展至今,其集体决策的实际影响力有限,除了深圳、广州、上海等城市之外,多数城市的规划委员会制度还有待进一步发展。国内外部分城市的规划委员会制度见表5.2。

---

❶ 中国城市规划学会.规划50年:2006中国城市规划年会论文集[C].北京:中国建筑工业出版社,2006:275-281.

❷ 郭素君.对深圳市规划委员会身份的认识及评价[C]//中国城市规划学会.规划50年:2006中国城市规划年会论文集.北京:中国建筑工业出版社,2006:275-281.

表 5.2　国内外部分城市的规划委员会制度

	深圳	武汉	厦门	上海	南京	香港	纽约（美国）
机构性质	法定非常设非官方机构	法定非常设非官方机构	法定非常设非官方机构	法定非常设官方机构	非法定非常设机构	法定非常设非官方机构	法定常设非官方机构
是否有决策权（控规层面）	审批权（终审权）	审议权	审议权	审议权	无	审议（其终审由行政长官和立法会共同决定）	审议（其终审权在议会）
人员构成	公务员、专家、社会人士	公务员委员和专家委员	公务员、专家和社会人士（非公务员不少于 1/2）	公务员委员和专家委员	公务员为主	政府部门负责人、官员、专家、社会人士	市长任命规委会主席和 6 名成员，每个自治区（共 5 个行政区）各选 1 名代表，公众提议 1 名
主要功能	决策＋咨询	审议＋咨询	审议＋咨询	协调＋咨询	咨询机构	审议＋咨询	立法咨询
决策方式	2/3 以上多数表决通过	会议作出的决策必须获得与会委员 2/3 以上同意	半数通过审议，作为审议和决策的主要依据	讨论后主任决定	—	1/2 以上多数表决通过	—
下属机构	发展策略委员会、法定图则委员会、建筑与环境委员会	常务委员会、控规、法定图则委员会、专家咨询委员会	发展委员会、图则委员会、建筑委员会与环境委员会	专家委员会（3 个）	—	都会计划小组委员会和乡郊及新市镇规划小组委员会	—
工作机构	秘书处	办公室	办公室	办公室	—	秘书处	—

续表

	深圳	武汉	厦门	上海	南京	香港	纽约（美国）
办公机构地址	规划局	规划局	规划局	规划局	—	规划署	—
会期	全体会议每季度1次，各专业委员会根据需要不定期召开	全体会议每年2次，常务委员会每月1次，其他专业委员会不定期召开	每季度	不定期	—	每个月第2个星期五举行	—
经费来源	无独立经费	—	政府拨款	独立经费	无独立经费	独立经费	政府拨款
主要负责人	市长	市长	市长	市长		房屋及规划地政局常任秘书长	—
工作机构负责人	规划局长	规划局长	规划局长	规划局长	—	规划署副署长	—
成员数量	29人（14名公务员，15名非公务员）	51人（31名公务员，20名专家）	19人（8名公务员，11名非公务员）	约12人（均为行政领导）	—	40人（33名非官方成员）	纽约为13人
成员产生	政府任命和聘用	政府任命和聘用	政府任命	政府任命	—	政府任命和聘用	城市行政长官提名，立法机构批准
任期	5年	5年	5年	—	—	1~2年	5年

（来源：王兴平. 城市规划委员会制度研究[J]. 规划师，2001（4）：34-37. ）

1．决策的中心化

由于中国政治体制的影响,规划的最终审批决策权由政府与城市规划主管部门掌握。政府作为一种社会组织,是进行集体决策、组织公共选择的基本形式,以向社会提供公共服务和组织"生产""供给"等公共物品为基本职能,是唯一代表社会全体成员的公共利益并合法垄断了强制力的政治组织。

一些地方的市民无法参与城市空间治理决策,市民意志不能反映到城市空间治理决策中来,这是由于这些地方的城市空间治理的最终决策权集中在政府领导手里,并且行政决策过程中经常可以见到"一言堂"的现象。

2．决策过程的非程序化

在城市空间治理决策过程中,精英决策(这里的精英主要是指掌握城市空间治理决策权的权力精英)的主要特点就是决策的非程序化,这是由中国的权力精英决策模式决定的。决策的结果基本取决于权力精英在其中发挥的作用,尤其受到人格化权力结构的影响。决策的过程基本不会受到程序的约束,对决策影响最大的是领袖和权力精英的行为方式与人格因素。决策过程中的非程序性正是由于这种人格化的精英决策而被大大加重❶。

3．管理范围目前仍限于规划工作,缺乏对城市空间增长的统筹管理

目前城市规划委员会的职权范围还局限于城市空间治理领域,没有涉及城市空间增长相关的其他领域。而由于城市空间治理因素仅是城市空间增长中的影响要素之一,想要片面地通过城市空间治理实现对于城市空间增长的控制是远远不够的。因此,目前的规划委员会制度的效用,难以综合调控对城市空间增长的管理。

4．法定权力及性质不明确

目前,规划委员会的权力没有法律的明确规定,各地的规划委员会地位也各不相同。部分地区的规划委员会仅作为咨询协调机构,仅有咨询协调权,对于最终决策的影响力较小;部分地区的规划委员会通过地方性法规被赋予了规划委员会审批权,明确了其法律地位及权力。根据《中华人民共和国城乡规划法》,城市、县人民政府组织编制的总体规划,在报上一级人民政府审批前,应当先经本级人民代表大会常务委员会审议,常务委员会组成人员的审议意见交由本级人民政府研究处理。法律条文明确了人大常委会对于总体规划的审议权和上级人民政府对于总体规划的审批权。另外,《中华人民共和国城乡规划法》规定城市人民政府城乡规划主管部门根据城市总体规划的要求,组织编制城市的控制性详细规划,经本级人民政府批准后,报本级人民代表大会常务委员会和上一级人民政府备案,即控制性详细规划的审批权在本级政府手中。因此,通过地方性法规赋予规划委员会审批权与上位法律相冲突,其法律地位并不成立。此外,还有部分地区通过地方性法规赋

---

❶　杨梅.城乡规划法施行后城市规划决策优化途径研究[D].济南:山东大学,2009.

予规划委员会审议权,虽然最终审批权还在政府手中,但由于规划委员会在政府的行政序列中有明确的程序,在进行城市空间治理和相关的重大事务审议时,其审议意见对政府做出的决策影响依然很大。这种形式与上位法律并不冲突,有着合理的法律地位。但是,现行条件下,缺乏明确的法律条文支撑其审议权的实施、监督政府对于最终审议意见的采纳情况,规划委员会的实际审议权影响力较弱。

另外,对规划委员会的性质规定,规划委员会目前主要是隶属于政府部门的机构。由于其本身的定位是"隶属于政府的机构",意味着其决策过程就是"代政府"行政的过程,表现为行政决策的延伸,是带有官方性质的,决策带有浓重的政府色彩。

5.2.2.3 "三规分立"的决策冲突

在城市空间治理规划决策中,国民经济和社会发展规划、城乡规划及土地利用规划是最核心的内容,也是参与城市空间治理的各部门的重要行政依据。而在中国当前情况下,"三规分立"现象严重,造成了各部门之间决策与实施的条块分割。"三规"的地位及作用情况简表见表5.3。

表 5.3 "三规"的地位及作用情况简表

	类别	国民经济和社会发展规划	城乡规划	土地利用规划
管理	主管部门	发展改革部门	城乡规划部门	国土资源部门
	规划类别	经济综合规划	空间综合规划	空间专项规划
	规划特性	综合性	综合性	专项性
编制	编制依据	—	国民经济和社会发展规划	上层次土地利用规划
	主要内容	发展目标和项目规模	项目空间布局,建设时序安排	耕地保护范围、用地总量及年度指标
	编制方式	独立	独立	自上而下,统一
审批	审批机关	本级人大	上级政府	国务院,上级政府
	审查重点	发展速度和指标体系	人口与用地规模	耕地平衡和用地指标
	法律地位	—	《中华人民共和国城乡规划法》	《中华人民共和国土地管理法》
实施	实施力度	指导性	约束性	强制性
	实施计划	年度政府工作报告	近期建设规划	年度用地指标
	规划年限	一般5年	一般20年	10—15年
监督	监督机构	本级人大	上级政府、本级人大	国务院、上级政府
	实施评估	年度政府工作报告	规划修编	执法监察
	监测手段	统计数据	报告、检查	卫星、遥感

(来源:郭耀武,胡华颖."三规合一"?还是应"三规和谐"——对发展规划、城乡规划、土地规划的思考[J].广东经济,2010(1):33-38.)

1. 国民经济和社会发展规划

国民经济和社会发展规划由政府的发改部门(发展和改革委员会)负责编制及管理。发改部门根据中央确定的下一时期经济社会工作的总体要求、政策取向和工作重点,会同有关部门,在汇总分析各地和各部门报送的规划(草案)的基础上,对全国规划涉及的各个方面、各项指标,反复进行平衡衔接,并听取各方面的意见,最终拟订下一时期国民经济和社会发展规划(草案)。草案编制完成后,在每年全国人民代表大会召开之前,发改部门将草案报送全国人大财政经济委员会进行初步审查,而后提交至全国人大审议,经过进一步修改完善后,报国务院审定。由于国民经济和社会发展规划是对经济工作总体要求和宏观调控主要目标的预期,是党中央确定下一时期经济社会工作思路的重要依据。因此,国民经济和社会发展规划是最具战略宏观性的规划,是统领各专项规划的依据。

2. 城乡规划

根据《中华人民共和国城乡规划法》,城乡规划是以促进城乡经济、社会全面协调可持续发展为根本任务,以促进土地科学使用为基础,以促进人居环境根本改善为目的,涵盖城乡居民点的空间布局规划。城乡规划的编制以国民经济和社会发展规划及上位城镇体系规划为依据,对城乡土地空间资源进行合理分配。城乡规划的编制、审批主体及程序根据政府行政等级的不同而有所差异,但基本的原则是总体规划由本级政府组织编制,报同级人大(或常委会)审议,报上级政府审批;详细规划由规划主管部门组织编制,经本级政府审批后,报本级人民代表大会常务委员会和上一级人民政府备案。

3. 土地利用规划

我国土地利用规划体系按等级层次分为土地利用总体规划、土地利用详细规划和土地利用专项规划。根据《土地利用总体规划编制审查办法》,土地利用总体规划依法由各级人民政府组织编制,国土资源行政主管部门具体承办。国土资源行政主管部门会同有关部门编制本级土地利用总体规划,审查下级土地利用总体规划。土地利用总体规划是实行最严格土地管理制度的纲领性文件,是落实土地宏观调控和土地用途管制,规划城乡建设和统筹各项土地利用活动的重要依据。土地利用总体规划审查报批,分为土地利用总体规划大纲审查报批和土地利用总体规划审查报批两个阶段。土地利用总体规划大纲经本级人民政府审查同意后,逐级上报审批机关同级的国土资源行政主管部门审查。土地利用总体规划大纲通过审查后,有关国土资源行政主管部门应当依据审查通过的土地利用总体规划大纲,编制土地利用总体规划。土地利用总体规划按照下级规划服从上级规划的原则,自上而下审查报批,有明确的层级性,强调上下级规划的衔接。

土地利用规划是各级人民政府依法组织对辖区内全部土地的利用、开发、治理、保护在时空上做的总体布局和安排。其确定的耕地保护底线、占补平衡原则、建设用地范围和指标审批制度,是国家进行宏观调控的最有力手段,因而是覆盖范围最广、执行最严格、影响面最大的空间规划。

由于各管理部门之间的利益冲突进一步加剧了多种类空间规划之间的分离趋势，给城市空间治理等城乡规划建设领域带来诸多实际问题。以浙江省 A 市为例，该市于 2006 年同步编制了《A 市市域城市总体规划（2006—2020 年）》（以下简称《城规》）和《A 市土地利用总体规划（2006—2020 年）》（以下简称《土规》），当时"两规"衔接的工作也取得了一定成绩，但对比后可以看到，"两规"在规划数据上衔接较好，规划建设用地布局差异却较大。通过叠加 2006 版 A 市《城规》与《土规》（二者的目标年限均为 2020 年）进行分析（图 5.2），发现该市"两规"中一致的城镇建设用地面积仅为 7179 hm²，仅占 2020 年规划城镇建设用地总量的63.3%。其中，《城规》为城镇建设用地、《土规》为非城镇建设用地的差异面积为 6396 hm²，而《城规》为非城镇建设用地、《土规》为城镇建设用地的差异面积为 4249 hm²。这种差异现象广泛存在于全国各地，尤其是沿海发达城市。例如，由于各个规划在空间上的叠合不一致，造成福建省某市约 55 km²、广东省某市约128 km²的建设用地指标被"沉淀"❶。

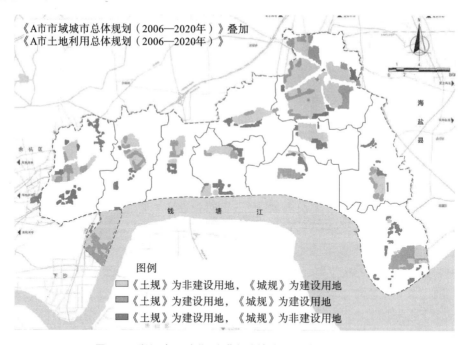

图 5.2　浙江省 A 市"两规"中城镇建设用地差异分析图

（来源：沈迟，许景权."多规合一"的目标体系与接口设计研究——从"三标脱节"到"三标衔接"的创新探索「J].规划师,2015(2):12-16,26.）

---

❶　沈迟，许景权."多规合一"的目标体系与接口设计研究——从"三标脱节"到"三标衔接"的创新探索[J].规划师,2015(2):12-16,26.

由于"三规"的内容包含发展整体部署,范围涉及行政管辖地区,实施使用"部门落实、政府负责"的垂直化管理,其规划内容很容易由于编制内容、实施过程、审批机构、监督方式的影响而产生实施分割、标准矛盾、沟通不畅、内容交叉等"失衡"或者对立的现象。三种规划共同存在,但是表达各自的内容,这使得相关的政府部门以及下属地方政府不好与其相配合,降低了规划实施的效能❶。

5.2.3　城市空间治理决策体系的优化路径

5.2.3.1　成立统一的决策组织——各级空间规划委员会

在中国,城市空间治理的决策所涉及的行政程序较多,参与部门包括发改部门、规划部门、土地部门等。部门利益的不同导致了决策内容难以协调,另外,目前中国城市规划委员会对于城市空间的管理仅限于规划、建设领域,对于其他如土地管理、发展规划制定等均不涉及。仅通过现有部门来实现对城市空间治理的有效控制,在中国现行条块分割的行政管理机制下,其效果并不明显。应借鉴国外城市空间规划委员会在建设中的经验,成立空间规划委员会的决策统筹体系,并将城市空间治理有关的决策事务纳入其中。

现行的城市规划委员会制度已经为个体决策向群体决策的转变奠定了良好的基础。在未来的发展中,空间规划委员会管理范围可以从城市规划建设领域扩展到城市空间整体领域,使其决策权不仅涉及城市空间治理,还包括土地利用规划以及国民经济和社会发展规划的制定等。这种统一决策组织的建立,有利于涉及城市空间治理的各部门利益的协调,有利于城市空间治理理念在规划管理、计划管理及土地管理上的传承统一,有利于群体决策在整个城市空间治理领域的推进。

5.2.3.2　明确各级空间规划委员会的法定权限

目前,在城市规划所涉及的相关决策审批中,根据相关法律的规定,其审批权仍在政府手中。根据国外空间规划委员会建设的经验,无论空间规划委员会的职权是审议权、审批权或者是监督权,只要相关的法律体系完善、制度建设合理,均能对城市空间治理起到有效的控制作用。因此,首先应该确定空间规划委员会的法定权限。在中国目前政治体制改革及民主建设仍不完善的情况下,应首先遵循上位法律,明确空间规划委员会的法定审议权,同时加强政务公开的建设,通过相关法律明确政府对于空间规划委员会审议文件的最终采纳情况,加强决策的过程监督。

在未来发展中,随着中国政治体制改革的推进以及社会主义民主的完善,可以

---

❶ 郭耀武,胡华颖."三规合一"? 还是应"三规和谐"——对发展规划、城乡规划、土地规划的思考[J]. 广东经济,2010(1):32-38.

推进空间规划委员会性质的转化,从"隶属于政府的机构"逐渐剥离独立,实现决策权与执行权的适度分离,使得空间规划委员会成为第三方机构,独立行使决策权。

5.2.3.3 加强决策的科学性——合理分配决策权限

随着经济体制改革的不断深入,市场经济要求空间治理决策过程由过去传统的自上而下方式向自下而上与自上而下相融合的方式转变,使决策重心下移。同时,城市空间治理决策不只是一种政治决策和行政决策,更是经济决策、社会决策、文化决策、法律决策、技术决策。空间规划委员会这种统一决策组织的建立,为城市空间治理的决策提供了制度基础,使得多方的决策可以通过一个共同的群体组织实现。为了保障决策的合理性,在这种制度基础上,还应解决群体决策的核心问题——决策权的自然公正分配。由于城市空间增长是一个多力交互作用的过程,表现在代表政治、市场和社会力量的各个利益主体的相互博弈,是一种微观运动,持有各种发展目标的利益主体运用掌握的资源获取自身的利益,共同推动空间的扩张。因此,空间规划委员会中应有能分别代表这三个利益主体的委员参与城市空间治理的决策,不只是行政官员,企业家、专家、市民都应该参与进来,使决策由封闭走向开放,实现权力体制的外移,向民主化决策的方向努力。

根据行政三分理论,应适度调整各相关行政管理部门的决策权限,使得大部分决策权限集中到空间规划委员会,从而有效指导各行政管理部门做好关于空间规划的实施管理工作。在具体的决策权分配方面,应发挥群体决策的优势,推进"投票制"决策机制的建设。另外,为了突出城市空间治理决策的开放性及"还权于民"的思想,在决策权力的分配中,应保障社会力量在城市空间治理决策权中的主导地位。

深圳市在这个方面已经进行了相关探索。根据《深圳市城市空间规划委员会章程》的规定,深圳市空间规划委员会包括 14 名公务人员和 15 名非公务人员,共29 名委员;市长担任主任委员,市政府在公开推选后聘任非公务人员委员和公务人员委员,为空间规划委员会重大建设问题提供咨询意见,市政府还会聘请市内外资深专家来组成空间规划委员会顾问委员。

可以从四个方面来说明它的权威性。①民主权威性。在空间规划委员会成员推选过程中,公开征求了社会公众的意见,部分民众直接推选了社会团体、社区、市民、企业等的代表人士,使得民众参与到空间规划委员会中来。②行政权威性。部分成员本身是行政官员,且空间规划委员会的成员均由政府聘任。③法律权威性。相关法律法规中明确授予了空间规划委员会职权。④技术权威性。大量城市空间治理及相关的专家参与到空间规划委员会中来,空间规划委员会从行业结构、专业结构、规模等方面作为最佳的组织结构而存在。

另外,由于城市空间治理的决策涉及宏观、微观等不同层面,在投票制决策的机制下,应设立不同的投票决策标准。根据布坎南的研究,人们在难以预测决策对个人未来影响且不确定性较大的条件下更容易取得一致。因此,在规划的宏观层面上,应该采用全体一致通过的方式;在规划的中观层面上,应采用大多数(全体人数的 2/3 及以上)通过的方式;在规划的微观层面上,采取半数通过的方式即可。国家可以建立专业的志愿者队伍指导社区组织,宣传相关知识,组织社区居民参与到与社区有关的规划决策中去,以适应中国的城市基层管理体制的改革。它们是最基层的民主形式的群体决策机构,可以作为社区层面的空间规划委员会而存在❶。

5.3　空间治理执行制度的变革

5.3.1　现行城市空间治理的执行体系问题

基于中国行政体制建设的现状,县级及以上地方人民政府行政主管部门是城市空间治理的行政主体;而对于县级以下地区,根据地区行政等级,由同级或上级政府行使行政权力,两者的行政主体不同。本文主要讨论县、市级地方人民政府的城市空间治理的行政权力。

5.3.1.1　职能与权力带来的部门利益

在行政组织结构中,行政职位是按照行政分工的原则确定的,它是组成一个部门、单位的基础。行政组织结构的横向结构是指职能部门由一级政府按照工作性质、权责分区以及行政目标被划分成多个平行的部分,协同实现本级政府的职能。

在城市空间治理过程中,所涉及的几个主要横向行政部门为发改部门、土地部门、规划部门和建设部门。在行政权力及职责的划分方面,四个部门各有侧重。政府综合部门中的发改部门承担着各类重要职能,包括编制本地区国民经济和社会发展的战略规划、结构调整、重大项目投资、总量平衡,主要起到制定发展规划、综合协调及资源分配的作用,其对本地区国民经济和社会发展情况有全面深入的了解。土地部门侧重对社会组织、单位和个人占有、使用、利用土地的过程或者行为的组织和管理活动,主要包括地籍、建设用地、土地市场、耕地保护及土地法制等方面的管理。规划部门的权责重点是对一定时期内城市的经济和社会发展、土地利用、空间布局以及各项建设综合部署的具体安排和实施管理。其主要的管理手段通过"三证一书"的形式实现。而建设部门主要是进行建设项目的施工管理❷。

同级的横向组织部门,其行政权力并不完全均等。作为政府综合部门的发改

❶　王兴平.城市规划委员会制度研究[J].规划师,2001(4):34-37.

❷　李勇.中国城市建设管理发展研究[D].长春:东北师范大学,2007.

部门,掌握着制定发展规划、综合协调及资源分配等重要权力。因此,虽然作为横向平行部门,发改部门却拥有更高的行政权力。在城市空间治理的过程中,发改部门的决策对于土地部门、规划部门和建设部门等便成为不得不执行的命令。改革开放后大力推动生产力的发展一直是主旋律,一些大型的项目在发改部门批准后得以迅速地实施,使城市空间的扩张加快。

5.3.1.2 缺乏实质性公众参与的执行过程

目前与城市空间治理相关的行政管理部门能将大部分行政许可做到事前公告、事后公示。但这些行政许可公示出来只是公众参与的第一步,很多市民并不能及时浏览网站、媒体或者由于缺乏相应的技术知识而错过了申诉、质询的时间。此外,根据中国当前法律制度,规划不具备"可诉性",从而导致了部分有问题的规划"带病"执行。

厦门PX事件:2006年,厦门市引进了海沧PX项目,选址于厦门市的海沧台商投资区。该项目在2004年获得国务院批准,2006年国家发改委批复核准,厦门PX项目通过了全部的立项审批程序,具有合法身份。在厦门市政府和众多投资企业努力下,2006年11月项目正式开工建设;建设期间,市民与专家陆续提出质疑,但是政府仍然在加快项目建设速度;在2007年6月初冲突爆发,市民集体"散步"事件后,政府迫于各方压力,停止建设并打算另行选址❶。

上海磁悬浮事件:2006年3月,沪杭磁悬浮项目获得国务院立项,7月环评称工程建设可行,上海市规划局进行磁悬浮项目规划公示。2007年1月,磁悬浮机场联络线项目开始向沿线小区居民公示,拆迁工作引起沿线居民强烈反对。同年12月,上海市规划局公示优化后的机场联络线草案,环评认为可行,但是沿线居民仍然不能接受,并采取"散步"行动的方式进行抵制。2008年3月,上海市政府以该项目还在论证过程中,暂停了本项目❷。

国外的城市空间治理公众参与程度较高,市民能全程参与其中,通过不断的沟通和谈判,市民的自组织甚至能够推动各项规划的执行,所以加强公众实质性参与是当前规划执行方面的基础问题。

5.3.2 空间治理执行制度的变革路径

5.3.2.1 适度分离行政管理部门的决策权和执行权

目前,涉及空间治理的行政部门的决策权和执行权多数相对集中,在当前的制度

---

❶ 张丽.风险集聚类"邻避型"群体性事件风险治理研究[D].南京:南京大学,2014.

❷ 郑卫.邻避设施规划之困境——上海磁悬浮事件的个案分析[J].城市规划,2011(2):74-81,86.

环境下,决策权和执行权的相对集中易产生部门利益,从而很难落实中央和地方政府的总体决策。前述建立空间规划委员会就是要相对集中关于空间治理的权力,上收行政管理部门的部分决策权,以便其集中精力做好关于空间的具体执行事务。

5.3.2.2　建立权责明确的联合行政机制

当今世界的各国政府,尽管其部门分工的具体形式不同,但都采取了分工这种方式。随着社会经济的发展、科技的进步,国家的行政事务日益繁忙,政府需要处理的事情越来越复杂,这就使政府管理分工越来越细,专业化程度也越来越高,从而造成了行政机构的扩张。

分工的细化、机构的扩张带来的一大问题便是行政管理中的条块分割。为了解决这个问题,在细化职能分工的情况下,应控制机构的扩张,建立大部制的管理模式。明确部门的衔接关系及分工情况,推进联合行政机制的建立,以保障行政结构的协调统一。

由于城市空间治理工作是涉及多部门参与的行政过程,它最核心的内容是城市土地和空间资源的合理使用及配置。因此,应分清各部门在核心管理职能上的事权,避免多头管理或管理真空的出现。发改部门主要负责对经济社会发展的引导;规划部门负责指导并参与土地的分等定级和转让出让,负责制定城市空间治理区域内土地开发利用的指导原则以及对土地投放的总量控制和时序安排;土地部门主要负责用地总量和土地供应的控制,针对耕地资源进行保护。同时,需要加强部门之间的事权衔接,明确城市空间治理中的综合协调职能,推进联合行政机制的建立。遵循"法约尔跳板"原理,需加强相关横向部门之间的协同,并且减少纵向的上下级机构间传递和协调的行政成本。具体来说,应该明确协调的行政程序以及各个环节的运行规则,需要大量协同管理的规划内容,比如在建项目的审批程序中需要取得相关部门的意见的,必须将规划主管部门与其他相关部门之间的权力、职责、义务界定明晰;各部门在整个程序中参与的环节、参与审批的权限时限和违规应当承担的责任等方面,都应该从法律的高度进行规定。

目前,国民经济和社会发展规划、城乡规划和土地利用规划这三类规划存在着部分冲突矛盾;其他部门负责的各专项规划如环保规划、交通规划等,也存在着各自为政的局面。规划间的彼此冲突,使规划难以得到有效执行和实施。但是,空间资源有唯一性。在当前强调土地集约利用和城乡统筹的背景与要求下,各地对促进可持续发展的有效途径的探索已经从"管理分立"走向"联合行政",这对于社会经济高速发展的发达城市来说更加有意义。"联合行政"的推进是新形势下城市空间治理工作中十分重要的新任务,是深化体制改革的重要举措,是城乡统筹发展的重要内容。

重庆市在这方面已经进行了相关的探索。2007 年,重庆市城乡总体规划获批;同一年,重庆被划定为全国统筹城乡综合配套改革试验区。重庆市因此将区

(县)城乡总体规划试点作为规划编制体系改革的关键环节,以此为契机开始实施统筹城乡的规划改革。十七大提出生态文明建设的目标,将生态保护建设规划纳入环境保护建设范畴之中,即空间开发的强度和性质要满足环境功能区的需要,并且达到节能减排的要求。因此,2009年重庆市发改委主导编制的"四规叠合"综合实施方案,在城市规划、土地规划、国民经济和社会发展规划的基础上,加入了环境保护规划。该方案是在大体上不改变现在的四大规划的编制程序和方式的基础上,按照"综合集成实施、功能定位导向、要素协调一致、互相衔接编制"的原则,在空间上进行四大规划的工作方式、要素协调及实施机制的探索工作。"四规叠合"的规划期限是五年,与一届政府的任期相同。"四规叠合"重在协调和落实,将五年内的耕地保护目标、生态环境保护目标、社会经济发展目标与空间资源合理挂钩,成为一届政府的行动准则,并成为吸引市场主体参与到建设之中的投资指南。

5.3.2.3 提高公众参与力度,支持以社区和非政府组织为主导的过程参与

政务公开制度,是指国家行政机关和法律法规、规章授权和委托的组织,在行使国家行政管理权的过程中,通过一定的形式,依法将有关行政事务的事项向社会公众或特定的个人公开,使其参与讨论和决定国家事务、社会公共事务和公益事业,对行政权实行监督的原则或制度。政务公开制度对于转变政府职能,改善行政运行机制,服务人民群众,推动依法行政,促进规划管理工作公开化、制度化、规范化,具有十分重要的意义。

在城市空间治理中,加强公众参与需做到以下四个方面。

(1)规划编制的公开。包括国民经济和社会发展规划、土地利用总体规划、城市规划及各专项规划等。

(2)城市空间治理审批公开。公开办事的程序、规划标准和时限来增加城市空间治理审批工作的透明度。为了使用地规划项目从受理开始就能做到透明公开,需要改进审批方式,对规划管理自动化信息系统的建设进行完善,以方便外部查询。

(3)城市空间治理审批后的管理公开。应监督建设单位依法进行建设,以便群众了解已批建设项目的规划方案,应加强公示制度的建设,并将其从城乡规划领域推进到整个城市空间治理领域,使得关系到城市空间增长的项目审批后,均能得到社会及舆论的及时监督。

(4)重视社区中的规划宣传和公众组织。构建规范的非政府组织框架,在城市空间治理的末端,即社区层面,形成政府、企业和非政府组织共治局面;非政府组织在城市空间治理中将承担宣传、教育的工作,组织当地居民有效地参与规划的执行过程,并以此加速形成广泛的"市民社会"。

5.4　空间治理监督制度的变革

5.4.1　内外结合的监督体系现状

行政监督是指在行政管理过程中所进行的监察、督促和控制活动,是各类监督主体依法对国家行政机关及国家公务员在执行公务和履行职责时的各种行政行为所实施的监察、督促和控制活动。

中国目前的城市空间治理监督机制分为内部监督和外部监督两个部分,具体内容见表5.4。内部监督机制,是指国家行政组织自身对行政过程实施监督的机制;外部监督机制,指独立于国家行政组织之外的各种监督主体对国家行政组织的行政执行过程实施监督的机制。它们共同构成国家行政监督制度的整体。

表 5.4　城市空间治理的多元监督

内部监督		外部监督	
权力监督	上下级之间工作的直线监督	立法监督	人大及其常委会
	计划部门	司法监督	公检法
	规划部门	审计监督	审计部门
	土地部门	行政监察	监察部门
	建设部门		
	—	专业部门监督	其他专职部门
权利监督	公务员权利　　—	社会监督	公众
		舆论监督	媒体

内部监督包括权力监督和权利监督两个方面。其中,权力监督指行政机关上下级之间工作的直线监督,是与国家行政组织的直线结构形式相联系的一种监督机制,主要体现为上级对下级部门的行政监督。如国土资源部对于国土资源厅的行政监督,国土资源厅对地市国土资源局的行政监督等,其作用是调整组织内部指挥以及服从、命令和执行的关系。权利监督指国家公务员根据国家法律和《中华人民共和国公务员法》所享有的对国家机关及其领导人员提出批评、建议、申诉、控告的权利所实施的监督。

外部监督同样的分为权力监督和权利监督两个方面。外部的权力监督包括人大及其常委会等立法机构对城市空间治理部门实施的监督,公安、检察院、法院的司法监督,审计部门的审计监督,监察部门的行政监察及其他专职部门的专业部门监督等。权利监督主要依靠公众的社会监督及媒体的舆论监督来实施。

5.4.2　现行空间治理监督制度的主要问题

5.4.2.1　以内为主的监督机制

根据现行的城市空间治理监督机制,在内部监督层面,由于涉及城市空间治理的计划、土地、规划及建设四个部门在行政等级上的平行性,部门之间横向的内部监督难以开展。各类实践得到的经验显示,监督如医生给自己开刀一样,这是非常困难的。只有不同的监督主体才能做到严格约束,铁面无私。这并不是由行为人的道德内约束的特点决定的,而是由监督的外在强制性决定的。所以在客观上,监督主体和监督客体不能共存在同一个组织单元中❶。因此,更需要外部监督的介入来保障各部门之间行政的监督衔接。

在中国空间治理的外部监督机制中,公检法的司法监督偏重于行政监督、政党监督、事后监督、审计监督,尤其偏重于对单个主体的行政行为的监督。由于城市空间治理是城市发展中的重大问题,涉及复杂的利益分配及权力分割,这样的特性注定了其行政监督需要从多方面考虑。而事后监督及个体监督对于城市空间治理难以发挥效率。另外,由于中国现有社会监督及舆论监督的发展仍不完善,外部监督在现有行政透明度不高的情况下仍显薄弱。

外部监督的缺失是由监督机制的不完善造成的,这同时也造成了很多监督环节的误区和空档。现代政治学也已经论证了,监督指向与权力指向实质上是一致的,任何一个健全民主的社会,它的监督指向都应该是平行制约和自上而下、自下而上的平衡配置、有机统一,不能强弱过分悬殊或者畸轻畸重。否则,就会导致监督在失衡状态下运行,从而增大权力的负效应❷。

2001年5月1日,某市某县县城江北西段发生高切坡垮塌,致使一幢建筑面积为4061 m²的9层楼房被摧毁掩埋,造成79人死亡,4人受伤。造成高切坡垮塌的地质原因是:发生地质灾害事故地点的地质构造复杂,受平行斜坡及与之直交的多组裂隙切割,砂岩体碎裂。这起地质灾害事故的发生,除有地质原因外,也有诸多的人为因素。该县政府在制定和实施城乡规划的过程中,违反了《中华人民共和国城乡规划法》的有关规定,是造成这次灾害事故的重要原因。1986年某省政府批准的县城总体规划对灾害事故发生地段的某新区未做建设用地安排。1993年县政府组织编制、1995年审定的该新区移民开发小区详细规划违反了总体规划,将灾害事故发生地段确定为建设用地,导致了该项目的选址错误。1997年12月经市政府批准的该县县城总体规划,确定灾害事故发生地段为非建设用地。但是,县

❶　刘骥.城市规划监督管理体制与方式研究[D].成都:电子科技大学,2007.

❷　刘骥.城市规划监督管理体制与方式研究[D].成都:电子科技大学,2007.

政府没有根据修编后的总体规划修改 1993 年详细规划,也没有对灾害事故发生地段的建设用地进行调整。县政府为了加快新区发展,授权有关部门对建设项目采取两小时内办完所有审批手续的做法,使法定的规划管理程序流于形式,为该项目在选址、定点、施工以及验收中的一系列违法行为提供了客观条件❶。这实际上是一个内部监督失效与外部监督缺失两个问题同时存在的案例。在该案例中,详细规划违反了总体规划的规定是造成事故的主要原因,县政府行政体系中,规划相关部门对详细规划的编制与实施没有起到监督与核实的作用,宽松的管理措施也使得该规划审批与建设顺利进行;整个规划过程中,政府规划部门以外的其他部门也没有起到监督作用,使得该事件的发生无法避免。

5.4.2.2 抽象行政行为监督缺失

行政行为以其对象是否特定为标准,分成具体和抽象两种行政行为。抽象行政行为,是指国家行政机关针对不特定管理对象而制定法规、规章和有普遍约束力的决定、命令等行政规则的行为,其行为形式体现为行政法律文件,其中包括规范文件和非规范文件。

抽象行政行为具有层次多、主体广的特性,从乡镇政府到国务院各部委都有权力制定各种效力不一的"红头文件"。在实践中它们是很多行政机关的执法依据,拥有很大的影响力。此外,由于行政机关实施抽象行政行为的监督弱、程序少的特性,也造成了一些相应的问题。

在现行城市空间治理中,抽象行政行为主要体现为国家行政机关针对城市空间治理对象而制定法规、规章和有普遍约束力的决定、命令等行政规则的行为。以武汉为例,有《武汉市城市规划条例》《武汉市城市建筑规划管理技术规定》《武汉市土地储备管理办法》等。对这些抽象行政行为的监督,现行的监督制度仅为备案审查,远远起不到有效监督的作用;相应的决策监督与过程监督的缺失,也难以保障抽象行政行为的科学性与公正性。另外,违反此类文件规定应付出的赔偿也十分有限。这些影响了中国依法行政的进程,有碍抽象行政行为的科学性建设❷。

5.4.2.3 偏重事后追惩的局限性

追惩性的事后监督往往难以避免决策的重大失误,特别是在空间管理领域,土地的使用性质改变的代价很大。根据行政监督主体介入监督客体的不同发展阶段,可以将监督划分为事前监督、事中监督以及事后监督三种类型。理论上说,有监督权力的主体应该介入每一个发展阶段,不能顾此失彼。监督主体可以根据最佳的监督效果来决定在监督事件中何时介入。对于专门的监督机构来说,只重视

---

❶ 王宁.城乡规划建设的监督管理研究[D].西安:西安建筑科技大学,2011.

❷ 刘骥.城市规划监督管理体制与方式研究[D].成都:电子科技大学,2007.

事后监督是不恰当的,如果将全部注意力放在追惩上,就会产生功能上的缺陷。由于自然文化遗产资源、生态资源具有不可再生性,破坏后就算恢复了也只是没有价值的人工化的景观和"假古董",所以城市空间治理也一定要进行事前监督和事中监督。正是由于这些资源的不可再生性,大部分发达国家都做出了相应规定,对不可再生资源进行保护,以免其因城市的蔓延而破坏。

从现行的城市空间增长监督机制可以看出,其监督主体呈现多元化的特点,但是规范化的多元监督体制分工并没有形成,缺乏核心主导部门,重复监督现象严重。目前,中国空间治理监督系统内部各个构成部分——计划部门、土地部门、规划部门及建设部门等均是相对独立的系统;在具体运行过程中,由于职能的重复、交叉,导致权限、职责不清,再加上整体的监督体系没有一个带头的部门,相互之间缺乏应有的协调和沟通,会出现相互推诿、扯皮的现象。例如,对于国有土地上的建设活动,涉及土地部门、规划部门及建设部门的多头管理,因此产生各个监督部门对同一个监督客体进行重复监督的现象,导致有的监督部门空有其名,缺乏实质;部分监督工作相互推诿,无法落实到位;部分监督措施令出自多个监督部门,部门之间又难以协调。这样不仅很大程度地影响了相关行政监督部门的威信,还降低了中国监督体制的总体效能❶。

5.4.3 城市空间治理监督制度的优化路径

5.4.3.1 常态化人大等机关的外部权力监督

根据《中华人民共和国各级人民代表大会常务委员会监督法》,其相关条款明确了人大常委会对政府工作的监督权。而城市空间治理工作作为城市发展中的重大问题,是政府工作的核心问题,对政府城市空间治理工作的监督在人大常委会监督权的行使范围之内。由于城市空间增长的控制需要多部门的综合协调管理,平行监督难以发挥效用。因此,人大常委会自上而下的监督显得尤为重要,应当积极发挥其监督权,不定期地对城市空间治理工作实施监督检查,听取政府工作报告,以加强自上而下的行政监督。

要实现人大常委会监督权的常态化,首先要解决人大常委会委员的专职化问题。根据《中华人民共和国地方各级人民代表大会和地方各级人民政府组织法》,常务委员会的组成人员不得担任国家行政机关、审判机关和检察机关的职务,但对其从事的职业并没有明确的限制。而实际上,在各级人大常委会和专门委员会中,有相当比例的兼职委员。兼职委员比重偏大给常委会正常工作开展和有效行使职权带来诸多问题。首先,兼职委员带来履行委员职务和社会职务的矛盾,兼职委员

---

❶ 刘骥.城市规划监督管理体制与方式研究[D].成都:电子科技大学,2007.

没有足够的时间从事代表工作,这导致代表活动质量下降,代表权力弱化。其次,兼职委员导致"代表意识"弱化。在从事兼职代表工作时,代表工作纯粹是义务的,其政治待遇和经济利益受到其所在工作单位的影响;当本职工作与代表工作发生冲突的时候,在利益的驱动下,兼职委员行为的取向往往倾向于前者。而专职委员是经济独立、身份独立的社会个体,相比兼职委员更具有"代表意识"。基于公平和效率的考虑,人大常委会委员的专职化是发展的必然趋势。而只有专职人大常委会委员制的建立才能有效地发挥人大常委会的功能,人大常委会对于城市空间治理的常态化监督才能实现。

5.4.3.2 完善社会舆论自下而上的外部权利监督

对城市空间增长的管理,在完善自上而下的外部监督的同时,自下而上的外部权利监督制度的完善也极为重要。自下而上的外部权利监督包括舆论监督及社会监督,根据《中华人民共和国宪法》的有关条款,社会公众及舆论媒体对国家机关及其工作人员进行监督的基本权利是通过建议、批评、检举、控告等方式进行的,然而政务公开是这些权利有效使用的基本前提。

解决政府与市民信息不对称问题,是健全规划决策监督制度的有效途径。《中华人民共和国政府信息公开条例》(以下简称《条例》)已于2008年5月1日正式实施,该《条例》对各级政府及其工作部门的政务公开工作提出了明确要求。城市空间治理部门应结合规划工作的特点,编制规划部门的政府信息公开指南和公开目录,做好主动公开和依申请公开两方面的工作,从而为公众行使参与决策权、监督权奠定基础。首先,政府信息公开指南应对城市空间治理工作的范畴、阶段以及各个环节的具体工作内容进行详细描述,如包括哪些行政审批、核准、备案事项,各类事项的审批依据、审查程序、申报要件、办理时限等,以便普通市民全面深入地了解规划工作。其次,政府信息公开目录应说明主动公开和依申请可以公开的规划信息的范围,针对规划部门的职能、组织机构、相关法律法规、规划体系和业务事项的构成等五个方面,列出相关信息的具体条目,并按照统一形式对这些信息进行统一编码,以便市民查询。再次,对主动公开的信息严格按照时限要求及时公开;对依申请公开的信息建立发布制度,尽可能地拓宽接受和发布信息的渠道,简化发布环节,方便市民获取规划信息,参与和监督规划决策❶。

5.4.3.3 加强事前及事中的救济性监督

以生态文明建设为理念的城市空间增长控制规划,重点在于对生态资源的保护。由于生态资源的脆弱性及不可再生性,城市空间治理对于其保护更应体现前瞻性。因此,事后监督对于这些不可再生性资源的保护意义不大,应该加强事前及

---

❶ 杨梅.城乡规划法施行后城市规划决策优化途径研究[D].济南:山东大学,2009.

事中监督,以保证城市空间治理行政过程的合理性。要加强事前及事中监督,即要加强对城市空间治理决策及实施的过程监督,主要包括内部监督与外部监督两个层面。

5.5　小结

本章着重论述了城市空间治理的法律、决策、执行和监督的现状问题、相互关系和改进的方法与途径。在城市空间治理中,首先是要"有法可依",建构一整套关于空间治理的法律体系是进行有效管理的重要前提。根据现代管理学相关理论,党中央目前所倡导的国家治理体系和治理能力现代化应包含决策、执行和监督相互分离的"行政三分"的重要思想,而在此基础上,将城市空间治理的相关行政部门根据市场要求和职能定位进一步改组是进行有效管理的必要手段。将原集中于城市空间管理职能部门的决策权、执行权、监督权予以分解,根据职能分工组建以城市空间管理为工作对象的决策部门、执行部门和监督部门,再根据各区域城镇发展水平,因地制宜地推进决策、执行和监督体系的逐步完善,形成符合城市空间治理现代化要求的管理能力。

第6章　城市空间治理的政策工具

6.1　国外城市空间治理的政策工具

6.1.1　国外城市空间治理政策工具的发展概述

自现代城市空间治理在美国诞生以来,城市空间治理的政策工具不断发展完善,目前比较普遍使用的政策工具包括城市增长边界、绿带、开发权控制等,后期又不断衍生发展出一系列政策工具,经不完全统计,总结定义的政策工具已达57项之多,主要包括各类管理法规、税收政策、计划、行政手段、审查程序等。国内外许多学者对其进行了归类研究,E. Fonder 把政策工具分为两类:抑制(引导)增长类和保护土地类,具体见表 6.1;蒋芳等(2007)把政策工具分为四类:政府刚性控制政策、基础设施引导政策、区域差异调节政策和经济手段诱导政策;David N. Bengston 等(2003)将城市空间治理的政策工具分为三类:公共征用、规例措施和奖励措施,具体见表 6.2。

表 6.1　E. Fonder 归纳的部分城市空间治理政策工具

抑制(引导)增长类	保护土地类
城市增长界线/绿带	购买开发权
扩界限制	开发权转移
开发影响费	社区土地信托
足量公共设施要求	公共土地银行
公交导向型开发	预留开敞空间
社区影响报告	土地保护税收激励机制
环境影响报告	农田专区
调整分区控制指标	
设定增长标准	
增长率限制	
设定城市最终规模	
暂停开发	

抑制（引导）增长类	保护土地类
投机开发限制	
住房消费限制	
税收激励机制	

表 6.2　David N. Bengston 等归纳的城市空间治理政策工具

公共征用	公园、游憩区、森林、野生动植物栖息地、荒地、环境敏感地区、绿带等地区的公共所有权（包括地区所有、区域所有、州有、国有）
规例措施	发展暂停、暂缓开发条例（地方）
	发展速率控制、阶段性发展条例（地方）
	足量公共设施条例（地方、州）
	小块分区、最小密度分区（地方）
	绿带（地方、区域）
	城市增长边界（地方、区域、州）
	城市服务边界（地方、区域）
	规划法（区域、州）
奖励措施	发展影响费（地方）
	发展影响税、不动产转让税（地方）
	填充和再开发奖励（地方、州）
	双轨税率的财产税（地方）
	棕地再开发（地方、州、国家）
	发挥地点效率的贷款（地方）
	历史地区复垦和税收抵免（地方、国家）

6.1.2　国外城市空间治理政策工具

6.1.2.1　城市增长边界

1. 城市增长边界的基本概念

第二次世界大战以后，随着美国经济的快速回升，在汽车、石油工业的持续繁荣和高速公路网等基础设施不断完善的条件下，美国城市的郊区化现象进一步演化为城市蔓延现象。低密度的城市建设逐步占领城市周边的农田、森林等自然空间，严重破坏了自然生态环境；同时，由于人口和就业岗位流向郊区，资产阶级和中产阶级率先逃离城市中心区,城市中心区社会分化严重,并急剧衰落,成为低收入人群和有色人种的聚集地,以及抢劫、贩毒等恶性犯罪的聚居之地。为解决上述城市发展的问题,美国设立了一种新的政策管理工具——城市增长边界(UGB)。城市增长边界最早在美国的塞勒姆市实行,它是一条城市和乡村用地的分界线,通过在城市的外围设定发展边界,把城市的发展限定在一定的区域内,合理安排发展的区位和时序,从而达到保护外围生态区域、提高城市内部土地利用强度的目的。城市基础设施和公共服务也只提供到这个边界为止,不再向边界外延伸。城市增长边界图例如图 6.1 所示。这个边界的标志是围绕建成区的一道绿带。城市增长边界鼓励任何开发都在这个边界内进行,而不在这个边界或绿带外。城市增长边界通常应用 15～20 年或更长的时期,以避免围绕城市边界外的短期土地投机行为,鼓励在城市边界内的长期投资。

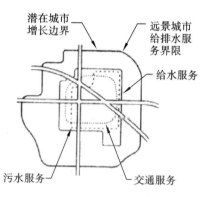

图 6.1　城市增长边界图例

(来源:刘海龙.从无序蔓延到精明增长——美国"城市增长边界"概念述评[J].城市问题,2005(3):67-72.)

城市增长边界是一种非常重要的政策工具,可以用于控制城市空间增长和指导区域规划。它通过两种截然相反的边界发挥作用,分别是城市边界与郊区边界,这两种边界可以看作水坝模型和护堤模型。水坝模型是在城市周围形成一道独立、连续的界限来限制城市空间的增长,就像用大坝来限制不断上涨的湖水;而护堤模型是郊区边界,用层层防线环绕着开放空间,就像河堤保护着有用的土地,让城市的扩张像洪水一样在控制范围内穿过。

从根本上来说,城市增长边界是一种基于城市空间发展管制目的的管理措施。城市增长边界范围内应包含现已建设土地、闲置土地及足以容纳 20 年规划期限内城市增长需求的未开发土地,地方政府必须对土地供应情况进行监督,并定期考查有无必要对现有增长边界进行调整。这时的城市增长边界的主要理念体现在地域协调,即对一些超越发展边界的城市进行区域协调并提出解决措施。它的主要目的不是限制城市空间扩张,而是对发展的过程和地点进行管理,是一种多目标的管理模式。

城市增长边界的管理模式包括以下目标:城市人口增长应与区域土地发展的

目标相一致;满足住房、就业机会和生活质量的需要;通过经济手段提供公共设施和服务;最高效地利用现有城区内和边缘地区的土地;关注开发活动对环境、能源、经济和社会的影响;保护基本农田,可对农田质量分等定级按优先顺序进行保护;使城市土地的使用与附近的农业活动和谐一致。

2. 城市增长边界的作用机制

从根本上来说,城市增长边界管理模式是通过公共政策的手段来影响土地价值,进而主导建设发展的空间分布,从而达到控制城市蔓延的目的。20 世纪 80 年代,Whitelaw、Knaap 和 Nelson 分别从土地供应、开发时间以及地理位置三个角度分析和论证了城市增长边界对土地价值的影响。

(1)土地供应。

Whitelaw 认为,在理想模式下,如果城市增长边界没有受区位因素的影响,土地价值是由城市中心区向外逐渐递减的;划定城市增长边界以后,城市可以提供的土地受到制约,城市增长边界以内的土地由于可进行城市建设而价值上升,城市增长边界以外的土地由于不允许进行城市建设而价值下降,城市增长边界处是土地价值的突变点。城市增长边界对土地价值的影响如图 6.2 所示,R_m 代表在没有城市增长边界的情况下,城市土地价值的梯度变化曲线,R_g 代表在 U_2 处设置了城市增长边界以后,城市土地价值的变化曲线。LV_0 代表在 U_2 位置设立了 UGB 之后 U_2 外侧的地价水平;LV_1 代表在 U_2 位置设立了 UGB 之后 U_2 内侧的地价水平;U_1 代表 UGB 范围以内的区位;U_3 代表 UGB 范围以外的区位。城市增长边界建立以后,界线内的土地价值上升,界线外的土地价值下降。所以在设定城市增长边界的情况下,城区土地价格会普遍提升,给城市弱势人群带来一些"社会不公正"的问题。

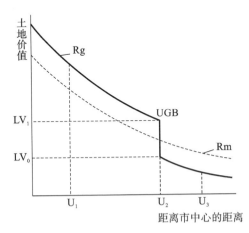

图 6.2　城市增长边界对土地价值的影响

(来源:SENDICH. Planning and urban design standards[M]. Hoboken:John Wiley & Sons,Inc,2006.)

(2)开发时间。

Knaap 认为,城市增长边界是通过指出预期的区划改变日期来影响土地价值的。如图 6.3 所示,Ru 和 Rr 分别代表城市和农村土地价值的梯度变化曲线,被允许的土地用途和由此产生的土地价值是通过区划确定的。城市增长边界并不影响未来的城市土地分区,只要城市增长边界两边的土地都划归城市使用,那么土地的价值在城市增长边界两边都是一样的;城市增长边界以内的农村土地价值将升高,因为这些土地预期将会转为城市土地。

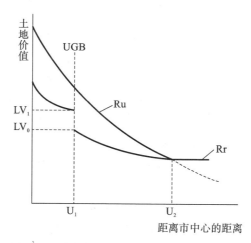

图 6.3　城市增长边界在时间方面的限制作用

(来源:冯科,吴次芳,韦仕川,等.管理城市空间扩展:UGB 及其对中国的启示[J].
中国土地科学,2008,22(5):77-80.)

(3) 地理位置。

城市增长边界在地理位置方面的限制作用如图 6.4 所示。

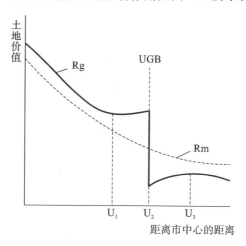

图 6.4　城市增长边界在地理位置方面的限制作用

(来源:冯科,吴次芳,韦仕川,等.管理城市空间扩展:UGB 及其对中国的启示[J].
中国土地科学,2008,22(5):77-80.)

3. 城市增长边界的建立模式

城市增长边界的建立需要经过以下几个程序。

（1）预测区域的人口增长和就业岗位。

城市增长边界的划定首先要基于对该区域的人口增长和就业岗位的准确预测。其中，人口增长的预测应该和住宅供给相结合，就业岗位的预测则要根据区域的产业发展计划来进行。规划部门可以从其他部门获得该类预测资料，也可以直接预测本地区的人口增长和就业岗位情况，但是所采用的预测结果不能与上级部门的预测结果相矛盾。

（2）研究区域建设密度和公共服务设施标准。

城市增长边界的划定必须确定区域内的居住密度、就业密度和合理的公共服务设施标准。居住密度应该和住房规划相结合，住房规划应该尽可能提供较多的住房选择；就业密度应该能充分反映地区的产业发展计划，公共服务设施标准是该地区各类服务设施的最低配置标准，主要包括消防站、警察局、学校、医疗中心、绿地和道路等。

（3）估计区域未来需要的居住用地和非居住用地。

根据规划期限内人口的增长数量、人口密度和公共设施供给能力计算所需要的居住用地和非居住用地。以居住用地为例，假如某地区在 20 年的规划期限内人口预计从 250000 人增长到 300000 人，增加了 50000 人或者说增长率为 20%，每户家庭按照 3.5 人计算，每公顷满足 100 户家庭建设需要，则需要的居住用地面积为：

50000（增长人数）/3.5（单位家庭人口）/100（单位用地容纳家庭数）＝142.9 hm²

如果居住密度提升至每公顷满足 150 户家庭建设需要，则需要的居住用地面积为：

50000（增长人数）/3.5（单位家庭人口）/150（单位用地容纳家庭数）＝95.2 hm²

居住密度提升后，居住用地面积减少了 47.7 hm²，比原来减少了 33.4%。

（4）在当前的发展区域内确定填充式开发和再开发的可能性。

一个地区成功的规划包括填充式开发和再开发。填充式开发和再开发需要细致分析城市增长边界内已开发土地的利用情况和权限内未开发土地的潜在利用性，从而确定可以开发哪些土地。土地的开发价值应该以总体规划为指导，规划为居住用地而尚未开发的土地、规划建设密度较高而当前建设密度较低的土地可以作为未来居住用地的重要来源。

（5）在当前城市增长边界内外确定环境敏感区和不适合开发的土地。

在城市增长边界划定之前，许多土地应该排除在城市利用和高密度建设利用的范围之外，主要包括环境敏感区，如湿地、濒危物种栖息地和海岸地区等；资源地区，如基本农田区等；难以进行城市建设的地区，如陡坡和滑坡、泥石流多发区等。

（6）确定城市增长边界。

假如城市开发需要的土地范围恰好等于适于城市建设的土地，那么总体规划确定的建设密度正好满足地区最小建设密度,城市增长边界只需要包括总体规划确定的土地即可。

假如适于城市建设的土地超出了城市开发需要的土地范围,地方政府可以适当减少城市开发土地,引导城市的集中紧凑开发。

假如适于城市建设的土地难以满足城市的开发需要,那么城市的建设应该采取较高的建设密度和紧凑的发展模式,或者扩大城市增长边界,亦或两种方式混合使用。

4. 城市增长边界的变更模式

(1)时间驱动模式。

这种模式是为保持 20 年规划期限内持续的土地供应,每 5 年变更一次城市增长边界,同时考虑市场因素的影响,在预测用地的基础上适当增加一定比例。这种模式的问题在于它忽视了土地利用规划的"团块性"和基础设施投资的不可分割性。在这种模式下需要采取紧凑发展的方式,如确定最小建设密度和提高土地利用强度等,否则有可能导致城市增长边界范围过小,在经济发展迅速时难以满足发展需要;也可能导致城市增长边界范围过大,造成区域增长的外溢。

(2)事件驱动模式。

监测和重新评定城市增长边界的另一种方式是把城市增长边界的划定作为一个"清单问题"来考虑。与时间驱动模式不同,它对城市增长边界的变更不是根据预定的时间,而是根据城市增长边界内可建设的土地数量的一个临界值。当城市的增长速率较稳定的时候,城市增长边界的变更类似于时间驱动模式下的变更情况;但是当城市的增长速率发生变化的时候,城市增长边界的范围和变动间隔也会发生变化。

6.1.2.2　绿带

1. 绿带的概念

绿带是指在一定规模的城镇或城镇密集区外围,安排较多的绿地或绿化比例较高的相关用地,形成环绕城市建成区的永久性开敞空间。英国是最早建设环城绿带的国家,环城绿带之所以最早出现在英国,是因为英国是最早受到城市化运动影响的国家,伦敦则是最早进行系统建设城市绿带的城市。在经过了多个世纪的工业化和城市化建设后,19 世纪末 20 世纪初,英国的城市化达到了很高的水平,城市数量越来越多,城市人口和用地规模越来越大,但是城市的快速扩张对农田、环境、交通出行和投资公共设施的财政都带来了不利的影响,因此英国政府和有关学者认为城市发展必须受到控制。19 世纪末霍华德在其田园城市思想中提出在城市周围应建立起永久性绿地防止城市蔓延。在此后的"卫星城镇理论"中,雷蒙·恩温延续了霍华德的绿带发展思想,在编制大伦敦区域规划时建议用绿带圈限制中心城区的发展,把人口和就业岗位疏散到卫星城镇中,卫星城镇与中心城区之间保持一定的距离,以农田或绿带隔离。而真正明确的绿带的概念则是在1947年《城镇与乡村规划法》中形成的,在此以后的英国区域规划中,环城绿带都是个非常重要的规划内容。大伦敦区域规划很好地传承和发扬了霍华德的田园城市思想。根据规划,大伦敦区域划分为四个圈层:内城圈、城郊圈、绿带圈和乡村圈。其中绿带圈是一条宽11～16 km的城市绿带,内部禁止城市建设,以阻止城市的过度蔓延。第二次世界大战以后,随着《城镇与乡村规划法》的颁布,绿带圈内的所有建设都要经过法律的许可,这为城市绿带的保护提供了有利的法律保证。至20世纪80年代,英国政府又颁布了《绿带规划政策指引》,对绿带的作用、土地的利用、边界划定和开发控制要求也做了详细规定。英国的绿带政策取得了巨大的成就,1997年伦敦市绿带面积达到了4860 km²,最宽处约35 km,2004年英国城市绿带建设面积已达到16782 km²。

2. 绿带政策的主要内容

(1) 绿带政策的目的和土地使用目标。

绿带政策的目的是通过保持绿带的永久开敞性,阻止城市的蔓延;限制和调整城市开发的空间尺度和模式;保护农地、林业和其他开敞空间用途;促进城市的更新和可持续发展。

(2) 时效性。

绿带的本质特征就是具有永久性。对于它们的保护必须从尽可能长远(超过规划期限)的眼光来考虑。

(3) 绿带中的建设开发控制。

首先,要明确控制的总体原则,明确可以建设的开发类型和规模,拒绝"不适合的开发";其次,在对视觉景观价值的保护上,尽管某些开发活动符合绿带土地的使用目标,但是这些开发活动还是有可能对景观质量造成伤害,因此应采取措施或拒绝其开发活动,以保证绿带的视觉景观价值不被开发活动所破坏。

3. 绿带政策导致的问题和矛盾

正如每个硬币都有正反两面一样,绿带政策出台以来就一直受到负面影响的批评。主要的批评包括以下几个方面。

(1) 增加交通距离和交通成本。

绿带的设置增加了城区和郊外的交通距离,加大了市民通勤对小汽车的依赖,导致汽车数量和尾气排放量增加,加重了对环境的污染。不断增长的交通压力,迫使从绿带中划出更多的土地用于道路和基础设施建设,反过来又导致了绿带的破碎化。这与目前英国缩短交通距离、提倡公共交通、限制小汽车发展的规划战略相矛盾。

(2) 加重农业地区的开发压力。

英国一贯重视对农业的保护,但由于绿带的限制,许多开发项目不得不跳过绿带转到农业地区中去建设。这种蛙跳式的开发加重了农业地区的建设压力,不利于农业的稳定发展。

（3）造成城市土地供应紧张。

绿带的设置控制了城区总用地数量，留给城市自身可利用的增量空间有限，造成城市土地供应紧张，建设成本增加，房地产价格上升，影响了住房的充足供应，增加了城市中低阶层的经济负担。

（4）无法满足农民增收的需求。

绿带内用地大部分是农业用地，英国传统农业收入总体呈下降的趋势，绿带中的农民迫切需要多样化经营，如修建旅馆、商店，开发旅游等以获得更多的收入，但是苛刻的建设条款使得农民的这些需求不能被满足。

（5）不利于绿带环境质量的改善。

一般认为，绿带设置的地点都是风景优美的地区，但实际上，由于疏于管理、缺乏养护经费和基础设施落后，绿带中一些地方的环境质量在不断恶化。地方当局往往只是机械地追求土地开敞性，而没有根据环境质量来进行开发控制。因此，一些地方政府宁愿让土地长期荒废，也不允许对其进行开发改造。而这不仅加重了绿带的环境恶化，也导致无法从开发中获得更多的资金来促进环境改善。

（6）阻碍城市的合理发展。

由于社会经济发展所固有的规律，城市的扩张并不会因为绿带的设置而停止，同时，城区内的人口也并没有像希望的那样被新城镇政策分散出去，城市本身仍然需要向外扩展以获得必要的发展空间。但绿带几乎是刚性的，绿带边界变动的审查十分僵化和烦琐，效率很低，使得一些合理的开发需求往往不能够及时得到满足，从而阻碍了城市经济的持续发展。

从 20 世纪 80 年代开始，中国一些超大、特大城市陆续在城市外围设置绿带以控制城市建设规模、维护生态环境。但从近二十年各城市的绿带建设实际情况看，绿带普遍被侵蚀，建设进度普遍缓慢，实施过程中遇到了相当多的阻碍。从英国绿带政策实施进程可以看出，在绿带的建设和实施过程中，政府依靠法律手段对绿带的管理起到了至关重要的作用，只有建立一个严格有效且具有法律效应的管理机制体系才能高效地发挥绿带的效能。

6.1.2.3 开发权控制

开发权控制是指通过针对不同的区域设置灵活的差异性政策，从而实现对土地开发行为进行合理疏导，如开发权转移或购买、分区等。

开发权转移（transfer of development rights）是指为限制某特定区域内的土地开发，将开发权从土地所有权中加以分离并允许转移到更适宜开发的地区。开发权购买是指政府部门出资购买保护性用地的开发权，土地所有者保证继续维持原有土地用途。

分区一般用于确定土地用途、开发类型和开发密度。分区降级（downzoning）

是对开发密度的上限向下作调整，以减少某一地区的增长量。分区升级（upzoning）是指规定了开发建设的密度下限，以鼓励一定界线内较高密度的发展，减少人口增长对界线的压力。

在城市空间治理中，可以通过开发权的购买和转移来保障土地所有者的权益，减少规划实施的阻力，从而将城市发展和高强度开发引导至规划设定的区域内，以保障规划中的边界控制得到有效实施。在产权关系明确的情况下，开发权购买可以作为政府在城市用地管理中最为直接的一种调控手段，而开发权转移的实施则相对较为复杂。土地开发权转移需要三个构成要件：土地开发权转移的发送区（sending area，或称作转让区、出让区、限建区、限制区），用以决定土地开发权转移的供给；土地开发权转移的接受区（receiving area，或称作受让区、增建区），用以决定土地开发权转移的需求；土地开发权转移的信用单位（credit，或称作积分），用以度量土地开发权转移的数量。

土地开发权转移的发送区一般分为两种情形：一种是自愿降低开发强度，以此换取出售开发权所带来的更大利益；另一种是因较低区划限制使用而将虚拟开发权转移，一般这样的发送区为农业用地、生态敏感区、历史文化建筑等。对于后者，开发权只能卖出不能买进，从而达到保护发送区的目的。开发权被转移后，发送区的土地仍然由原所有者继续使用，只是不得改变用途或增加开发强度。

土地开发权转移的接受区是指那些可以通过购买开发权而在原有规划基础上加大开发强度的地区。出于引导城市发展的目的，通常认为接受区只能买进而不能卖出土地开发权。接受区之所以成为接受区，是因为其自身存在现实或潜在的开发压力。Prizor认为，如果没有开发的压力，土地将按其现有的使用价值来评估。按照不动产估价的最有效使用原则，不动产的价值是依据其最有效的利用方式来确定的，当没有开发压力时，现有的利用即为最有效的利用。在美国的很多城市中，接受区必须符合以下三个条件：一是接受区可供开发的土地开发权信用单位要多于可供购买的土地开发权信用单位；二是接受区的基础设施和公共服务设施有容纳进一步开发的承受力，要有足够的道路、供排水系统、污水处理系统和学校等；三是接受区新增开发规划必须与土地规划和经济发展规划相一致。因此，接受区一般位于城市开发区和中心区，通常靠近商业区、学校、交通枢纽、商业中心、CBD或新城开发区等。土地开发权转移的信用单位是开发权转移发生的媒介。理论上，每一块宗地都有一定的土地开发权，但它们并不拥有相同数量的信用单位。信用单位可以根据结构、区域和时序等方面的不同来进行配置。结构配置是指由于宗地在社会经济发展中的不同地位而对其配置不同的信用单位，比如基本农田和一般农田、生态特别敏感区与生态一般敏感区，相对于后者，前者由于其转变的难度与转变后的危害更大，因而需配置更多的信用单位。区域配置是指根据各区域土地资源状况与社会经济发展情况配置信用单位。

到目前为止，国际上已有的土地开发权购买实例主要集中于农地和生态敏感地区的保护方面,而土地开发权转让的实例则主要集中于历史建筑的保护方面,如著名的纽约中央火车站保护实例。

通过土地开发权购买,可在一定时间内防止特定地区内的土地被开发,从而实现对开放空间和生态敏感地区的保护。而土地开发权转移则可将城市开发从需要保护的地区引导至适宜建设的地区,或是将高强度开发转移至环境容量大、基础设施和公共服务设施良好的适宜开发的地区,从而在空间上实现对城市用地的调控。这种充分发挥市场作用来配置土地资源的方式虽然在理论上可以实现资源配置的最优化,但由于操作较为复杂,因而需要更多的实践验证。我国在保护耕地、其他类型的农用地、历史和文化遗址、生态敏感地区的时候,可以尝试采用土地开发权购买和转移的方式,通过建立土地开发权转移的市场和转移银行,在充分保护开发者利益的前提下实现土地资源配置的优化。

6.1.2.4　其他政策工具

(1)公共征用,是指政府出资征用或购买生态用地等开放空间用地的产权,防止其随意转换为建设用地。

(2)暂停开发,是指在增长过快的地区暂时停止该地区的土地开发,该措施一般为临时性政策,其目的是为制定长期的解决方案争取时间。

(3)建筑许可,是指通过定量的配额对建筑许可证实行总量控制,来抑制建设的快速增长、减小公共设施的快速膨胀需求、控制城市的发展规模。

(4)足量公共设施的要求,即公共设施同步配套要求,是指为配合新片区的开发建设,在建设之前必须确保足够容量的市政和公共服务设施的配套。在政府不能提供公共设施的情况下,应由开发商进行建设,作为取得开发许可的条件。

(5)开发影响费,是指地方政府本着受益者付费的原则,要求土地开发者就其土地开发对公共设施造成的影响缴付一定的费用。

(6)公交导向型开发,强调整个公共交通与土地使用的关系,主张集约化、高效率的土地利用模式,以形成更为紧凑的区域空间形态。在社区内提供良好的步行系统,增加步行、自行车和公交等各种出行方式的选择机会,以减少对小汽车的依赖。

(7)社区影响报告,是指对具有重大社会影响的开发项目,在该项目提案获得批准之前对其影响进行综合评估,并将评估结果公之于众的一种措施。报告须包含如下因素:项目可能增加的各年龄组的人口数量;十年之内预期增加的学生数和现有教学设施的容量;现有市政设施和公共设施可利用程度和所面临的新要求;项目内外的道路系统情况;社区(市、县、学校系统)财务影响分析。

(8)环境影响报告,类似社区影响报告,是指在批准开发项目提案前获取其环境影响信息的一种手段。报告须证明开发项目符合下面三项要求方予批准:不会对环境造成明显破坏;有对区域资源保护的构想和设计;不会对可用于该项目以及将来任何项目的整个资源提出不相称或过度的需求。

6.2 国内城市空间治理的政策工具

从 21 世纪初开始,随着土地资源逐渐减少,国内开始重视对城市空间增长进行引导和管控,政府和部门都出台了相应的对策。从珠三角若干城市采取相关政策开始,到 2014 年颁布《国家新型城镇化规划(2014—2020 年)》,城市空间治理从"自下而上"的地方尝试逐步转变为"自上而下"的全面推进。城市空间治理政策的理论也逐步丰富起来。从颁布政策的主管部门和作用机制来看,城市空间治理政策工具可以分为直接政策工具和间接政策工具两种,两种工具由不同的职能部门出台和管理,单一或协同地影响城市的空间增长。前者主要包括城乡规划行政管理部门和土地行政管理部门制定的对城市空间管理直接产生影响的管理政策和法规;后者是指给城市空间增长带来间接影响的其他相关的政策,主要有人口政策、经济政策等。除此之外,为实现经济、社会及产业的相关发展目标,由各级人民政府统一下达的意见、要点要求、指示、发展指标等对城市空间增长也产生了间接的影响。

6.2.1 城市空间治理的直接政策工具

直接作用于城市空间、对空间资源进行配置的政策工具称作城市空间治理的直接政策工具。观察国务院组成部门的职能分工,基本可以判断以空间资源配置管理作为核心职能的部门有两个:一是住房和城乡建设部(以下简称"住建部"),二是自然资源部。两个部门各自构建了以部门管理目标为导向的管理空间增长的政策工具。

6.2.1.1 城市空间增长边界

增长边界作为城市空间治理最直接的工具,在国内属于较早开始实施的管理政策,与国外的城市增长边界(urban growth boundary,UGB)不同的是,国内更加重视对城市空间的管控,所以提出了城市空间增长边界(urban space growth bundary,USGB)。在 2006 年住建部颁布的《城市规划编制办法》中明确提出:"研究中心城区空间增长边界,确定建设用地规模,划定建设用地范围。"

在城市空间增长边界早期的实践中,一方面城市发展的不确定性和城市的快速扩张增加了边界确定的难度,诸多城市如北京、上海、宁波等的总体规划预测的人口规模已被突破。另一方面,一些城市受利益驱使不断提高土地需求,过高评估城市扩张速度,往往划定过于"宽大"的城市空间增长边界,并因未因地制宜而难以起到"修身"与"保暖"的作用❶。城市经济和投资规模不断扩大,"空间增长边界"的法定地位难以保障,相应的监督与管理机制也尚未建立起来,所以在城市建设过程中城市增长边界经常被越过。

随着党中央对城镇空间资源约束程度的加强,城市空间增长边界也受到重视。以北京市为例,2016 年 2 月,北京基本完成了全市域生态红线和城市空间增长边界划定工作。预期通过严格执行相关规划,彻底遏制城市"摊大饼"无序蔓延的状况。2016 年,北京市规划委副主任在"习总书记视察北京讲话两周年来北京市新举措新变化新成果"新闻发布会上介绍,为贯彻落实总书记关于"优化城乡空间布局"的指示要求,建立全域空间管控体系,北京市将市域空间划分为生态红线区、集中建设区和限制建设区,基本完成了全市域生态红线和城市空间增长边界划定工作❷。其中,生态红线区面积约占市域面积的 70%。与此同时,北京结合市域环境容量、功能疏解、减量发展的目标,将中心城、新城、镇中心区、独立城镇组团、重点功能区划为集中建设区,其面积约为市域面积的 16%。在集中建设区外划定城市增长刚性边界,城镇建设项目选址建设均应控制在城市空间增长边界以内,坚决遏制城市"摊大饼"式发展。

6.2.1.2　绿带

国内的绿带政策是在借鉴英国等欧美发达国家相关做法的基础上,由少数大城市开始自主推行的一种规划政策。20 世纪末,在城市规模持续扩大和近郊农田不断被占领的情况下,北京、上海和广东开始编制绿带规划,在城市主城区或者组团之间确定一个相对较宽的环城绿带,其初衷是限制城市的无序蔓延,但是经过多年实践,绿带宽度不断减少,无法承担分割城区和限制城市空间无序发展的任务,很多城市的环城绿带实际成为一种郊野公园和游憩景观,绿带政策的实施结果普遍不尽如人意。

北京早在 1958 年总体规划中就确定了"分散集团式"的城市形态,同时也形成了绿化隔离地区的概念。绿化隔离地区是阻隔城市"摊大饼"的重要工具,在历版北京市总体规划中作为重要控制内容保留了下来。但是由于实施问题,原规划面积为 350 km^2 的绿化隔离地区在 2000 年编制的《北京市绿化隔离地区绿地系统总体规划》中已经减少到 241.37 km^2,而其中的规划绿地(公园、防护绿地和生产绿地)只有 125 km^{2}❸,中心城区与近郊的界限已模糊。广东和上海的绿带规划实施也遇到了相同的问题,究其主要原因是绿带政策实施缺乏法律的权威性和规划体

❶ 张振广,张尚武.空间结构导向下城市增长边界划定理念与方法探索——基于杭州市的案例研究[J].城市规划学刊,2013(4):33-41.

❷ 贺勇.北京划定城市增长刚性边界——遏制"摊大饼"无序蔓延[N],人民日报,2016-02-22(2).

❸ 杨小鹏.英国绿带政策及对我国城市绿带建设的启示[J].国际城市规划,2010(1):100-106.

系的完整性作为保障❶。

上海市在2002年就颁布实施了《上海市环城绿带管理办法》（以下简称《办法》），《办法》确定环城绿带具体由上海市规划国土资源局会同市绿化和市容管理局共同划定，规划图如图6.5所示。2012年施行了《环城绿带工程设计规范》（DG/TJ 08—2112—2012），经过多年的建设，沿上海外环线外侧环中心城区，一条宽约500 m、总面积超过3000 hm²的环城绿带初步建成。环城绿带由100 m宽的纯林带和400 m宽的绿带组成，其中纯林带人为干扰较少，为构建动植物生态群落创造了适宜的环境；400 m宽的绿带内，建有苗圃、花圃、纪念林地和以文化旅游、体育休闲等为主题的大型公园，供市民娱乐、休憩。但之后上海市的环城绿带逐渐蜕化成环城公园体系，失去了在城市空间治理方面的意义。

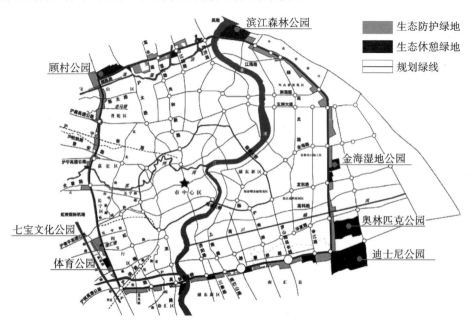

图6.5　上海市环城绿带规划图

（来源：上海市园林科学规划研究院）

6.2.1.3　三区四线

"三区四线"是城市总体规划强制性内容，也是总体规划的重要组成部分。"三区"指禁止建设区、限制建设区和适宜建设区，"四线"指绿线、蓝线、紫线和黄线。"三区"主要是控制城镇规划区内开发地块的数量和位置，"四线"是针对保障城镇正常运转和提高生活质量的基础设施和建筑空间所做的具体保护规定。以枣阳市为例，其规划区"三区四线"划定图如图6.6所示。

---

❶　杨小鹏.英国绿带政策及对我国城市绿带建设的启示[J].国际城市规划,2010(1):100-106.

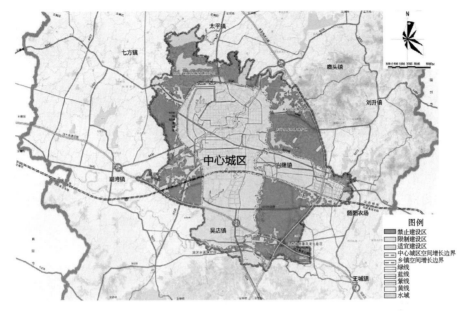

图 6.6 枣阳市规划区"三区四线"划定图

（来源：湖北省规划设计研究院）

1．禁止建设区

禁止建设区包括基本农田、行洪河道、水源地一级保护区、风景名胜区核心区、自然保护区核心区和缓冲区、森林湿地公园生态保育区和恢复重建区、地质公园核心区、道路红线内、区域性市政走廊用地范围、城市绿地、地质灾害易发区、矿产采空区、文物保护单位保护范围等。这些区域禁止城市建设开发活动。

2．限制建设区

限制建设区包括水源地二级保护区、地下水防护区、风景名胜区非核心区、自然保护区非核心区和缓冲区、森林公园非生态保育区、湿地公园非保育区和恢复重建区、地质公园非核心区、海陆交界生态敏感区和灾害易发区、文物保护单位建设控制地带、文物地下埋藏区、机场噪声控制区、市政走廊预留和道路红线外控制区、矿产采空区外围、地质灾害低易发区、蓄涝洪区、行洪河道外围一定范围等。这些区域限制城市建设开发活动。

3．适宜建设区

适宜建设区指已经划定为城市建设用地的区域。在这些区域内应合理安排生产用地、生活用地和生态用地，合理确定开发时序、开发模式和开发强度。

4．绿线

绿线指划定城市各类绿地范围的控制线，规定保护要求和控制指标。

5．蓝线

蓝线指划定在城市规划中确定的江、河、湖、库、渠和湿地等城市地表水体保护和控制的地域界线,规定保护要求和控制指标。

6. 紫线

紫线指划定国家历史文化名城内的历史文化街区和省、自治区、直辖市人民政府公布的历史文化街区的保护范围界线,以及城市历史文化街区外经县级以上人民政府公布保护的历史建筑的保护范围界线。

7. 黄线

黄线指划定对城市发展全局有影响、必须控制的城市基础设施用地的控制界线,规定保护要求和控制指标。

住建部已经出台关于"四线"的管理办法,具有一定法律效力,对在城镇规划控制范围内的任何单位和个人的新建和改造活动具有直接约束效力,因该管理办法同时又作为城市总体规划的强制性内容,所以实施效果较好。

6.2.1.4　基本生态控制线

基本生态控制线是为保障城市基本生态安全,维护生态系统的科学性、完整性和连续性,防止城市建设无序蔓延,在尊重城市自然生态系统和合理环境承载力的前提下,根据有关法律、法规,结合城市实际情况划定的生态保护范围界线。深圳和武汉等大城市编制过基本生态控制线规划。

1. 深圳市基本生态控制线管理规定

深圳市在 2005 年制定了《深圳市基本生态控制线管理规定》,依据此规定,深圳市 974 km^2 的土地被划入基本生态控制线范围内,如图 6.7 所示,同时被划入的土地的利用方式也受到了控制,其主要控制内容包括以下几个方面。

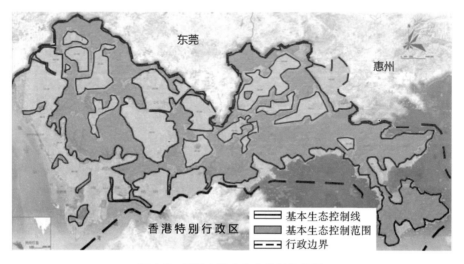

图 6.7　深圳市基本生态控制线范围

(来源:深圳市规划和国土资源委员会)

（1）活动限制。

除下列情形外，禁止在基本生态控制线范围内进行建设：

①重大道路交通设施；

②市政公用设施；

③旅游设施；

④公园。

上述所列建设项目应作为环境影响重大项目依法进行可行性研究、环境影响评价及规划选址论证。在规划选址批准之前，应在市主要新闻媒体和政府网站公示，公示时间不少于 30 日。已批建设项目，要优先考虑环境保护，加强各项配套环保及绿化工程建设，严格控制开发强度。

（2）建设要求。

基本生态控制线内已建合法建筑物、构筑物，不得擅自改建和扩建。

基本生态控制线范围内的原农村居民点应依据有关规划制定搬迁方案，逐步实施。确需在原址改造的，应制定改造专项规划，经市规划主管部门会同有关部门审核公示后，报市政府批准。

2. 武汉市基本生态控制线管理规定

武汉市于 2012 年正式颁布《武汉市基本生态控制线管理规定》(市人民政府第224 号令)，首次实现了生态框架的制度化管理，基本生态控制线规划如图 6.8 所示。为推进基本生态控制线的精细化管理，依据《武汉市城市总体规划（2010—2020 年)》和《武汉都市发展区"1＋6"空间发展战略实施规划》，武汉市国土资源和规划局组织编制了《武汉都市发展区 1∶2000 基本生态控制线规划》，为规范基本生态控制线的管理，2016 年 10 月施行了《武汉市基本生态控制线管理条例》，其主要内容有以下几个方面。

（1）非法定不得变动程序。

条例明确规定，非依法定条件和程序，不得调整基本生态控制线。

对基本生态控制线的调整程序、条例要求，由区政府在媒体和网站上公示调整申请，征求公众和利害关系人的意见，并组织可行性论证和环境评估，经区人大审议后向市政府申请。

此外，条例特别指出，涉及生态底线区调整的，市人民政府在审批前应当将调整方案提交市人大常委会审议。

（2）社会公示不少于 30 日。

条例明确规定，基本生态控制线划定工作要广泛征求社会各界意见，包括应当征求市人民政府相关部门和各区人民政府意见，采取论证会、听证会或其他方式征求专家和公众意见，并且要求向社会公示，且时间不少于 30 日。

（3）禁止与生态保护抵触。

条例明确规定，生态底线区仅允许五类项目进入，包括以生态保护、景观绿化

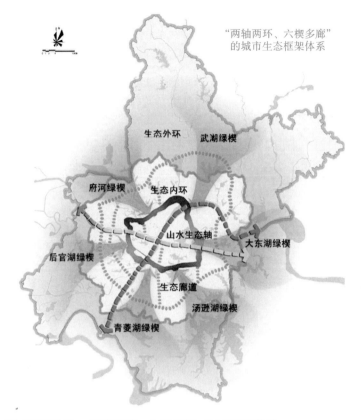

"两轴两环、六楔多廊"
的城市生态框架体系

城市生态框架体系:"两轴两环、六楔多廊"的生态框架体系。
"两轴":以长江、汉江及东西山系构成"十"字形山水生态轴,是展现武汉"两江交汇、三镇鼎力"独特城市空间格局和城市意象的主体。
"两环":以三环线防护林带及其沿线的中小型湖泊、公园为主体形成三环线生态隔离带,是主城和新城组群的生态隔离环;都市发展区外以生态农业区为主形成片状大生态外环,是武汉都市发展区与城市圈若干城市群之间的生态隔离环。
"六楔":是都市发展区水系、山系最为集中,生态最为敏感的地区,是防止六大新城组群连绵成片的组群间生态隔离区,也是确保"1+6"城市空间有序拓展的重要控制地带和关键点。
"多廊":在各新城组团间、六大生态绿楔间,以若干宽度适宜的生态廊道。为各生态基质斑块的重要连通道。

图6.8 武汉市基本生态控制线规划

(来源:武汉市国土资源和规划局)

为主的公园及其必要的配套设施,自然保护区、风景名胜区内必要的配套设施;符合规划要求的农业生产和农村生活、服务设施以及乡村旅游设施;对区域具有系统性影响的道路交通设施及市政公用设施;生态修复、应急抢险救灾设施;国家标准对项目选址有特殊要求的建设项目。

此外,生态发展区内除生态底线区准入的项目外,还允许生态型休闲度假项目、必要的公益性服务设施、其他与生态保护不相抵触的项目进入。

(4)建立生态补偿机制。

为调动各方面积极性,加快推进基本生态控制线保护工作,条例从资金保障、生态补偿、激励机制等方面做出细化规定。

(5)纳入绩效考核。

条例明确规定,市、区人民政府应当每年向同级人大常委会报告基本生态控制线管理工作情况;市人民政府应当建立基本生态控制线管理考核体系,将基本生态控制线管理工作纳入对区人民政府及其负责人、市人民政府相关部门及其负责人的考核内容。

条例同时鼓励社会公众力量参与监督,明确政府建立信息公开和公众参与制度,鼓励单位和个人参与基本生态控制线保护活动,对做出显著成绩的单位和个人给予奖励,对查证属实的举报予以奖励。

6.2.1.5　土地利用总体规划

土地利用总体规划是在一定区域内,根据国家社会经济可持续发展的要求和当地自然、经济、社会条件,对土地的开发、利用、治理和保护在空间上、时间上所做的总体安排和布局,是国家实行土地用途管制的基础。土地利用总体规划是指在各级行政区域内,根据土地资源特点和社会经济发展要求,对今后一段时期内(通常为十五年)土地利用的总体安排。

土地利用总体规划的编制通常分为两大层面:自然资源部负责全国土地利用总体规划大纲的编制,为全国层面的土地利用和省市县下级土地利用总体规划提供基本依据;省市县的国土行政管理部门针对管辖区内的土地用途做出具体规划和管理,总体说来土地利用总体规划的基本准则是农田特别是基本农田不能减少。北京市土地利用总体规划(2006—2020 年)如图 6.9 所示。

6.2.1.6　城市开发边界

中央城镇化工作会议于 2013 年 12 月 12 日至 13 日在北京举行。会议要求:尽快划定每个城市特别是特大城市的开发边界,把城市放在大自然中,把绿水青山保留给城市居民。城市开发边界最早由原国土资源部(以下简称"国土部")提出,初衷在于保护基本农田的数量和品质,防止出现"占优补次"现象,由国土部和住建部共同探索推广实施。国土部、住建部配合修订相关规划以便城市划定边界,制止各地城市无节制扩张规模的"摊大饼"现象。2014 年 1 月,国土部部长表示,今后将逐步调减东部地区新增建设用地供应,除生活用地外,原则上不再安排人口 500 万以上特大城市的新增建设用地。

对于具体的城市开发边界如何划定,理论和实践都在探索之中,目前还没有成熟的理论框架和实践成果。当前主要的探索包括以下四个部分。第一部分,中国规划实践中"城市开发边界"相关的思维演变经历了从终极蓝图到弹性规划再到设置底线的过程,规划在理论和技术的选择上是合乎城市发展规律的。第二部分,防

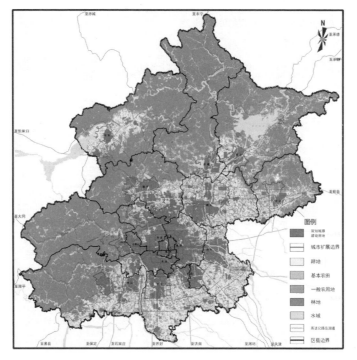

图 6.9 北京市土地利用总体规划(2006—2020 年)

(来源:北京市人民政府官网)

止将"城市开发边界"简单理解为只是在城市总体规划的适建区中划出一条界线,在严格保护资源和环境要素、维护公共安全等底线思维基础上,研究"城市开发边界"和其他规划工具可以综合利用的途径。考虑各种空间管制政策工具的协同性和有效性,使规划管理从被动走向主动。第三部分,在充分尊重国家法律制度的前提下,充分利用现行政策工具,提高"城市开发边界"的政策设计的效用,对城市蔓延问题的深层原因提出有针对性的创新制度解决方案。第四部分作为结论,提出划定"城市开发边界"本质上是一个政策设计过程,应通过部门协作,协同发挥既有工具的管理作用,对完善"四线"管理制度提出若干建议❶。

对于基本实施措施,国土部联合农业部出台了"永久基本农田"制度,探索在已划定的基本农田基础上,推进划定永久基本农田,即无论什么情况都不能改变永久农田的用途,让永久农田成为人们心目中不可侵犯的"神圣之地"。

6.2.1.7 建设用地指标流转

基于国家改革方针政策,在满足基本农田不减少的前提下,设置的地方建设用

---

❶ 张兵,林永新,刘宛,等."城市开发边界"政策与国家的空间治理[J].城市规划学刊,2014(3):20-27.

地指标流转政策直接、积极地影响了城市空间增长。如重庆的"地票政策"。所谓地票,是指包括农村宅基地及其附属设施用地、乡镇企业用地、农村公共设施和农村公益事业用地等农村集体建设用地,经过复垦和土地管理部门严格验收后所产生的指标。企业购得的地票,可以纳入新增建设用地计划,增加相同数量的城镇建设用地。

重庆升为直辖市后,城市建设用地指标变得紧张,而重庆农村的人均建设用地面积为 220～250 m²,远远超过全国水平。虽然总的建设用地面积还较大,但是并没有充分利用。主要原因是大多数农村人口已经在城镇居住了,虽然户籍还在农村,但事实上已经在城镇买了房,有稳定工作,而在农村的住宅和农田逐渐被荒废。《国务院关于推进重庆市统筹城乡改革和发展的若干意见》(国发〔2019〕3 号)正式批准重庆建立统筹城乡的土地利用制度,在确保基本农田总量不减少、用途不改变、质量有提高的基础上,稳步开展城乡建设用地增减挂钩试点工作。以 2008 年 6 月 27 日国土部《城乡建设用地增减挂钩试点管理办法》为基础,2008 年 11 月 17 日,重庆市人民政府第 22 次常务会议通过了《重庆市农村土地交易所管理暂行办法》(以下简称《暂行办法》),2008 年 12 月 4 日,重庆农村土地交易所挂牌,该交易所以"地票"作为主要交易标的,中国的地票交易制度就此诞生。它也是在国家城乡统筹战略下,率先探索完善农村土地管理制度的改革工具。通过农村土地交易所,农村的耕地资源和建设用地资源得到集约化利用。

重庆农村土地交易所成立后,主要开展农村土地实物、指标交易。实物交易主要是指耕地、林地等农用地使用权或承包经营权交易,指标交易则极大缓解了城市建设用地紧张的局面。中国以往征收农村土地开展城镇建设,只能依靠国家每年下达的有限指标,而地票交易的出现,则让现实的用地制度多出了一条市场化的渠道。并且产生地票的土地都是通过对闲置农村宅基地及其附属设施用地、乡镇企业用地、农村公共设施和公益事业用地等农村集体建设用地进行复垦之后形成的。复垦整理置换出相应的城市建设用地指标,同时保证了基本农田的数量。地票将逐渐替代政府征地,成为经营性用地需求的指标来源,参与城乡统筹市场,同时促进城市空间增长。

6.2.2　城市空间治理的间接政策工具

作用对象并非是城市空间,但对城市空间资源的配置又产生重要影响的政策工具称为城市空间治理的间接政策工具。实践表明,经济政策、人口政策、住房政策、行政绩效考核政策等尽管不直接调整城市空间资源的配置,但是对城市空间资源的配置仍产生重要影响,间接作用于城市空间治理。

6.2.2.1　经济政策

经济政策是政府为实现经济发展目标,指导和调节经济活动,在经济领域所设定的行动准则和措施,是产业政策、财政政策、税收政策、货币政策、贸易政策等的总称。经济活动中,对空间资源配置产生作用的经济政策有产业政策、财政政策、税收政策等。

实行社会主义市场经济体制改革四十余年来,中央和地方各级政府根据经济发展环境的变化不断地出台促进经济发展的各项政策,这些政策的实施直接推动了经济发展,同时又间接影响了空间资源的配置。改革开放以来,国家制定对外开放政策,设立了五个经济特区、十四个沿海开放城市、十五个保税区、二百六十个沿海经济开放市县。这些地区因获得了政策支持,经济取得了快速发展;与此同时,沿海地区的空间资源被快速地开发利用,城市空间急剧扩张,呈现区域空间蔓延的态势。正所谓"走了一城又一城,城城是乡村;走了一村又一村,村村似城镇"。

经济政策中的产业政策对空间资源配置的影响是深刻的。产业结构政策影响到空间资源利用的效率,改革开放的前二十年,国家并没有对产业结构进行严格的规制,劳动密集型、资源消耗型的低端产业发展迅猛,土地资源消耗大、利用效率低;而产业布局政策则影响到空间资源利用的格局,部分地区为实现产业布局的目标,恣意开山填湖,牺牲生态资源、破坏生态环境的现象时有发生。

经济政策中的财政政策对空间资源配置的影响同样深刻。1994年实行的分税制财政管理体制极大地鼓舞了地方政府实施土地财政政策,土地出让金成为地方政府财政的主要来源,与房地产新政结合,共同推动了城市空间的快速扩张;地方政府为了拉动投资出台了税收减免政策、零地价政策,导致产业园区快速扩张,土地利用效率普遍低下。

6.2.2.2 人口政策

人口政策指政府为了达到预定的与人口有关的经济、社会发展目标而采取的旨在影响生育率、死亡率、人口年龄结构、人口素质、教育程度、道德思想水平以及人口迁移和地区分布等方面变化的一系列措施。其中人口迁移及人口的地区分布与空间增长有必然的联系,而户籍、人才引进等政策是导致人口迁移和人口地区分布改变的主要原因。

人口的城镇化是城镇发展的基本动力,是城市空间扩大的基础,是吸纳流动人口促进城市发展的重要手段。目前,流动人口分布的空间格局具有较强的稳定性,长三角、珠三角和京津冀等城市群仍然是流动人口的主要集中地,但城市群内部的空间结构差异显著。长三角地区形成了规模上"一主两副多极"、空间上集中和分散相结合的基本格局,京津冀地区呈现出典型的"一主一次"的双极化格局,而珠三角地区则是规模上"多极并立"、地域上紧密连接的城市群。随着山东半岛、福建沿海和辽宁中南部等城市群的快速发展,流动人口的沿海集中区有连绵化的趋势。内陆地区的省会等特大城市也吸纳了大量的流动人口,同时流动人口分布重心出现了明显的北移。流动人口的空间分布呈现显著正向的空间自相关,长三角高值集聚区规模最大,扩散作用也最强❶。

　　城市空间与城市人口数量相对应,上述城镇群中的超大、特大城市已经处于城镇化的高级阶段,对流动人口有极强的吸引力,但是因为人口过度集聚产生公共安全、公共交通和卫生健康等城市病问题,许多城市已采取收紧人口的管理政策,主要表现在"积分落户"等严格的户籍政策上。内地各省会城市和中心城市还处于城市化的增速阶段,所以表现出较为宽松的人口政策,部分城市甚至还在吸引流动人口方面设置若干优惠条件。

　　而这些人口政策相应地会对城市空间增长带来影响,城镇常住人口更是计算城镇建设用地规模的直接指标。据住建部督察组相关信息披露,目前全国城市总体规划所测算的人口之和比全国实际总人口多出一倍,达到三十多亿,城市建设用地指标也相应比实际需要多很多,从中可见人口政策对城市空间增长具有较强的间接影响作用。

　　2019 年中国大陆的城镇化水平已经达到 60.6%❷,目前正处于城镇化发展的转型期,如何利用好人口政策引导城镇化健康合理发展,吸引人口在城市合理集聚是非常重要的问题。不同的城市和地区尚处在不同阶段,人口政策不能"一刀切",同时也不能"各自为政",必须在"全国一盘棋"的总思路下进行调控,引导人口在不同时空不同城市集聚,促进集聚点的配套发展和空间有序增长,推动城镇空间健康发展。

6.2.2.3　住房政策

　　住房政策是政府公共管理事务的重要组成部分。所谓住房政策,一般是指政府干预和解决住房及其相关问题的措施,具有经济功能和社会功能。在大多数实行市场经济的国家,住房政策既是一项经济政策,又是一项社会政策❸。住房政策从对象上可以分为商品房政策和保障房政策。作为经济功能,住房政策的主要目标是维护房地产市场的运行秩序,推动以住房为主的房地产经济和房地产市场的发展,拉动国民经济的增长,并促成人们依据其购买能力从市场上获取住房,注重资源的配置效率。作为社会功能,住房政策的主要目标则是利用公共财政及现有的社会资源,扩大住房供应方式和供应量,增进社会的整体福利,以保障全体社会成员的住房权利,保障社会财富的公平分配,维护社会公平正义❹。在现阶段,住房问题已不只是简单的经济问题,而是复杂的政治问题和社会问题,它不仅涉及公

---

❶　刘涛,齐元静,曹广忠.中国流动人口空间格局演变机制及城镇化效应——基于 2000 和 2010 年人口普查分县数据的分析[J].地理学报,2015(4):567-581.

❷　国家统计局官方网站,2020-01-19.

❸　郭魏青,江绍文.混合福利视角下的住房政策分析[J].吉林大学社会科学学报,2010,50(2):128-134.

❹　李国敏,卢珂.公共性:中国城市住房政策的理性回归[J].中国行政管理,2011(7):51-54.

民个人的基本住房权益、市场各主体之间的利益均衡,还涉及社会财富的公平公正分配、住房及城市空间增长等重大问题。

商品房政策如曾经颁布的关于房地产的"9070"政策,2006 年为调控楼市过快上涨,住建部等九部委联合制定了《关于调整住房供应结构稳定住房价格的意见》。其中规定"自 2006 年 6 月 1 日起,凡新审批、新开工的商品住房建设,套型建筑面积 90 m² 以下住房(含经济适用住房)面积所占比重,必须达到开发建设总面积的70%以上"。这在一段时间内确实起到一定作用,城镇的空间利用更加集约了,城市发展也较为紧凑。自 2014 年底以来,房地产市场的迅速升温带来了大量社会问题,除北京、深圳、上海之外,合肥、武汉、长沙、济南、郑州也开始颁布实施新的商品房建设、经营、销售和贷款政策。如武汉推出的商品房限购措施如下。①住房限购限贷范围为江岸、江汉、硚口、汉阳、武昌、青山、洪山区以及武汉东湖新技术开发区、武汉经济技术开发区(不含汉南区)、武汉市东湖生态旅游风景区等区域。②在本市无住房的居民家庭,在上述区域购买首套住房申请商业性个人住房贷款的,最低首付款比例为 25%。③在本市拥有一套住房的本市户籍居民,在上述区域购买第二套住房申请商业性个人住房贷款的,最低首付款比例为 50%。在本市拥有一套住房的非本市户籍居民家庭,在上述区域购买住房的,暂停发放商业性个人住房贷款。④在本市拥有 2 套及以上住房的本市户籍居民,在上述区域购买住房的,暂停发放商业性个人住房贷款。在本市拥有 2 套及以上住房的非本市户籍居民家庭,暂停在上述区域向其出售住房❶。由此可以预见,武汉外围城市组团空间扩展将会因此受到影响。

除了商品房政策之外,在中央政府强力推动下,从 2011 年起,保障房建设成为地方政府的硬性任务。根据住建部相关统计,2011 年到 2013 年底,全国城镇保障性安居工程累计开工 2490 万套,基本建成 1577 万套。截至 2014 年 8 月底,已开工 3140 万套,基本建成 1977 万套,这意味着相对于"十二五"规划的 3600 万套任务,已开工套数和基本建成套数分别完成了计划的 87%和 55%。这么大规模的保障房建设,相应的城市建设用地指标也需要增加。国土部公布的 2011 年住房土地供应计划,计划供应量达到 21.8×10^4 hm²,比上一年度提高了 18%。其余各项指标也均有所提升。其中保障性安居工程计划供地 7.74×10^4 hm²,比 2010 年实际供地量增加了一倍多,保障性安居工程新增供地也将占到住房用地总供应量的30%以上。所以保障房发展政策也成为间接推动城市空间发展的重要因素。

6.2.2.4　行政绩效考核政策

第 4 章在讨论城市空间治理的制度环境中提出"为增长而竞争"的政府行为逻

---

❶ 《市人民政府办公厅关于在我市部分区域实行住房限购限贷措施的通知》(武政办〔2016〕131 号).

辑,这一逻辑的原始起点是政府行政绩效考核政策。改革开放以来,行政官员的绩效考核受 GDP 的影响较大,驱使行政官员利用手中的政策工具实现 GDP 最大化,而根据城市经济发展现实情况,"卖地"是目前地方 GDP 最主要的增长手段,对于地方财政收入来说就更是如此,不少城市包括北京的土地出让金占财政收入的比例接近 50%,个别地方的土地出让金甚至占到了政府财政收入的 60%。"土地财政"的比重极大地影响到了"为增长而竞争"这一逻辑❶,在"财权上收、事权下放、人事任命权集中"所构成的政府内部治理结构中,形成了基于行政绩效考核政策的城市空间增长动力。

在城市扩张过程中,政府借助土地资源的资本化,为提高产出而加大投入。同时,在 GDP 导向考核机制作用下,土地财政借助银行信贷能够获得类似通过发行货币促进经济增长的"乘数效应",可以取得成本低、见效快的结果。增加建设用地不仅能直接提高机构和个人的自有资本金,而且还可以通过土地抵押贷款,放大土地持有机构和个人的信用,进而把数倍于土地价值数量的银行信贷转换为带动经济增长的社会总投资。按照北京大学中国经济研究中心课题组(2011)总结的"供地融资"经济流程,在土地开发带动城市化和经济增长的现象背后,隐藏着"农地→建设用地征用→政府向机构和私人转让土地使用权→土地评估→抵押和信贷→投资形成"的流程❷。正是由于这种乘数效应,形成了 GDP 和地方财政收入的"双增长",这种现象的空间表现则是各种新区、开发区、工业区、大学城、高铁城、航空城等的建设,政府采取创办园区、以地招商引资方式,推进建成区高速扩张。据统计,截至 2005 年,中国各类开发区共计 6866 个,规划用地面积 3.86×10^4 km²,超过全国现有城镇建设用地 3.15×10^4 km² 的总面积❸。在 GDP 考核导向刺激下,土地财政通过乘数效应,显著地推动了城市化进程和经济增长。同时造成了城市用地的无序扩张和低效利用,1990—2000 年,中国土地城镇化速度是人口城镇化速度的 1.71 倍。2001—2010 年间这一趋势更加明显,城市建设用地面积扩大了 83%,但城镇人口仅仅增加了 45%,两者间的比例扩大到 1.85 倍❹。另一方面,现有征地制度保证了从征地到出让环节的低交易成本,于是地方政府必然更倾向于从土地增量中寻找增加财政收入和 GDP 的机会,热衷于"摊大饼"式的城市化扩张模式。

在目前这种行政绩效考核政策中,城市规划更多地扮演了地方政府获取空间

---

❶　于澄,陈锦富.增长竞争与权力配置:对中国城市规划运行环境的讨论[J].城市发展研究,2015,22(4):46-51,90.

❷　北京大学中国经济研究中心课题组.城市化、土地制度与宏观调控[N].经济观察报,2011-04-18.

❸　郭志勇,顾乃华.制度变迁、土地财政与外延式城市扩张——一个解释我国产业化和产业结构虚高现象的新视角[J].社会科学研究,2013(1):8-14.

❹　郑风田.土地变革调查:低成本扩张的城市化模式难以持续[N].经济参考报,2012-09-17.

资本的工具角色,以地生财的行政理念必然导致城市用地无限扩张。所以,对政府官员考核形成的行政绩效政策从某种程度上说也对城市空间增长间接地带来影响。

6.2.3 创设新工具——多规合一的空间规划

前面介绍的具体政策工具,多是各中央部门或者地方政府自发出台的一些政策,除了少数能够联合执行的政策之外,大部分政策不能相互联系,甚至还存在重复、矛盾的内容,法律权威性不够,因此实施效果较为有限。目前,中央政府对国土空间资源进行管理的工具的主要依据来源于发改部门的主体功能区规划、住建部门的城乡规划、国土部门的土地利用规划。三大规划管控的对象存在重叠,并且三者管理目标不同、技术标准不一、管理工具各异。政出多门导致矛盾和冲突频出,空间管理失序、失控。比如,城乡规划的目标年是二十年,土地利用规划的目标年是十五年;城乡规划划定的是目标年城市建设用地的边界和城市空间增长边界,而土地利用规划设定的是目标年土地利用指标和城市开发边界。两者的目标年不一致,空间管理的边界也不一致。

涉及空间管理工具的还有农业部门、林业部门、水利部门、环保部门、文物部门等制定的农业规划、林业规划、水利规划、环保规划、文物保护规划等,如何协调、整合分散于众多部门的空间管理工具,发挥政策的集成作用,应是国家空间治理体系改革的重要工作。

由发改委、住建部和国土部分头组织的多规合一试点工作尽管尚没有形成最终方案,但是由多规合一向统一集成的空间规划的转变是可以预见的,并可以由此推动构建国家空间规划体系,实现国家空间治理能力的质的提升。

将分散于各部门的涉及空间资源配置的部门规划如主体功能区规划、城乡规划和土地利用规划等予以撤销,合并成国家空间规划,在国家空间规划里合理配置生产空间、生活空间和生态空间,形成空间规划一张图、一张表、一套空间治理工具。

6.3 城市空间治理政策工具的作用机制

前文将城市空间治理政策工具分为直接政策工具和间接政策工具两大类,本节主要讨论这些不同政策工具之间的作用机制及对空间增长的影响程度。

6.3.1　城市空间治理政策的传导机制

6.3.1.1　直接政策的传导机制

直接政策根据编制主体层级的不同分为国家政策和地方政策,这些政策实施于不同地区的各个领域,有不同的作用范围,同时在社会生活的各个方面发挥控制和引导作用。城市规划、土地利用总体规划等规划对城市建设、空间布局、土地利用、耕地保护、资源环境节约、居民社会生活等方面进行细致的安排,引导城市健康、有序、协调发展。可以说,城市规划是直接对城市空间布局、土地利用进行指导的政策法规,其对于城市空间的作用直观而有效。

从用地范围和规模的角度来说,规划政策直接对城市未来用地规模和用地范围进行预测和管理。规划政策对用地作用示意图如图 6.10 所示。譬如土地利用总体规划对城市未来二十年的空间发展方向进行引导,对用地总量进行规模控制,使得城市在二维和三维的尺度上都有发展依据。

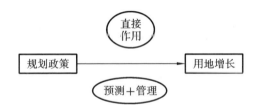

图 6.10　规划政策对用地作用示意图

从空间管制的角度来说,自 1998 年起,我国实行土地用途管制制度,编制土地利用总体规划,规定土地用途,通过划分农用地、建设用地和未利用地,控制建设用地总量,保护耕地。然而,一直以来的土地用途管制主要局限在土地用途分类及其数量规模上,并没有直接涉及土地的空间属性及其影响,因而在规范土地利用空间秩序、引导土地利用布局方面发挥的作用不大。自 2008 年以后,国家实行了城乡建设用地空间管制制度,对城乡建设用地有了更加严格的管理。规划范围内用地被划分为禁止建设区、限制建设区、适宜建设区和已建区,各区域城市空间安排不同的功能主导,进行区别管理。

城市规划与土地利用总体规划从不同的方面对城市空间进行管理,直接作用于城市空间形态、结构与发展规模,规划政策对城市空间作用的传导机制如图6.11所示。城市用地的发展与规划政策有直接的对应关系,是规划政策的直接表现。如武政办〔2004〕152 号文件《市人民政府办公厅关于加快武汉王家墩商务区建设步伐的意见》的规划决策;决定在我市王家墩地区高水平规划建设中国中部地区现代服务业中心。用 5～10 年,分两个阶段将该地区建设成具有武汉特色的新型城区。从 2005 年下半年开始集中 4～5 年对部队拟移交的土地进行前期开发建设,初步形成商业区的架构,再用 5 年基本建成商务区。规划范围7.41 km²,控制范围11.36 km²。该文件明确了王家墩的用地性质及规模,直接改变城市空间结构。

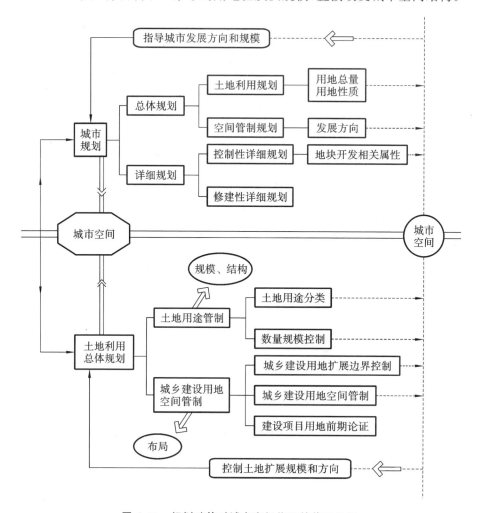

图 6.11　规划政策对城市空间作用的传导机制

6.3.1.2　间接政策的传导机制

1. 经济政策

经济政策是国家或政府为了达到充分就业、价格水平稳定、经济快速增长、国际收支平衡等宏观经济政策的目标,为增进经济福利而制定的解决经济问题的指导原则和措施,包括宏观经济政策和微观经济政策。宏观经济政策包括货币政策、财政政策、收入政策等;微观经济政策包括政府为维护市场正常运行而制定的立法及相关政策等。总之,经济政策是为了实现一个地区的经济目标、维护其经济发展、巩固其经济市场而制定的相关政策。经济政策制定的出发点是为经济增长护

航,直接作用点为货币市场和财政市场。经济政策传导机制示意图如图 6.12
所示。

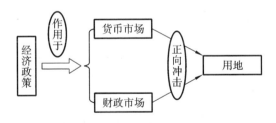

图 6.12　经济政策传导机制示意图

经济是人类社会的物质基础,是构建人类社会并维系人类社会运行的必要条件。在社会的巨系统中,经济是支撑体系的柱石,影响其他所有因素。经济增长推动社会进步和城市化进程。目前中国的城市化处于快速发展阶段,人口、用地的整体性扩张与经济增长正向相关。

陈本清借助遥感技术分析了厦门城市扩张的特征,认为经济发展、外商投资和自然环境是驱动城市扩张的主要动力。王贝结合计量经济学中的时间序列分析法和协整理论考察了经济增长与建设用地的关系,实证结果证明经济增长与建设用地存在长期协整的关系,经济增长是建设用地变化的 Granger 原因[1],经济增长直接推动建设用地的增加。经济政策正向冲击城市建设用地的扩张,推动城市空间的拓展[2]。

经济政策通过货币和财政对市场经济的强有力作用,运用各种经济手段,促进城市用地的发展[3]。土地市场、房地产市场、基础设施有偿化建设、重点工程等都是常用的推动城市用地扩张的经济手段。如通过对基准地价、标定地价体系的合理构建和调整,建立透明有序的土地出让转让市场,以土地有偿使用为原则,吸引各方投资,完善地方财政的自我累积,实现对城市用地建设的推动;完善与市场经济体制相适应的、开放的房地产市场,利用房地产的支柱地位推动城市空间的发展;基础设施是城市建设发展过程中不可或缺的组成部分,其建设水平与规模是衡量城市空间发展程度的重要标志,城市基础设施建设的有偿化运作不仅能带来经济收益,同时也能推动城市空间的发展,而政府投资、BOT 模式等投资方式都是基础设施有偿化运作的基础手段;重点工程建设和大项目投资对推动当地的经济水平是至关重要的,如何通过这些项目拉动经济发展,推动城市建设,合理落实项目的用地规模与布局,是经济政策对用地的直接作用表现。

产业政策同样是为拉动和保障城市经济建设而制定的,与经济政策有同样的

---

[1]　如果一个变量受到其他变量的滞后影响,则他们具有 Granger 因果关系。

[2]　王贝.我国经济增长和建设用地关系的实证研究[J].学术探索,2011(2):64-67.

[3]　赵岑,冯长春.我国城市化进程中城市人口与城市用地相互关系研究[J].城市发展研究,2010,17(10):113-118.

效用,它通过作用于产业的发展来实现经济目标的增长。与经济政策不同,产业政策对用地的推动不仅来源于经济目标实现后的经济产值推动,其中产业园区的建设也直接实现了用地空间的拓展。经济政策对城市建设影响的传导机制示意图如图6.13所示。

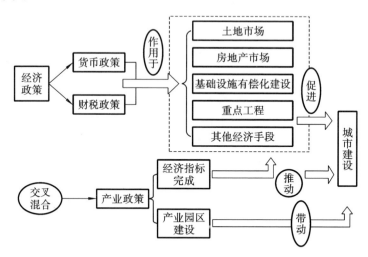

图6.13 经济政策对城市建设影响的传导机制示意图

经济政策作用于城市空间增长并产生影响的实例有:武政办〔1996〕87号文件《市人民政府办公厅转发市计委关于武汉市1996年加快发展第三产业报告的通知》直接对武汉市产业发展提出总体要求,将经济指标落实到各生产领域,通过经济指数的增长影响用地的扩张;武政办〔2003〕121号文件《市人民政府办公厅关于汉正街都市工业园区入驻企业若干优惠政策的通知》通过对入驻企业采取税收奖励推动都市工业园的发展,以经济手段促进经济、用地发展;武汉市十二五规划中提出的"工业倍增计划"指出,十二五期间,全市共布局净工业用地385 km²,其中,新城区工业用地将由60 km²增加到231 km²,成为"工业强市"战略的主阵地,以实现十二五时期"工业倍增"计划。该计划直接从产业发展入手,明确经济目标对配套产业发展的用地需求,直接刺激了武汉市外围组团的城市空间增长。

2. 人口政策

众所周知,为了缓解中国人口压力、保证资源环境的可持续利用,中国采取了计划生育政策的基本国策,然而中国处于城镇化发展的加速期,如何合理引导非农居民健康城镇化,吸引非农人口在城市合理集聚,人口政策发挥重要的指挥作用。利好的人口定居政策吸引居民在不同的地区集聚,促进地区的配套发展和空间扩张。其他方面的政策也会影响人口集聚,不同方面的利好政策从不同方面加剧人口流动,推动空间发展。人口政策传导机制示意图如图6.14所示。

鲍丽萍采用灰色关联度分析法分析,认为非农业人口的增长是影响城市建设用地扩张的主导因素,而经济总量增加的影响不明显。章波利用因子分析法分析

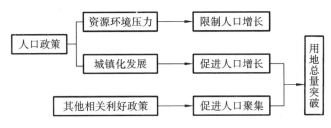

图 6.14　人口政策传导机制示意图

指出人口城镇化增长和经济总量的增加是推动长三角地区人口和用地发展的主要动力,且人口城镇化的作用因素还在加强。赵岑、冯长春结合中国城市用地的实际情况,构建异速生长模型探讨中国城市人口增长与城市用地扩张的相互关系,研究证实特大城市、综合性城市建设用地扩张速度最快,2003 年起城市用地增长速度超过城市人口增长速度,城市体系内部人口与建设用地进入正异速生长阶段。

　　3. 交通政策

　　刘迁认为影响土地利用和发展的因素非常复杂,其中决定因素是经济政策,交通政策是次要因素,故不能建立单一反映交通政策与土地利用之间的数学模型,应借鉴国外的经验建立土地规划和交通规划的滚动-联动机制。王有为认为不同交通系统适合不同的土地利用形态,小汽车交通适合低密度均质的土地利用形态,公共交通适合高密度组团式的土地利用形态,而中国现状是很多大城市呈现出高密度均质的土地利用形态。李凤军认为城市交通对城市土地开发具有先导作用,大容量快速公共交通可引导集中、高密度的城市土地利用,小汽车交通产生分散、低密度的土地利用。

　　随着城际交通的发展,城市间也建立起了轴向联系,人流由被辐射方吸引到辐射方,施加辐射作用的城市主体帮助被吸引的人流完成异地城镇化过程,施加辐射作用的城市人口得到集聚,城市空间进一步增长。在城市内部,城市道路基础设施的完善起到了交通的指向作用,满足了土地竞租理论的空间需求,引导居民居住用地、工业产业用地的外迁,实现了城市空间的飞速发展,促进了新空间在城市外围蔓延。随着交通轴线空间关系的建立,轴间用地进一步得到填充,道路交通完成对城市用地的引导作用。交通政策传导机制示意图如图 6.15 所示。

图 6.15　交通政策传导机制示意图

　　如武政办〔2007〕124 号文件《武汉市人民政府办公厅关于优先发展城市公共交通的意见》的目标指出:到 2012 年初步形成以大运量快速轨道交通为骨干,常规公共汽车为主体,出租车和轮渡为补充的城市公共交通体系,基本确立公共交通在城市交通中的优先地位,城市公共交通在城市交通总出行中的比例达到30%以上,中心城区公共交通线网密度达到3.5 km/km² 以上。这个交通政策将引导城市调整形成合理的城市用地形态,引导城市空间健康发展。

4. 行政政策

行政是作为决策职能的政治执行职能。行政政策为决策职能服务,辅助政治政策顺利完成。从受力效果上说,行政政策可以提高行政执行者的行政能力与效率,推动决策政策执行;同时,行政政策也会给一级行政长官带来政绩压力,促使其积极地完成政绩。行政政策传导机制示意图如图6.16所示。

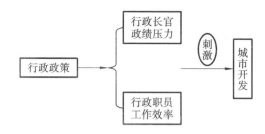

图 6.16　行政政策传导机制示意图

在当今以经济建设为中心的社会发展中,各方面效率的提高最终会促进经济增速的提高。而经济的增长又间接推动城市用地的发展,故可以说行政效率的提高也是促进用地发展的一个动力。

陈爽、姚士谋、吴剑平等借助于虚拟变量的逻辑斯蒂回归方法分析证明了用地审批制度与规划管理制度对用地闲置的显著影响❶。用地审批权和规划管理权上收有利于减少用地闲置率,有利于城市用地的集约节约利用。而现有的土地财政以地生财的行政理念必然导致城市用地无限扩张。

武汉市实施的规划审批权下放区规划局的管理制度:区规划局享有对本区规划用地的审批权限,市规划局对区规划局进行业务指导,而区规划局领导由区政府直接任命。如此一来,受区级经济利益最大化的驱动,在土地财政观念的作用下,区政府施加政绩压力于区级规划局长,区级的规划用地审批将不受市级规划用地的统一控制与协调,审批权的下放与隐形的用地蔓延直接挂钩。市区共管的用地审批权制度和规划管理权的下放直接推动了武汉市外围组群的城市空间增长。行政政策的压力对城市开发的刺激极大地促进了武汉市外边缘区用地的增长,是突破城市外围用地的一只隐形的大手。

5. 其他政策

其他政策,譬如房地产业的政策,经济适用房、廉租房的建设政策,它们是对民生工程的支持,其选址在符合地租理论要求的同时加剧了城市空间的扩张;其附近

---

❶ 陈爽,姚士谋,吴剑平.南京城市用地增长管理机制与效能[J].地理学报,2009,64(4):487-497.

基础设施的配套建设促进了城市新兴地块的兴起。

同时,房地产业有些方面的政策还推动了城市土地集约节约利用,间接促进了城市空间精明增长。如武政办〔1999〕21 号文件《武汉市人民政府办公厅关于支持科研院所、大专院校、文化团体和卫生机构利用单位自用土地建设经济适用房的通知》,政府鼓励单位自建房,单位大院的模式是新兴的用地混合方式,职住平衡缩短了交通距离,是集约节约利用土地的表现,有利于城市空间的合理利用。

6.3.2　城市空间治理政策的协同作用机制

6.3.2.1　经济政策与直接政策的协同作用机制

经济政策作用于货币市场和财政市场,通过对经济的拉动使用地不断扩张。然而在经济政策正向刺激用地的同时,城市规划的规划管理和土地利用总体规划的土地管理也发挥其对土地的调控作用,与经济政策发生协同作用,对正向刺激用地的过程起到过滤效果,最终综合作用于用地增长。但过高的经济目标、过快的经济增长速度必然导致资源浪费和环境破坏,经济的发展以城市的不可持续发展为代价,规划管理和土地管理的调控作用此时则必然被激发。通过对土地总量规模、土地开发区位的限制,规划管理和土地管理反作用于经济政策,对过高过快的经济增长目标进行反馈调节,从而促使经济政策的调整或重新制定。

规划管理与土地管理基于规划管理体制内部发现的问题,通过规划政策与土地政策的反馈调节进而对城市用地、空间增长进行控制与引导,与经济政策协同作用于土地市场。经济政策与规划政策协同作用机制示意图如图 6.17 所示。

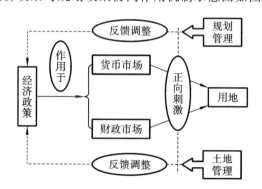

图 6.17　经济政策与规划政策协同作用机制示意图

6.3.2.2　人口政策与直接政策的协同作用机制

人口政策推动城镇化人口发展,促进城市农村居民向非农居民转化,吸引异地非农人口的集聚,其他相关人口利好政策也拉动人口向城市集聚,共同促进城市的用地扩展。然而,城市配套的公共服务设施、市政设施有一定的容纳度,在容纳范围之外的城市人口会增加城市运行的负担,降低城市运营的效率,继而对城市发展产生阻碍。故规划管理和土地管理应预先对城市人口规模进行预测,在人口容量达到饱和之前对城镇化人口规模进行限制,对人口流动进行政策调控,间接控制人口过快过多集聚,避免人口过多转化集聚突破用地总量对人口容量的承受能力。

在城市发展过程中,通过城市人口预测对人口政策和其他人口利好政策进行反馈调整,保证城市化率的人口目标,同时协调配套设施与人口的协同增长,使城市人口在合理阈值范围内健康增长,保证城市人口与用地的协调发展,从而使人口政策与城市规划和土地利用总体规划发挥协同作用,共同促进城市用地合理增长。人口政策与规划政策协同作用机制示意图如图 6.18 所示。

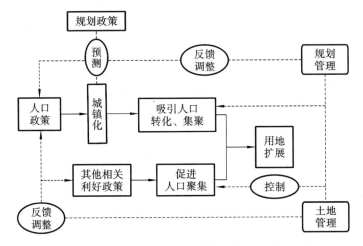

图 6.18　人口政策与规划政策协同作用机制示意图

6.3.2.3　其他政策与直接政策的协同作用机制

(1) 交通政策与规划政策的协同作用机制。

城市规划政策对城市新区交通基础设施的投入力度进行整体把握,对老区基础设施的改善进行容量调整,对城市整体发展道路交通的要求进行统一规定,对配套设施容量进行门槛设置,对交通基础设施建设过程中的用地布局和规模进行反馈调整,使得交通发展与用地扩展相适应。

当城市在交通政策导向的作用下出现发展方向偏离(如城市近郊的蔓延)或城市用地失控的情况,城市规划和土地利用总体规划会利用其政策属性反馈调整交通政策,与交通政策协同作用于用地发展。交通政策与规划政策协同作用机制示意图如图 6.19 所示。

(2) 行政政策与规划政策的协同作用机制。

针对行政政策给行政长官带来的政绩压力从而造成的城市用地无限扩张的情

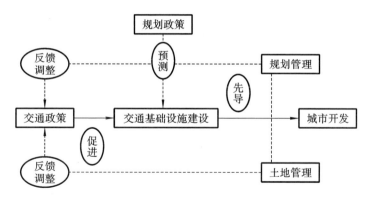

图 6.19　交通政策与规划政策协同作用机制示意图

况,规划审批权的上收政策可以明显减弱这种趋势。上收区级长官规划管理行政权限,用行政政策保证规划管理的公正与合理,避免土地财政经济刺激对规划管理产生的负面作用,使得市级规划设想得到政策保障,规划管理秩序得到维护,规划工作能够顺利进行。而审批权的上收也是基于规划管理权下放的效果而做出的决定,是规划管理效率与规划管理效果博弈的结果,其平衡的保证就是行政权力的下放与集中,是行政政策与规划政策相互调整协作控制用地的集中表现。行政政策与规划政策协同作用机制示意图如图 6.20 所示。

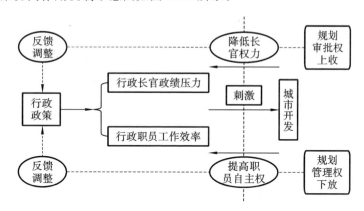

图 6.20　行政政策与规划政策协同作用机制示意图

（3）综合政策中规划政策的协调作用。

在综合政策中规划政策起到相应的协调润滑作用。如在"两型社会"资源节约的目标要求下,土地的集约节约利用,对土地混合布局模式的设想都从规划政策的角度积极响应政策总目标;在"两型社会"环境友好的标准下,规划政策也从宏观至空间管制,微观至绿色廊道、景观轴线的打造等不同角度、不同层面契合了政策要求,从而调控用地发展以期达到政策总目标的要求。

6.3.2.4　城市空间治理政策协同作用机制的案例讨论

1. 人口政策与规划政策协同作用

美国科罗拉多的 Boulder 市原本仅有 9.3 万人,20 世纪 60 年代至 70 年代城市急速扩张,该市制定人口政策,要求确保人口增长率大大低于 60 年代,并制定了相应的管制条例:住宅开发增长率低于 1.5%,即大约每年 450 个住宅单元的增量。同时 Boulder 还建立了城市的绿带系统,作为遏制城市蔓延的界线。

佛罗里达州的 Boca Raton 是一个风景旅游城市,20 世纪 60 年代该市发展迅猛,1972 年该市制定政策:将城市发展规模限制在 4 万个住宅单元以下,即不超过 10.5 万人,除独户式和两户并联式以外的所有住宅开发项目"暂停开发",并重新制定区划规定来降低规划许可的密度上限。

这两个案例说明西方国家具有一定自治权的城市,可以同时出台人口政策和规划政策控制城市空间增长❶。

2. 基础设施建设管理政策与规划政策协同调控用地发展

Ramapo 是位于纽约市通勤距离内的一个半乡村型的小镇。1969 年,鉴于两条干线公路贯通给城市带来的增长压力,该镇通过了一项中低密度开发的综合规划,并随后修改了区划条例,要求只有在完成基础设施配套之后才能进行居住区的开发建设。同时,该镇还批准了一项为期 18 年的基础设施建设预算,为此设立了一个评分制度,每个开发项目都要根据市政设施的配套完善程度来打分,凡不满 15 分的一律往后压,直到配套完成。新条例实施之后,Ramapo 的住宅建设量立即下降了 2/3。1972 年建筑承包商曾上诉法院,但这项开发管制制度得到了纽约最高法院的支持,因而诉讼未果。尽管由镇来控制基础设施的供给引起了人们对这一制度的批评,但其创新的规定、积极的司法支持和广泛的宣传,仍使它在增长管理的传播中产生了决定性的影响❷,是典型的通过基础设施配套完善程度控制城市空间增长的成功案例。

Petaluma 在 1960 年只有 1.5 万人,受旧金山向北蔓延的郊区化的冲击,1968—1972 年,每年都新迁入约 2000 居民。虽然该市也有相应的住宅开发规划和配套建设,但到了 20 世纪 70 年代初,其上下水系统就已达到满负荷状态,新建的小学也因严重超员而不得不将学生分成两批上课。1971 年该市实施"暂停开发",腾出时间来反思总体规划,并于 1972 年制定了"住宅增长上限"政策来限定住宅增长的规模与速度,将每年的住宅开发量控制在 500 个单元以内,尤其限制超过 4 个住宅单元的新开发项目,鼓励对市内零星地块的利用,以恢复市中心的活力。

　　❶ 诸大建,刘冬华.管理城市成长:精明增长理论及对中国的启示[J].同济大学学报(社会科学版),2006,17(4):22-28.

　　❷ 张进.美国的城市增长管理[J].国外城市规划,2002(2):37-40.

3．多种政策协同作用

马里兰州于 1997 年通过 5 项立法提案，包括《精明增长地区法 1997》《农村遗产法 1997》《棕地复兴计划》《创造就业机会税收鼓励计划》和《就近工作居住计划》，这些法案成为控制城市空间增长的主要政策法规，很好地引导了城市的增长。

加利福尼亚州于 2001 年通过了《加利福尼亚农田保护债券法》，它可授权州政府以出售债券的方式来购买因蔓延而受到威胁的地区的农田开发权，以促进城市内填式发展。

在波特兰市，《波特兰地区规划 2040》提出的主要策略为：严格控制城市增长边界，规划预测到 2017 年城市将会新增人口 40%，但城市用地范围将只增加 2%；将城市用地需求集中在已有的城市中心和公交走廊周围；增加既有居住密度，减少每户住宅的占地面积；增强对绿色空间的保护；迅速扩大轻轨系统与公交系统的服务水平和能力。

奥斯丁市政府 1998 年划出两个主要的精明增长区：DDZ(desired development zone) 和 DWPZ(drinking water protection zone)，以限定城市增长边界；通过邻里规划保护和增强传统邻里关系，维护生态敏感区和提高环境质量，提供多样性交通方式改善可达性和机动性，再投资城市内核来促进经济发展；采取多种方式刺激和吸引对城市的投资。

6.4　小结

区域与城市的空间治理政策工具可以分为直接政策和间接政策两大类型，直接政策工具通过对土地规模总量、指标和具体地块位置、性质及规模的控制，直接作用于城市用地，直接改变城市空间效果；间接政策工具的经济、人口、交通、行政等政策都以各自发展为中心，间接作用于城市用地规模，间接推动城市空间发展。尽管其传导机制、传导主体和路径不尽相同，但传导结果都是推动城市发展，同时直接或间接地影响城市空间的变化。另外，在各种政策工具单一作用于城市空间增长的同时，在社会巨系统整体性的调配下，各政策工具之间相互协作、相互影响，对城市空间增长的效果相互叠加或相互抵消，即各政策工具通过不同渠道对城市空间的增长起到不同效力的调控，最终呈现城市空间的实际增长状态。

这些政策工具的调控力度大小受各方面综合作用影响，既包括政策本身对城市空间作用力的大小，也包括其他政策的协同作用力，并且要考虑到作用力的权重受社会巨系统的影响。因此，想要城市空间增长按照规划的模式进行，须在理顺各类政策对城市空间的作用机制的基础上，深层次研究各类不同政策合力作用于城市空间增长的协同作用机制。同时，考虑到城镇发展逐步在更大的地域空间推进，适合区域发展的区域空间增长管治政策将逐步取代城市空间治理政策。

第二部分

实证研究篇

第 7 章　20 世纪 90 年代以来武汉市城市空间治理效用分析

前文已经论述了城市空间治理政策工具可以分为直接政策工具和间接政策工具两种。前者包括土地利用方面的管理政策,以及城市空间和用地等的相关法规政策。后者则指不直接由规划管理部门实施,但会对城市空间增长带来间接效用的政策,包括人口政策、经济政策等。除此之外,还包括为实现相关经济、社会及产业的发展目标,由政府办公厅统一下达的某些方面指标政策,各部门联合施策、综合作用于某一空间对象的相关政策。这些政策依据政策主体作用形式来划分,分为单政策独立作用和多政策协同作用。前者通过不同的传导机制作用于空间增长,达到推动或限制空间增长的目的;后者则通过协同的方式,使各主体之间相互作用和影响,并以满足自身利益为目的,协同作用于空间增长。

7.1　武汉市城市空间治理直接政策工具的效用

7.1.1　土地管理政策及目标

1. 1997 版土地利用总体规划

(1)建设用地布局的安排。

规划划分的中心城区范围包括主城区及黄陂区的滠口镇、新洲区的阳逻镇、江夏区的金口街、蔡甸区的蔡甸街和新农街及沌口街以及东西湖区的吴家山街和三店农场等。中心城区的土地面积为 1490.6 km², 人口达 401.3 万人,分别占全市土地总面积的 17.4% 和全市总人口的 56.1%。规划明确提出,严格控制建设用地总量和非农建设新增用地规模,各项非农建设不占或尽量少占农用地。

中心城区的外围确定吴家山、纱帽、蔡甸、纸坊、前川、新洲城关六个区政府所在地的镇(街)和多山、流芳、滠口、仓埠四个建制镇等小城镇为规划期间市域城镇发展的重点地区。规划期间,要加强城市建设用地的供需平衡,满足上述小城镇的建设发展对用地的合理需求,同时还要严控其建设用地的规模。

(2)对城乡建设用地规模的限定。

1996 年全市建设用地规模为 127917.4 hm²。规划到 2000 年和 2010 年,全市建设用地规模分别扩大 4125.0 hm² 和 12417.9 hm², 达到 132042.4 hm² 和

140335.3 hm^2。

2. 2006版土地利用总体规划

(1)建设用地布局的安排。

科学合理分析城乡建设用地规模供需结构,以土地利用总体规划及土地利用年度计划为依据,合理调控城乡建设用地规模、空间结构及开发时序。严格控制城镇用地低效蔓延,防止城镇工矿用地占用耕地;高效合理利用农村建设用地,有序规范和引导农村集体建设用地的管理及归并。

控制城镇用地扩展边界。为预防城镇周边无序蔓延及贴边发展,保护山体水系及地质环境,应充分发挥农田、河流、山体等具有生态隔离功能的自然地物,并以土地利用分区及城市总体规划为依据,确定城镇用地增长边界和建设用地管制区。

优化工矿用地结构及布局。重点推进"工业向园区集中,人口向城镇集中,土地向规模经营集中",引导和管控新增工矿用地。将位于二环线内、外用地规模分别低于 10 亩(约 6667 m^2)、15 亩(约 10000 m^2)的工业项目纳入工业园区,促进粗放低效工矿用地向集约高效工矿用地转变。

将区级土地利用总体规划与城市规划二者结合,得到二级土地用途区,并以上级规划下达建设用地控制指标为底线,进一步深化城镇及工矿用地规模边界和扩展边界。

(2)对城乡建设用地规模的限定。

到 2010 年和 2020 年,全市新增建设用地分别控制在 18300 hm^2 和 58600 hm^2 以内,建设用地净增量分别控制在 16901 hm^2 和 45301 hm^2 以内。

到 2010 年和 2020 年,全市建设用地总量分别为 156600 hm^2 和 185000 hm^2,其中,城乡建设用地总规模分别控制在 116400 hm^2 和 135300 hm^2 以内。城乡建设用地中,城镇工矿用地总量分别为 68800 hm^2 和 91000 hm^2,人均城镇工矿用地分别不超过 95 m^2 和 92 m^2。

7.1.2　规划管理政策及目标

1. 1996版城市总体规划

(1)城市空间规模的政策要求。

《武汉市城市总体规划(1996—2020 年)》对城市建设用地规模进行如下预测:2000 年和 2005 年,城市建设用地面积分别达到 281.2 km^2 和 311 km^2;2010 年和 2020 年,城市建设用地面积分别达到 343.3 km^2 和 427.5 km^2。规模预测表见表 7.1。

规划将武汉市行政区域定为市域规划范围,市域面积达 8467 km^2。其中,城镇地区规划面积达 2256 km^2,范围涵盖主城区、边缘七个重点镇及其间的水域、农用地等生态用地;主城区规划面积约 850 km^2,范围主要涵盖三环路以内地区。

表 7.1　1996 版城市总体规划规模预测表

年份	城市常住人口 /万人	城市实际 居住人口/万人	城市建设用地面积 /km²	人均城市建设用地面积 /(m²/人)
1996	355	379	264.02	69.6
2000	365	395	281.2	71.2
2005	390	426	311	73
2010	415	458	343.3	74.9
2015	435	488	390.4	80
2020	450	505	427.5	84.7

注:城市实际居住人口的计算口径包括在规划建成区内居住登记的常住人口(含农业人口和非农业人口)和居住一年以上的暂住人口;人均城市建设用地面积按城市实际居住人口计算。

(来源:《武汉市城市总体规划(1996—2020 年)》)

(2) 城市空间结构的政策要求。

武汉地处平原,长江及汉江支流贯穿其中,将主城区一分为三,已形成武昌、汉口、汉阳三镇隔江鼎立的格局。武汉的空间布局结构呈"多中心组团式"模式:以山体、湖泊、河流等生态走廊为界,规划长江以北及长江以南两个核心区,核心区外围及主城区边缘分别规划了十个中心区片及十个综合组团,同时,以道路网为骨架,利用轨道交通、快速路、主次干路将各核心区、区片及组团有机串联。

(3) 产业布局的空间政策要求。

规划期内要求适当新增主城区工业用地,合理调整及优化产业结构和布局,建立合理的经济结构,加快建设工业区生活性及生产性配套设施,维护、美化工业区绿化环境。1994 年主城区建设用地面积为 227.01 km²,规划 1996 年主城区建设用地面积为 426.83 km²。规划将 1994 年主城区内 52.67 km² 的工业用地扩展为约 70 km²,使其占主城区建设用地比例由原 23.2% 降为 16.4%。

为促进市域范围内一、二、三次产业圈层形成,实现重点镇的建设发展,规划期内要求将工业发展重点向城镇地区转移,带动周边地区发展。规划确定关山、沌口及青山三大工业区为核心增长极,充分发挥其极化-扩散效应,形成三大工业密集区,即以纸坊、关山为主体的高新技术产业密集区,以常福、沌口为主体的汽车产业密集区和以阳逻、青山、谌家矶、北湖为主体的重化工产业密集区。

主城工业发展布局为圈层式发展模式,由内而外分别构建严格限制区、限制区、控制性发展区和重点发展四个圈层。工业发展严格限制区为一环路以内地区,通过调整区域内土地利用结构及产业布局,优化区域核心功能,对区域内工业进行产业转移、改造升级,同时腾出土地,向都市产业及服务业转型,改善区域环境。工业发展限制区为一环路至二环路之间的区域,区域内鼓励工业结构调整及走新型工业化内涵式发展道路,除保留部分非扰民小型工业外,其余工业实行有序转移；工业控制性发展区为二环路至三环路之间的区域，以工业集中发展为原则，承接中心区内兼容工业性质产业的转移，加强工业区升级改造，完善水、电、路等基础设施建设及生活配套设施，综合整治及完善工业区环境，形成古田、鹦鹉洲、谌家矶及白沙洲四个中型工业园和陶家岭、黄家大湾、石桥、南湖、后湖及琴断口六个小型工业；工业重点发展区为三环线外三大工业区，分别是位于东湖新技术开发区的关山工业区和位于武汉经济技术开发区的沌口工业区，以及以武汉钢铁公司为主的青山工业区，形成主导产业带动型模式，加快完善现代工业产业体系建设。

2. 2006 版城市总体规划

（1）城市空间规模的政策要求。

《武汉市城市总体规划（2006—2020 年）》提出：加强土地集约节约利用，严控城镇建设用地规模。到 2010 年，市域城镇建设用地面积控制在 795 km^2 以内。到 2020 年，市域城镇建设用地面积控制在 1030 km^2 以内，人均城镇建设用地面积为 104 m^2。

（2）城市空间结构的政策要求。

规划保留圈层发展及组团布局的思想，对主城区重新调整，形成中央活动区、东湖风景区及十五个城市综合组团。

为防止城市无序蔓延，本轮总规划确定三环线为主城边界，其边界内用地规模约 1549 km^2。边界的划定有效促进工业用地布局向新城组群集聚，保证经济的最大增长空间，也为城市未来发展预留空间。主城区外围，规划布局北部、西部、东部、南部、西南及东南六大新城组群，分别沿城区六个方向发展，都市区"两轴两环、六楔多廊"的生态格局构成城市增长边界。

（3）产业布局的空间政策要求。

全市工业用地布局共划分为四个层次，由内向外依次为严格限制区、控制性发展区、重点发展区及引导发展区。

严格限制区为二环线以内地区，为盘活土地存量，调整工业用地布局，提高土地利用效率，对部分非扰民工业予以保留，其余工业逐步迁移改造，大力发展服务业建设，实施"退二进三"政策。控制性发展区为二环线至三环线之间的区域，优化升级产业结构，加快改造传统产业，依托现有规模集中、潜力较大的产业聚集区，因地制宜、合理发展都市型工业园。重点发展区为三环线以外地区，主要承接主城区外迁产业，强化主导产业地位，重点发展大型产业园，引导生产要素向重点企业、优势产业集聚，形成高度集约化大型产业集群，培育新增长极，辐射带动周边地区；引导发展区为都市发展区以外地区，以远城区中心城镇为依托，加大工业用地投资力度，推动产业聚集发展。

7.1.3　直接政策工具作用的讨论

在经济水平大幅提高的当下，基于耕地保护下的土地管理政策面临失效。受各方影响,土地规模不断被突破,而各种用地的低效性,造成土地政策无法有效引导城市空间增长,城市空间无序蔓延。尽管出于保护耕地的目的,规划管理政策对全市内土地规模、用地布局及功能结构进行了战略安排,但其实施结果与预期仍存在结构性偏差,土地规模的一再突破使规划管理的绩效遭受质疑。同时规划用地规模及用地布局的预测本身也存在一定片面性,使其预测结果缺乏准确性,但追溯本源,正是规划管理政策的失效,导致规划管理出现问题。

以规划管理体制为视角探究武汉市城市空间增长,可以看出导致城市空间蔓延的因素之一是土地利用的低效性,城市"圈地潮"及农村"扩张热"现象,则是导致城市外围地区不断蔓延、农地规模指标不断突破的主要原因。开发商为追逐其自身利益,对于未征用土地虎视眈眈,而大量已征用地未充分发挥其最大经济效益,土地征而不用或利用低效。在此现象下,土地资源大量流失,城市边缘区农用地不断被侵占,生态环境破坏严重,城市空间增长边界向外扩张。而基于城市空间治理下制定的土地利用政策,对此不良现象并未产生实效,城市空间的不断蔓延令人担忧。

在总体规划的管理过程中,规划管理政策的实施不尽人意。经过多年的用地演变,与 1996 版城市总体规划的空间发展政策相比,实际的城市用地扩张在空间发展方向上有明显偏差。主城区外围七个重点镇的发展并未享受到来自主城区人口疏散及产业转移规划政策的红利,人口及产业仍未形成规模聚集效应,其发展有向中心城区边缘聚集的趋势。三环线以外的重点发展区,在交通和产业的拓展带动下,用地得到快速扩张,促进了人口及产业大量聚集,但城区外围产业依托主城区发展,导致外围核心区竞争力削弱,发展动力不足,加剧了地区的不平衡。规划管理政策的实施效果与前景预测存在较大出入,其政策失效既受外界因素的干扰及刺激,也有来自规划管理体制的内部问题。

摒除规划管理对规划实施监管不力的因素,其管理权限的分散性是造成规划管理政策失效的主要原因。2008 年 8 月,由武汉市委出台的《关于围绕"两型社会"建设完善城市管理体制的若干意见》(以下简称《意见》)提到的下放权限是继 2004 年之后又一次权力下放,《意见》提出由区级政府及其职能部门接替市级政府有关土地、规划及建设等的审批管理权限。《意见》指出除涉及系统性、特殊性及全局性问题,并对城市历史人文、景观风貌、建筑格局及自然生态环境有重大影响的建设项目外,辖区内建设项目实施的规划许可、预审,统一由中心城区规划分局依据总体规划及控制性详细规划负责,并报市级规划局核准;除跨区域线性工程和重大市政公用设施工程外,辖区内建设项目实施的规划许可、审批,统一由开发区和远城区规划管理部门依据总体规划及控制性详细规划负责,并报市级规划局备案。以王家墩 CBD 及阳逻经济技术开发区开发建设管理权限为例,前者区内的土地整治、拆迁改造、配套设施完善、招商引资及建设管理等工作交由硚口区及江汉区承担,后者管理体制由市区共建转为新洲区负责。

权力的再次下放展现政府优化政务环境、提高行政效率的决心,然而部分权力

的下放会带来一定负外部性,造成政策实施结果与预期目标存在偏差。城市规划的整体性特征使得区级政府在处理日常管理事务时必须遵循统一管理原则,然而区级政府利益代表的局限性,使其无法站在全市高度统筹规划,易造成城市整体发展的不协调。

规划管理权限的下放使审批权限自由化,给区县经济带来更大发展空间。建设项目用地不再限制于上级政府的管理,自由化的审批权限实现其在区县内的选择最大化。主城区内交通设施的便利性及配套服务的完善性,使外围区县向主城区边缘发展,同时依托主要交通干道和通过对土地价格比较优势的衡量,加大招商引资力度,促进了主城区边缘外围城区的经济发展,城市空间即表现出快速增长的态势。

市级规划审批权力下放区级,以及区级政府经济利益最大化的诉求协同带动了外围城区的空间拓展,给武汉市城市空间治理带来挑战。就城市空间增长政策的实施效果而言,将武汉市规划管理权限上收是高效管理城市空间增长的最佳途径。唯有此,才能实现市级规划部门对全市规划管理的统一部署及资源配置的最大化;才能严控区级土地的无序蔓延和城市空间的盲目扩张;才能缓解武汉市三环线外边缘地区用地的过分增长。

因此有必要从规划管理体制内部探讨城市空间治理,规划管理权限的上收是控制外围城区用地扩张的最根本方法。

7.2 武汉市城市空间治理间接政策工具的效用

7.2.1 经济政策

1. 经济政策目标与实际经济发展的关系

武汉市"九五"时期奋斗目标:在 1997 年实现人均国内生产总值比 1980 年翻两番的基础上,2000 年实现国内生产总值、财政收入和市民人均收入三项指标分别比 1995 年翻一番。国内生产总值以年均 15% 速度增长,2000 年达到 760 亿元(1990 年不变价),人均国内生产总值达到 10000 元。财政收入达到 120 亿元以上。全社会固定资产投入产出率比八五时期提高 510%,科技进步对经济增长贡献率达到 55%,万元国内生产总值综合能耗比八五时期末期降低 15% 左右。

2000 年武汉市实际国民生产总值为 1206.84 亿元,人均国民生产总值为 15082 元。两个指标都大幅超出预期经济目标。

"十一五"规划预测至 2010 年全市国民生产总值达 4200 亿元,年均增长 12% 以上;人均国民生产总值 35000 元以上;全社会固定资产投资年均增长 14% 以上;

全口径财政收入年均增长 14.9% 以上。

2009 年武汉市实际国民生产总值为 4620.86 亿元,人均国民生产总值为 51144 元,经济发展再次超越规划预期目标。

"十二五"规划预测至 2015 年全市国民生产总值超过 10000 亿元,年均增长 12% 以上;全社会固定资产投资年均增长 16% 以上;全口径财政收入年均增长 13% 以上。

2015 年武汉市实际国民生产总值为 10905.6 亿元,全社会固定资产投资年均增长 16.1%,经济发展再次超越规划预期目标。

各时间段的经济政策目标不仅为经济发展提供了纲领性指引路线,同时极大促进了经济的快速发展。

2. 经济增长与用地扩展关系

武汉市(1996—2017 年)各行政分区国民生产总值示意图如图 7.1 所示。

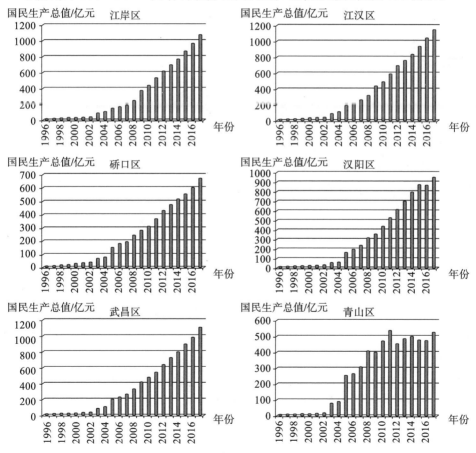

图 7.1　武汉市(1996—2017 年)各行政分区国民生产总值示意图

(来源:武汉市统计年鉴)

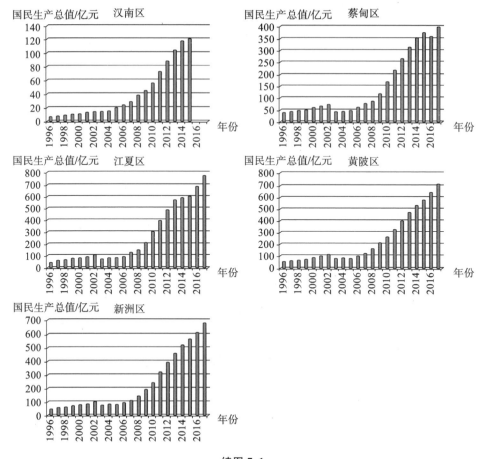

续图 7.1

由图可知,1996—2017 年期间,武汉市六个中心城区国民生产总值均呈增长态势。其中,1996—2002 年间,各区增长较为缓慢,以 2003 年为时间节点,各区经济发展速度进入迅猛增长阶段,并逐年递增,其中青山区在 2011 年之后经济增长出现较大波动。1996—2002 年间,中心城区外围五个远城区国民生产总值均呈快速增长态势,2003 年各分区经济发展出现大幅下滑,随后逐步递增。自 2007 年经济发展进入新阶段,各城区国民生产总值大幅度增长,但远城区国民生产总值远低于中心城区。武汉市十三个区六个时间节点的分区国民生产总值示意图如图 7.2 所示。

3. 经济增长与用地扩展的数量关系架构

为探究国民生产总值与城镇建设用地面积之间的联系,以武汉市 1996—2005 年为研究区段,对武汉市国民生产总值与城镇建设用地面积进行回归分析。将 1996—2005 年武汉市国民生产总值及城镇建设用地面积进行处理,分别选取国民生产总值及城镇建设用地面积为自变量和因变量,进行 SPSS 回归分析。由图 7.3 可知,二者呈线性分布并具有较高的显著性,说明城镇建设用地面积与国民生产总

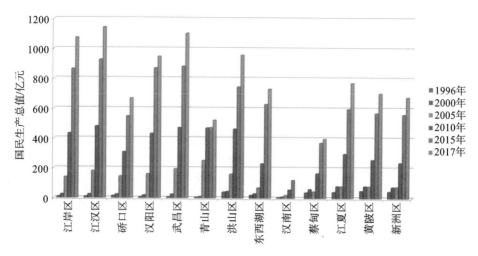

图 7.2　武汉市十三个区六个时间节点的分区国民生产总值示意图

（来源：武汉市统计年鉴）

值具有正相关性，前者随后者的增长而扩张。可见，经济政策对城市空间增长具有显著推动力。

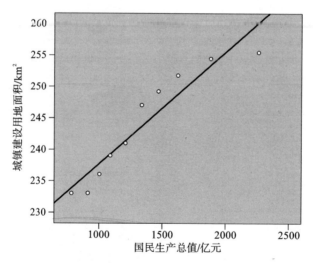

图 7.3　武汉市国民生产总值与城镇建设用地面积散点图

（来源：武汉市统计年鉴）

7.2.2　人口政策

1. 人口政策目标与实际人口增长的关系

《武汉市城市总体规划（1996—2006 年）》及武汉市国民经济和社会发展第九个五年计划（1996—2000 年）、第十个五年计划（2001—2005 年）、第十一个五年计

划(2006—2010 年)、第十二个五年计划(2011—2015 年)和第十三个五年计划
(2016 年—2020 年)均对武汉市人口增长变化做出了指示,为确定全市人口数量及
分布指明了方向。

规划对 2000 年、2005 年、2010 年及 2020 年中心城区人口数量做出了预测。
将预测目标与实际情况做比较,发现部分年份预测目标与实际结果有明显偏差。
2000 年人口预测数量为 395 万,其实际数量为 390.5 万人;2005 年人口预测数量
为 426 万,其实际数量为 445.4 万;2010 年人口预测数量为 458 万,而 2009 年实际
数量已达 477.86 万;2020 年人口预测数量为 505 万,而 2017 年实际数量已达
953.65 万。武汉市十三个区(1996—2017 年)人口统计图如图 7.4 所示。

可见,总体规划及经济与社会发展规划对人口数量变化有一定促进作用,但其
人口目标的突破必定与其他影响因素的作用有关。

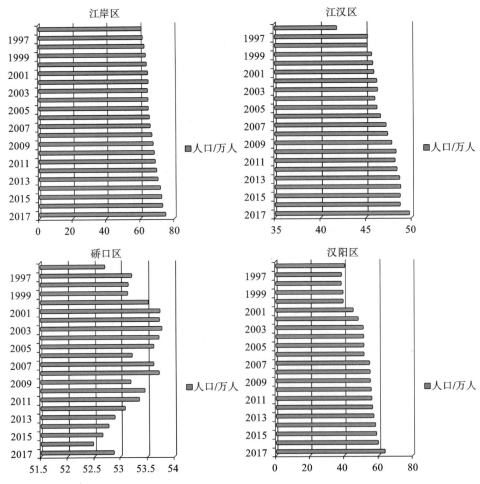

图 7.4　武汉市十三个区(1996—2017 年)人口统计图

(来源:武汉市统计年鉴)

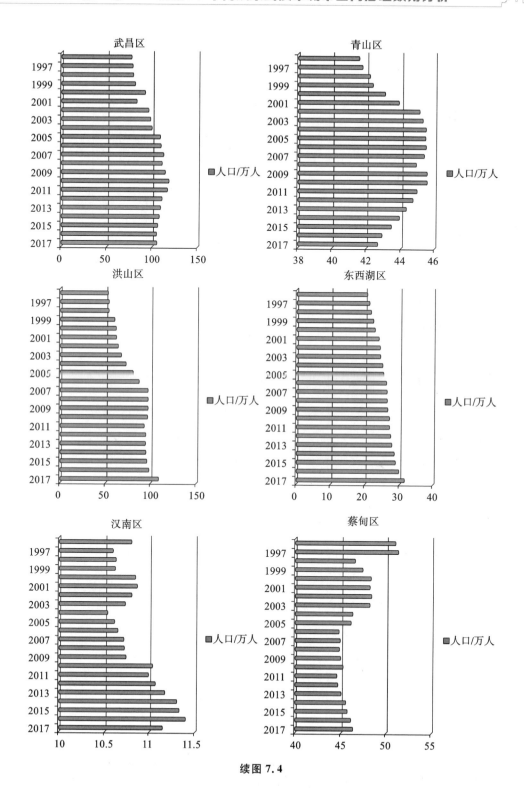

续图 7.4

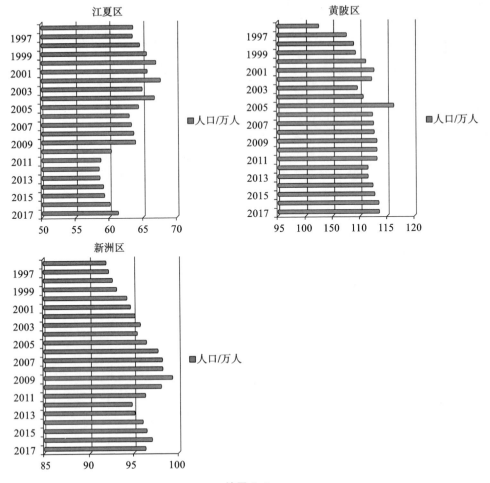

续图 7.4

由图 7.4 可知,1996—2017 年间,武汉市全市总人口呈缓慢增长态势,各行政分区人口变化平缓上升或大幅震荡,其中,江岸、汉阳、东西湖、洪山等城区人口数量大幅度上升,硚口、青山及新洲等城区人口数量变动大,呈不稳定态势,蔡甸区人口以 1997 年为拐点,人口数量开始大幅下降,其后不同时期人口数量呈阶段性减少。武汉市十三个区六个时间节点人口总量统计图如图 7.5 所示。

2. 人口增长与用地扩展的关系

为探究人口数量与城镇建设用地间的联系,以武汉市 1996—2005 年为研究区段,对武汉市人口规模与城镇建设用地面积进行回归分析。将 1996—2005 年内武汉市总人口数量及城镇建设用地面积进行处理,分别选取总人口数量和城镇建设用地面积为自变量和因变量,进行 SPSS 回归分析。由图 7.6 可知,二者呈线性分布,并具有较高的显著性,相关显著度为 0.986,说明城镇建设用地面积与总人口数量具有正相关性,前者随后者的增长而扩张。可见,人口政策对城市空间增长具

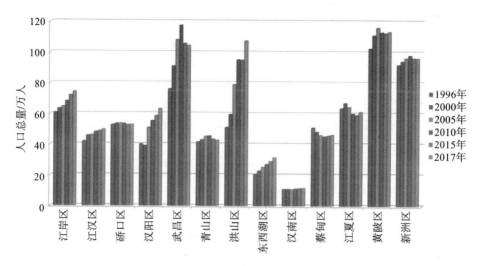

图 7.5　武汉市十三个区六个时间节点人口总量统计图

（来源：武汉市统计年鉴）

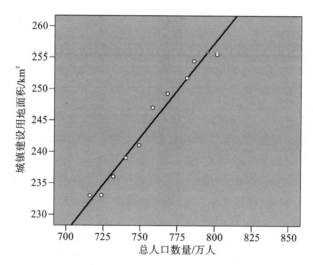

图 7.6　武汉市总人口数量与城镇建设用地面积散点图

（来源：武汉市统计年鉴）

有显著推动力。

7.2.3　武汉市城市空间治理其他政策的效用

1. 基础设施建设政策对城市空间增长的推动

1996—2009 年间，武汉市道路长度明显增加，由 1996 年的 634 km 增加至 2009 年的 1243 km，道路长度翻了一番，这一数据反映出武汉市用地空间的快速扩张。由于城市发展及向外扩张离不开道路基础设施支撑,交通的通达性及服务设施的便利性降低了用地开发的综合成本,进而吸引各项建设沿路聚集,武汉三环线沿线用地的快速增长即是交通设施对城市空间作用的直接结果。

武政办〔2001〕20 号文件《市人民政府办公厅关于印发武汉市加快"十五"时期交通基础设施建设方案的通知》将交通基础设施建设的相关内容纳入其中,既表明政府对交通基础设施发展的重视,确保了交通设施建设的顺利推进,又为城市各项建设开发提供了基础支撑。

武政办〔2007〕124 号文件《市人民政府办公厅关于优先发展城市公共交通的意见》明确了未来城市交通发展方向。文件指出,积极发展公共交通及轨道交通,优化常规交通布局,到 2012 年末,初步形成以低密度高运量轨道交通和快速交通为骨干、常规公共交通为主体,以出租汽车等其他公共交通为补充的功能层次完善的公共交通网络体系,保障公共交通优先发展。该交通模式的建立为城市空间结构及用地布局带来巨大变革,新城空间扩张正是此模式下直接作用的结果。

2. 综合政策对城市空间增长的影响

在宏观战略目标导向下,武汉市政府出台了一系列可操作性的政策,并对城市空间的发展及扩张带来不同程度的影响,部分政策推动了城市空间的增长,部分政策掣肘了城市空间的增长。

武政办〔2005〕99 号文件《市人民政府办公厅关于转发武汉市建设节约型社会实施方案的通知》指出,城市建设用地要从产业发展、土地利用两方面考虑,在以产带城的同时,科学合理规划,高效利用土地资源,提高土地集约度,限制土地盲目扩张,促进经济、社会及环境协调发展。实行严格的土地保护制度,修缮和完善建设用地总体规划,严格执行土地利用年度计划,控制建设用地增量;开展集体建设用地整理,推进节约、集约用地。加强土地存量资源的改造利用,提高土地利用效率,适度控制新增土地建设用地规模。加大闲置土地资源处置工作的力度,通过多种手段盘活存量土地资源;坚持规划优先的原则,积极推进"城中村"改造;加快推进都市工业园区建设,探索"旧城改造"模式,加强对单元规模改造、历史文化保护、人口规模控制、城市升级改造等多方面的研究,提高旧城土地资源利用效率和效益。推进交通基础设施建设土地集约利用,提高交通运输的同时降低土地资源使用量。

武政办〔2008〕92 号文件《市人民政府办公厅关于印发近期资源节约环境友好型社会建设综合配套改革试验重点工作及要点的通知》提出,发展绿色产业、循环经济,走新型工业化道路;优化产业布局,推进高新技术产业发展;加快区域金融中心建设,增强金融服务辐射带动;加快推进全国环保技术,确定生态建设核心地位,建设全国环保产业研发和装备基地;推进城乡土地管理制度创新改革,积极推进农村建设用地进入市场流转,统一管理运行,盘活土地存量,提高土地利用效率,促进土地集约化发展,保护耕地;推进节能减排,发展绿色低碳交通;积极开展两型社会建设示范活动。

武政办〔2008〕76 号文件《市人民政府办公厅转发关于加快推进武汉城市圈建设建议案办理工作方案的通知》提出,推进都市型产业及现代服务业建设,促进区域经济合作与协调,加强与各省区产业联动,构建区域经济一体化,实现区域间经济发展共赢;培育及发展科技自主创新,研发高科技产品,提高产业竞争力。完善武汉市城市圈建设,稳步推进高新区发展,加强东湖高新区与黄冈、黄石、鄂州及孝感高新区协同合作及产业联动,打造世界级创新型科技园区及高新技术产业基地,为武汉高新产业发展提供核心引擎;贯彻科学发展观,以生态文明及两型社会促进城市可持续发展;建设资源节约型城市,促进体制机制创新,健全完善生态环境保护机制、绿色 GDP 核算制度、领导干部环境保护绩效考核制度及环境质量评估等制度,大力促进政府、公众及企业共同参与环保事业,形成良性互动;推进青山、东西湖低碳循环建设,建立循环经济示范基地。

单一政策之间相互叠加及影响形成综合政策,从城市发展的不同层面及维度发生作用,最终引导城市空间布局及功能结构演变。

7.3　小结

纵观武汉市半个多世纪以来的空间增长过程,历史钩沉,烦冗庞杂,在各个历史阶段的时代背景下体现出不同的空间增长特征。总体来说,武汉市的空间增长是基于当时的国家与地方政策,体现出较强的政策导向。1950—1962 年,在国家大力发展工业的时代背景下,武汉市的空间增长主要体现在工业用地空间的扩张与相应的配套设施的建设上,该阶段的城市空间沿城市干道跳跃式布置并快速拓展,同时围绕汉口、汉阳、武昌、青山四个核心逐步向外扩张。1963—1977 年,城市建设工作被忽视,该阶段武汉的城市空间增长缓慢,仅新增了少量的工业与居住用地。改革之初(1978—1989 年),国家将工作重点放在经济建设上,市政府提出“两通(交通和流通)”“两个通开(城城通开、城乡通开)”战略,该阶段武汉城市空间增长以大型交通设施与相关配套设施的建设为主导,以天河机场、青山外贸码头和汉口新火车站为代表。市场经济成熟时期(1990—2005 年),改革开放的成果逐步显现,武汉市被确定为国家综合改革试点城市,为实现“对外开放、对内搞活”的战略目标,武汉城市空间迅速扩张,武昌、汉口、汉阳三镇的空间均有不同程度的增长,该阶段空间增长的特点为轴向拓展、圈层扩张。区域一体化发展时期(2006 年至今),武汉市强调区域一体化,大力发展六大新城组团,保护六条生态绿楔,在空间增长方式上放弃之前的外围(飞地式)独立新城的空间增长方式,改用沿主城区边缘蔓延＋轴线的扩展方式。

第8章 武汉市城市空间治理政策效用的模拟与验证

8.1 研究方法

8.1.1 相关理论概述

1. Markov 模型

马尔可夫(Markov)模型是时间和状态均离散的随机转移过程,通过研究系统中不同状况的初始转移概率及各状态间的转移概率,确定状态变化的趋势,进而达到对事件未来状态的预测。其运行过程旨在研究不同阶段土地利用转化潜力,得到区域土地利用变化的概率矩阵,然后将其概率矩阵用来预测未来土地利用变化的走向。但 Markov 模型的运用存在一定局限,即模型主要用于预测一定阶段内随机事件发展的变化状态,各用地类型无法以空间布局形态具体体现,导致其直观性较差,应用有一定局限。

2. CA 模型

元胞自动机(cellular automata,CA)模型是空间、时间及状态均处于离散的动力学模型,且其状态改变的规则在时间和空间上都是局部的。它由元胞、元胞状态、领域和转化规则构成,其计算规则由一套动力学计算函数表示,元胞集体间通过相互协同作用和影响,实现其状态的转变,该模型的特点是可模拟出复杂的土地利用变化图。尽管元胞自动机模型的空间计算能力很强大,但也存在很大局限性,其状态转移时间的抽象性、转移规则的非确定性以及元胞之间相互作用的局部性,都是造成元胞自动机真实性及准确性不足的主要因素。

3. CA-Markov 模型

IDRISI 软件是由美国克拉克大学克拉克实验室研究并开发出来的图像处理软件,CA-Markov 模型作为该软件的一个模块,通过多准则评价创建转化规则、构造 CA 滤波器及确定起始时刻和 CA 循环次数来预测未来一定时间土地类型变化的情况。该模型结合了 CA 模型与 Markov 模型对有关空间预测和时间序列预测的优点,不仅可以增加转换概率矩阵的准确性,也可以有效模拟土地利用格局的空间变化,使得模拟出的土地利用格局更为合理。

4. LCM 模型

土地变化模型(land change model,简称 LCM)具有直观、易用、创新性强和应用范围广等特点,它可以有效地模拟复杂系统的空间变化。

本章主要运用 CA-Markov 模型对武汉不同时期用地的土地利用变化进行分析,得到区域各地类面积的增减量、净变化量、不变量等直观图像,同时作为模型精度检验的工具。

8.1.2　研究方法

基于 CA-Markov 模型的空间治理政策效用实证分析技术路线图如图 8.1 所示。

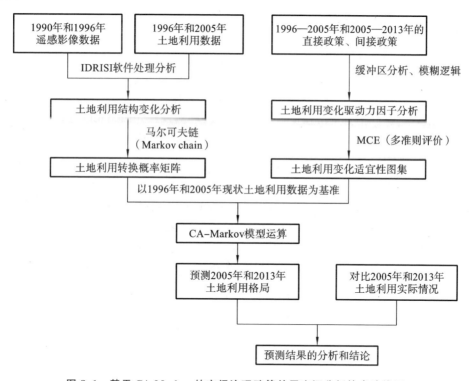

图 8.1　基于 CA-Markov 的空间治理政策效用实证分析技术路线图

从流程图可知,本研究利用马尔可夫链得出 1990—1996 年和 1996—2005 年土地利用的转化概率矩阵;分别以 1996 年、2005 年土地利用数据为基准,输入环境因素、经济政策、财税政策、规划政策等元胞转化规则,得到土地利用变化适宜性图集;分别利用 IDRISI 软件的 CA-Markov 模型预测出 2005 年和 2013 年土地利用格局。

本研究在 IDRISI 软件支持下,旨在通过 2005 年和 2013 年 CA-Markov 模型预测数据与实际数据的对比,验证经济、财税、规划等政策因素对城市空间增长的影响力作用及其影响力作用的强弱,研究城市空间增长过程中各类政策驱动力的作用机制,并剖析不同政策因素影响力的差异,探讨政策因素产生效用或失去效用的原因,为将来城市空间增长的政策制定、管控行为提供数据支撑,有助于政府部门和各类社会群体制定更加合理的政策手段,对于正确引导城市空间增长有着重要的意义。

8.2 基础数据来源

8.2.1 研究区域情况

本研究选取武汉市都市发展区作为研究区域,选取武汉市绕城高速公路周边的乡、镇行政边界为区域边界,东至阳逻、左岭、双柳,西至走马岭、蔡甸常福,北达三里、横店、天河,南抵郑店、纱帽、五里界和金口,研究区域规模达 3261 km^2。规划到 2020 年,武汉市都市发展区城镇人口达 880 万人。

都市发展区为武汉功能核心聚集区及重要空间拓展区,由主城区向外沿阳逻、豹澥、纸坊、蔡甸、盘龙城等方向拓展,依托区域性交通干道走廊构建六条不同方向的空间发展轴线,并以此为骨架形成六大新城组群,各新城组群之间相互联动,协同发展。武汉市"主城+新城组群"都市发展区格局的构建,是推进新城中心发展、促进新城"反磁力"吸引,并有效保护城市生态资源、构建城市生态框架体系的有力举措,同时具有转移主城人口、疏散用地功能,推动区域经济一体化发展的作用。因此,相比选取武汉市市域范围与城区范围而言,选取都市发展区作为研究区域能更好地观察 1996—2013 年各类影响因子对城市空间增长的影响作用。都市发展区用地规划图(2006—2020 年)如图 8.2 所示。

8.2.2 基础数据来源

本研究基础数据包括以下几个方面的内容。

①武汉市 1990 年、1996 年、2005 年三个时间节点的 TM 遥感影像,武汉市 1996—2005 年和 2005—2013 年两个时间段的都市发展区用地现状图。遥感影像来自中科院国际科学数据镜像网站,都市发展区用地状况图来自武汉市规划研究院公开图片。

②武汉市人民政府 1996—2013 年各政策文件,《武汉市国民经济和社会发展第九个五年规划纲要(1996—2000 年)》《武汉市国民经济和社会发展第十个五年

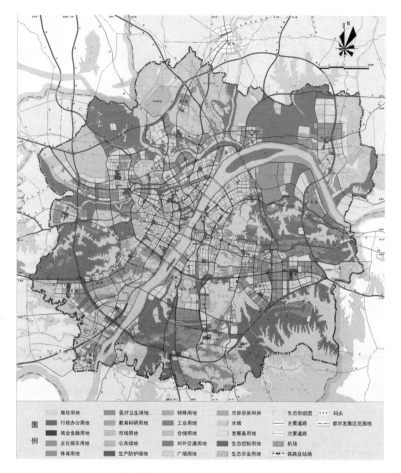

图 8.2　都市发展区用地规划图(2006—2020 年)

(来源:武汉市城市规划设计研究院)

规划纲要(2001—2005 年)》《武汉市国民经济和社会发展第十一个五年规划纲要
(2006—2010 年)》《武汉市国民经济和社会发展第十二个五年规划纲要(2011—
2015 年)》《武汉市人民政府关于推进战略性新兴产业超倍增发展的若干意见》《关
于实施工业发展"倍增计划"加快推进新型工业化的若干意见》《武汉市人民政府
关于进一步加大工业投资力度的意见》。

　　③武汉市国土资源局 1996—2013 年各政策文件,如《市国土房产局关于完善
供地管理政策促进经济发展的意见》《武汉市市区土地出让金(租金)标准》等。

　　④武汉市 1996—2013 年各区县人口情况,1996—2013 年各区县规模以上工
业主要经济指标,1996—2013 年各区县国内生产总值,数据来源为 1997—2014 年
的《武汉统计年鉴》。

　　⑤国务院出台国家级经济技术开发区的各时期政策文件,《国务院关于批准国
家高新技术产业开发区和有关政策规定的通知》(国发〔1991〕12 号)、《国务院办公

厅转发商务部等部门关于促进国家级经济技术开发区进一步提高发展水平若干意见的通知》(国办发〔2005〕15号)、《财政部、国家税务总局关于企业所得税若干优惠政策的通知》(财税字〔1994〕1号)、《科学技术部关于印发〈关于加速国家高新技术产业开发区发展的若干意见〉的函》(国科发火字〔1999〕302号)和《财政部、国家税务总局关于促进科技成果转化有关税收政策的通知》(财税字〔1999〕45号)等。

8.2.3　遥感影像特征分析及图像预处理

本研究首先将原始遥感影像进行预处理,利用IDRISI软件自带的监督分类功能对遥感影像进行特征分析识别分类。利用监督分类法与研究区域具体情况相结合,将武汉市1990年、1996年、2005年、2013年都市发展区范围土地分为建设用地、农用地(包括耕地、林地)和水域三大类。

1990年、1996年、2005年、2013年的都市发展区用地现状图在几何位置上必然存在不匹配的现象,需要对其进行空间校正。利用控制点之间的链接进行空间校正,一般来说,n次多项式,控制点的最少数目为$(n+1)(n+2)/2$,在实际条件允许的情况下,控制点的数量越多,校正的精确度也越高。本研究在ArcGIS中进行几何校正,在1990年、1996年、2005年、2013年四个年份的都市发展区用地现状图寻找固定地物(高速公路、铁路及城市道路交叉点等),相互对照,筛选出区域内25个控制点,完成像元重采样,保证1996年、2005年和2013年用地状况图主要道路、都市发展区边界等地类信息和坐标一致。

8.2.4　城市用地类型的重分类

为便于讨论分析,将1996—2005年和2005—2013年两个时间段的都市发展区用地类型合并为七大类,如表8.1所示。

表8.1　土地利用重分类表

类型	内容
居住用地	一类、二类、三类居住用地
公共服务设施用地	公共服务设施、商业设施、特殊用地、市政设施用地、待建用地
工业用地	一类、二类、三类工业用地
绿地	公园绿地、防护绿地
水域	江河湖泊、坑塘水面
农用地	耕地、基本农田、园地、林地、农业设施、农村居民点
道路广场用地	铁路、公路、各等级城市道路、城市广场、交通站场

8.3　CA-Markov 模型预测与精度检验

8.3.1　CA-Markov 模型预测的基本步骤

（1）数据加载与赋值。

IDRISI 是基于栅格数据的处理软件，因此必须将数据进行转换。运用 ArcGIS，将武汉市 1990 年、1996 年、2005 年和 2013 年用地进行数据处理，赋值、重分类后进行转换，得到 IDRISI 可识别的 ASCII 文件。

（2）土地利用转换概率矩阵。

利用 Markov 模块得到 1990—1996 年及 1996—2005 年间的土地利用变化转移面积矩阵和概率矩阵，作为 2005 年及 2013 年土地利用格局预测的转换概率矩阵。

（3）创建土地利用变化适宜性图集。

依据多准则评价模块确定两个年度间的模型的转换规则，提取武汉市空间治理的政策因素，以及自然、交通等约束条件，利用层次分析法计算权重值，生成各类用地适宜性图集。

（4）CA-Markov 模型运算。

运行 CA-Markov 模型，并以 CA 标准 5×5 邻近滤波器为邻域定义，确定起始时刻和循环次数，以及基期年和模拟预测年之间的间隔，最后进行预测。

8.3.2　数据准备

本研究依据 1990 年、1996 年、2005 年、2013 年四个年份的数据预测 2005 年及 2013 年的土地利用变化。首先，以 1996 年数据为基准，预测 2005 年土地利用变化，在验证模型精度后，以 2005 年数据为基准，预测 2013 年土地利用变化。

研究数据需从 ArcGIS 中转换为适宜 IDRISI 使用的栅格类型文件，因此要将 ArcGIS 中的矢量数据栅格化，栅格像元大小设为 30 m×30 m，接着对栅格图像进行重分类，将 Nodata 区域赋值为 0，以便 CA-Markov 正常运行，然后将栅格数据转换为 ASCII 码格式，再在 IDRISI 中打开生成的栅格文件。

数据准备的目的是：

①统一四个时间点土地利用图的空间参考系统和坐标；

②将单位转换为 30 m×30 m 像元栅格，与遥感影像精度一致；

③产生赋有属性值和 IDRISI 识别的建设用地分类栅格文件。

8.3.3　土地转移面积矩阵

土地利用转换概率矩阵是 CA-Markov 模型中非常重要的一部分,它表示一种土地利用类型转换为另一种类型的可能性和概率,叠加分析研究区域始末两个时段的用地状况图,利用 Markov 模块可以得到研究区域该时段内的土地转移面积矩阵和土地利用转换概率矩阵。Markov 模块分析表见表 8.2。

表 8.2　Markov 模块分析表

	Markov 分析 1	Markov 分析 2
计算数据	1990 年、1996 年遥感分类图	1996 年、2005 年城市用地分类图
矩阵	1990—1996 年的土地转移面积矩阵	1996—2005 年的土地转移面积矩阵
矩阵分析对象	1996—2005 年城市用地变化	2005—2013 年城市用地变化

从表 8.3 可以看出 1990—1996 年各类用地发展情况,以及这期间各类用地转化的流向。

表 8.3　1990—1996 年武汉市土地利用转移面积矩阵　　　（单位:栅格）

1996 年 \ 1990 年	水域	建设用地	农用地
水域	707743	90260	89655
建设用地	5610	528292	31386
农用地	111633	249171	1604733

从表 8.4 中可以看出 1996—2005 年各类用地的变化,其中水域及农用地流出较多,并主要流向了建设用地,这与武汉城区 1996—2005 年的城市规模大幅扩张有关。

表 8.4　1996—2005 年武汉市土地利用转移面积矩阵　　　（单位:栅格）

2005 年 \ 1996 年	居住用地	公共服务设施用地	工业用地	绿地	水域	农用地	道路广场用地
居住用地	1836820.06	474900.89	117517.85	28172.09	20122.92	115639.71	89882.37
公共服务设施用地	156053.47	1276114.68	139596.22	31946.43	24782.69	236790.81	70862.99
工业用地	194523.10	331193.49	1891093.58	20434.21	11942.07	111990.11	92617.41
绿地	12352.10	33084.04	15181.65	305319.94	27098.44	129996.32	21112.84
水域	268556.92	1204595.10	398924.35	161655.62	21270750.71	2346613.83	419783.14
农用地	5554671.71	10151641.40	5628341.10	854564.88	9680157.33	37372479.55	4427530.10
道路广场用地	24880.52	44327.37	28741.30	24451.55	41467.54	125117.58	1140786.36

计算土地转移面积矩阵的目的如下。

①1990—1996 年的土地转移面积矩阵,作为预测 1996—2005 年各类城市用地变化的时间-数量关系的依据。

②1996—2005 年的土地转移面积矩阵,作为预测 2005—2013 年各类城市用地变化的时间-数量关系的依据。

8.3.4　土地利用变化适宜性图集

8.3.4.1　约束条件和要素条件

土地利用变化适宜性图集(也称条件概率图像)从 IDRISI 中由 MCE(多准则评价)模块得出,MCE 的评价体系由约束条件和要素条件组成,约束条件是将用地变化控制到指定区域,要素条件则是影响各类土地适宜性的影响因子,每个影响因子权重值不同,根据不同使用目的来对影响因子进行标准化、权重赋值。

根据国家相关规范和标准,基本农田保护区禁止开发建设,水域出于蓝线控制水源保护也基本维持不变,此外,由于道路的转化用途可能性较小,确定评价的约束条件为基本农田保护区、水域及道路。评价的要素条件则提取影响武汉市 1996—2005 年以及 2005—2013 年的城市空间增长的驱动力因子,经过综合研究,将影响土地利用变化的直接政策、间接政策提取细分为经济政策、市场政策、财政政策以及规划政策。除此之外,还应当包括自然环境、社会环境的影响对各类用地的适宜性影响,如中心城区和已有建设用地的影响、交通和水域的距离因素的影响,以及其他类用地的影响等。

对武汉市 1996　2005 年及 2005—2013 年多准则评价因子的研究中,制定以下约束条件和要素条件,见表 8.5。

表 8.5　武汉市 1996—2005 年及 2005—2013 年多准则评价因子

条件类型		1996—2005 年	2005—2013 年
约束条件		基本农田保护区、水域、道路	基本农田保护区、水域、道路
要素条件	经济政策	"九五"(1996—2000 年)、"十五"(2001—2005 年)经济与社会发展计划	"十一五"(2006—2010 年)、"十二五"(2011—2015 年)经济与社会发展规划、工业倍增计划、各行政分区经济发展计划、招商引资计划
	财政政策	国家级开发区税收优惠政策	国家级开发区税收优惠政策
	市场政策	—	武汉市市区土地出让金(租金)标准
	规划政策	《武汉市城市总体规划(1996—2020 年)》《武汉市土地利用总体规划(1997—2010 年)》	《武汉市城市总体规划(2010—2020 年)》《武汉市新城组群分区规划,土地利用总体规划(2006—2020 年)》
	环境因素	与已开发土地距离、与水体距离、与道路距离、农用地流转,各行政分区人均工业增加值	与已开发土地距离、与水体距离、与道路距离、农用地流转、各行政分区人均工业增加值

8.3.4.2 要素条件的标准化

各类用地的变化通常是由多因子共同作用的,且政策因子对各类用地的影响作用存在差异。根据七类用地的选址特征及分布规律,分别将每一类用地的影响因子整理提取,对相应约束条件、要素条件进行处理。

对于约束条件,如水域、基本农田保护区采用 buffer(缓冲区)分析生成单因子约束图。

对于要素条件,一类是建设适宜性与距离成线性相关的因素,如已开发土地范围、水域、道路等要素,进行 fuzzy(模糊)评价,生成单因子适宜性图;一类是以分区方式划分等级的因素,如分行政区人均工业增加值(反映行政区经济发展速度)、分行政区招商引资目标、分行政区土地出让金标准等,将数值等比约减形成高-低的属性值,生成单因子适宜性图;一类是重点或限制发展区因素,如享受税收优惠的国家级新区、规划确定的重点发展区,赋单一属性值生成单因子适宜性图。

对单因子适宜性图进行标准化处理。将每张单因子适宜性图的属性值控制在相近的范围内,以确保在权重相同的情形下,各单因子对此类用地的影响作用达到均衡,这也是探讨各单因子权重高低的重要基础。

8.3.4.3 MCE 多准则评价

在 MCE 多准则评价中,调用 weight 模块,通过构建影响因子比较矩阵,运用层次分析法得到单因子的初始权重值。

$$MCEX_i = \sum X_{ij} \cdot P_j (j = 1, 2, \cdots, N)$$

式中:i 为要素因子的栅格面积;j 为研究的要素因子;N 为要素因子的数量;P_j 指第 j 要素因子的权重值,X_{ij} 指 j 要素因子的栅格总面积,由此计算出各要素因子所处地块的适宜性值。根据公式运用加权线性合并法进行准则合并,得到不同地类的 MCE 多准则评价结果图。2005 年建设用地适宜性图见图 8.3,2013 年建设用地适宜性图集见图 8.4。

MCE 多准则评价的目的如下。

①对单独类用地进行多准则(要素条件及约束条件)的适宜性加权合并,得到单独类用地适宜性图;

②多张单独类用地适宜性图,合成研究期土地利用适宜性图集,作为 CA-Markov 预测的转换规则。

8.3.4.4 CA-Markov 预测与精度检验

输入 1996 年武汉市土地利用基准图,通过 Markov 模型得到 1990—1996 年的土地利用转移面积矩阵和 1996—2005 年土地利用变化适宜性图集,从而预测 2005

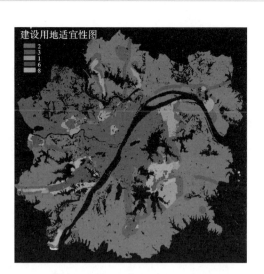

图 8.3　2005 年建设用地适宜性图

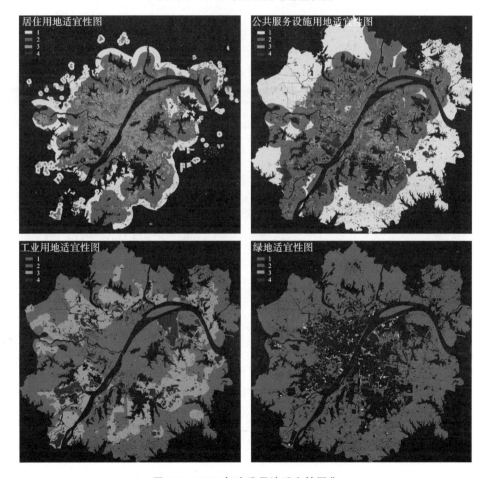

图 8.4　2013 年建设用地适宜性图集

年土地利用变化。同理,对2013年的武汉市土地利用变化进行预测。

为了保证CA-Markov模型对2005年、2013年土地利用变化预测结果的合理性和准确性,有必要验证1996—2005年以及2005—2013年模型的精度,因此需要将2005年和2013年的模拟结果与2005年和2013年的数据进行对比和检验。运行IDRISI中的LCM模型的子模块,对2005年和2013年数据的精度进行验证。

由于CA-Markov模型具有时间序列预测和空间预测的优点,模型验证应涵盖用地规模变化及用地空间趋势变化两方面,前者是对各用地类型规模预测的数量精度检验,后者是对空间上各用地类型分布预测的空间精度检验。内容介绍见表8.6。

表8.6　预测结果精度检验方法内容介绍

数量精度检验	将模拟结果中各类用地的面积与实际用地面积对比
空间精度检验	将该年份模拟结果土地预测图与实际土地状况图叠置,误差部分像元数与实际像元数进行对比

将2005年和2013年土地利用变化预测图与2005年和2013年用地状况图进行对比,分别如图8.5、图8.6所示。分析每一类用地预测结果与实际情况的差异,找出其中预测差异突出的位置,分析其存在的问题,进而返回各类用地单因子适宜性图中调整单因子权重,重新进行MCE多准则评价,直到预测结果的空间精度达到60%以上。

2005年土地利用变化预测图　　　　　　2005年用地图

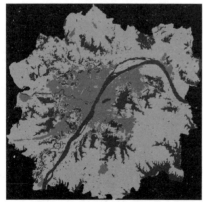 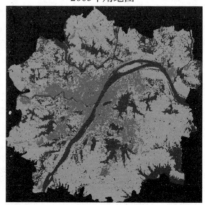

图8.5　2005年CA-Markov土地利用变化预测图与用地状况图

2005年和2013年预测结果的精度检验表分别见表8.7和表8.8。

2013年土地利用变化预测图　　　　　2013年用地状况图

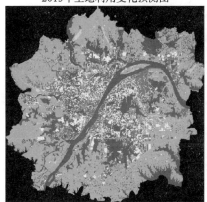
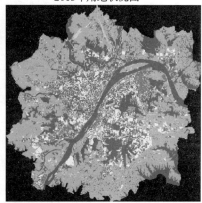

图 8.6　2013 年 CA-Markov 土地利用变化预测图与用地状况图

表 8.7　2005 年 CA-Markov 预测精度检验表

土地类型	实际面积/m²	预测面积/m²	数量误差/(%)	空间误差/(%)
水域	789013710	876194910	·11.049	25.88
建设用地	502468273	493449373	−1.795	19.57
农用地	1978215940	1900053640	−3.951	11.1

表 8.8　2013 年 CA-Markov 预测精度检验表

土地类型	实际面积/m²	预测面积/m²	数量误差/(%)	空间误差/(%)
居住用地	235437597	236743497	0.555	23.75
公共服务设施用地	298421212	348962512	16.936	43.09
工业用地	200033138	211163438	5.564	27.44
绿地	48307214	41150414	−14.815	27.17
水域	771989234	783742334	1.522	9.66
农用地	1571806896	1495160196	−4.876	7.91
道路广场用地	143702632	152775532	6.314	15.51

　　根据 2005 年和 2013 年的土地利用模拟结果与实际对比可知,CA-Markov 模型能够较好地模拟出土地利用变化趋势。CA-Markov 模型模拟的各用地类型数量精度较高,基本高于 85%。但是对二者的空间精度进行验证时发现,各类用地的空间误差较大,但准确率基本能达到 60% 以上。

　　为了便于分析,在 LCM 中将 2005 年和 2013 年的各类用地现状图与模拟图进行对比,生成各地类的空间误差图。其中,部分用地类别的空间误差图分别如图 8.7 和图 8.8 所示,黄色部分为预测与实际相符区域,红色部分和绿色部分为空间误差区域,黄色部分和绿色部分为实际土地利用范围,彩图见本书彩色插图。

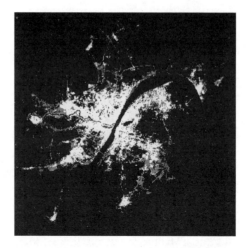

图 8.7　2005 年 CA-Markov 土地利用预测空间误差图

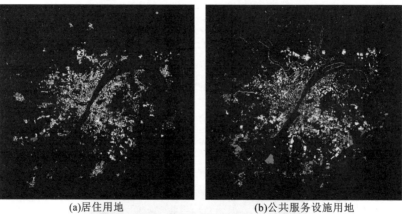

(a)居住用地　　　　　　　　　(b)公共服务设施用地

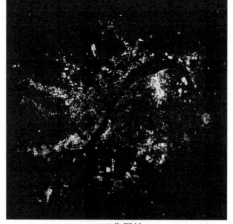

(c)工业用地

图 8.8　2013 年 CA-Markov 土地利用预测空间误差图

在图 8.7 中,2005 年建设用地的空间误差主要分布在东西湖区、蔡甸区和江夏区的局部地段。据 2005 年用地现状图显示,城市发展在中心城区外围部分沿路两侧形成了零星布局,东西湖区走马岭及江夏区流芳镇的发展也形成一定规模,但预测图仅有少量分布。造成这部分误差的原因是规划对于该区域的政策和随机事件的干预缺乏指导性,导致空间增长方向与预估出现偏差,以及受周边地区辐射和自然因素的影响,这些地区大都呈自组织发展模式。

在图 8.8 中,2013 年居住用地较大面积的空间误差主要集中在沌口和江夏区,推测原因为受到武汉经济技术开发区和东湖新技术开发区工业用地快速发展的影响,导致人口主流入较多。

公共服务设施用地在沌口南部和江夏金港地区出现大面积误差,原因是这两个飞地区域的土地现状为待建设用地,相关用地类型和审批情况还未落实,缺少成文的政策意见与环境支撑,故模型难以模拟。此外,研究发现,建设用地对坑塘水面的侵蚀作用明显,1996—2013 年间,建成区内部坑塘水面面积锐减,许多坑塘水面渐渐缩减甚至被填埋变为待建设用地。大量坑塘水面转变为待建设用地是造成公共服务设施用地空间误差的原因之一。

工业用地的空间误差主要集中在沌口以及江夏两个区域。由图可知,沌口一带工业用地发展方式较为粗放,又环境因素影响明显,表现为沿主要道路的带状发展和靠近工业水源的聚类发展,空间误差的主要原因是土地沿主要道路的扩张速度超出预期。江夏东湖新技术开发区一带的扩张速度也超出预期,但分布较为零散,环境因素的作用不明显,可能与高新产业自身特征、社会投资和自主发展的方式有着直接的关系。可以看出,工业用地总体存在粗放蔓延、集聚性弱和潜力不足的问题。

根据以上分析,可以得出如下结论:

①CA-Markov 预测结果数量精度基本高于 85％,空间精度基本高于 60％;

②误差并非由研究分析方法导致,而是源于城市空间增长难以量化的自发作用;

③CA-Markov 模型基本能够模拟武汉市土地利用变化情况,可以验证 1996—2005 年、2005—2013 年各种政策因素对城市空间增长的效用。

8.4　基于预测结果的政策因子效用实证分析

8.4.1　政策因子效用实证分析

对于多种类别政策因子的效用实证分析,可通过各类用地适宜性评价要素因子权重的高低对比,分析不同政策因子影响力的强弱。通过 CA-Markov 预测结果中多类别政策权重的对比,探究对于城市空间增长影响显著的政策工具类型,探寻政策工具产生效用或者失去效用的原因,有助于为武汉市未来的空间治理提供针对性决策,为政策发布部门间协调工作、实施监管提供有效的数据支撑。

8.4.1.1 1996—2005 年政策因子效用实证分析

通过模拟得到 2005 年预测结果的各类用地适宜性评价要素因子权重,此处主要选取工业用地进行分析。1996—2005 年工业用地适宜性评价要素因子权重表见表 8.9。

表 8.9 1996—2005 年工业用地适宜性评价要素因子权重表

工业用地要素因子	权重
国家级开发区	0.24
城市规划重点发展区	0.22
计划重点发展区	0.17
土地利用规划限制发展区	0.15
道路影响	0.09
已开发地区影响	0.07
分区人均工业增加值	0.06

由表 8.9 可知,部分政策因子权重值较高,影响较大。研究初期,考虑到各分区经济发展速度和水平的差异以及人口要素对于工业用地增长具有较大影响作用,故将分区人均工业增加值和分区人口因子赋予较高权重值,经过反复模拟发现,分区人口因子对于各区的发展影响较弱。推测原因为人口要素的集中性与空间发展的趋势背道而驰,故将分区人口因子取消。

模拟结果表明,税收优惠政策和经济政策最为重要,对空间增长的影响力最强。由于城市扩张主要受工业企业的推动,工业布局更易受成本因素主导,因此税收优惠政策对武汉空间扩张具有显著推动作用。该政策在武汉经济技术开发区及东湖新技术开发区有明显效用,到 2005 年,这两个国家级新区快速扩张。由于1996 年武汉市城镇化水平进入快速发展时期,城市发展更易受外界政策驱动,故在税收优惠政策、经济政策及规划政策的作用下,城市的增长呈现快速蔓延式扩张。

规划重点发展区及计划重点发展区的政策对武汉空间增长也有较大影响。在此政策影响下,武汉城区蔡甸、阳逻、纸坊及吴家山等地有了大幅度扩张。但 2005年土地利用变化预测图与用地现状图的对比显示,规划政策的实施仍与现实有一定出入,如蔡甸、滠口、金口等地规划确定发展的重点镇未能完全达到预期发展状态,部分地区发展更易受周边交通环境的影响,导致布局零散,外围重点镇的外框式扩展与所属区块的核心区相距甚远等,这些都说明规划政策的实施存在诸多非确定性,政策层面影响因子对城市空间增长的作用与预期存在偏差。

此外,环境因素、市场因素对 1996—2005 年研究期间的城市空间增长也有一定影响。通过 1996 年和 2005 年的用地现状图对比可知,在土地利用规划限制、交通环线和放射性快速路的合力下,三环线的周边区域内工业用地迅速扩张,在基础设施等环境因素的影响下,新增工业用地倾向于靠近已开发地区的外围发展,且趋向于与主城区融合连成一片,这加剧了主城区迅速蔓延的状况。

8.4.1.2　2005—2013 年政策因子效用实证分析

通过模拟得到 2013 年预测结果的各类用地适宜性评价要素因子权重,此处主要选取工业用地、居住用地、公共服务设施用地三大类进行分析。相关适宜性评价要素因子权重表见表 8.10 和表 8.11。

表 8.10　2005—2013 年工业用地适宜性评价要素因子权重表

工业用地要素因子	权重
城市规划重点发展区	0.165
招商引资目标	0.125
土地利用规划限制发展区	0.115
土地出让金	0.105
国家级开发区税收优惠政策	0.095
六大新城组群	0.095
与现状工业用地距离	0.095
与水体距离	0.09
与道路距离	0.08
分区人均工业增加值	0.035

表 8.11　2005—2013 年居住用地、公共服务设施用地适宜性评价要素因子权重

居住用地要素因子	权重	公共服务设施用地要素因子	权重
与开阔水面的距离	0.33	与开阔水面的距离	0.355
与现状居住用地的距离	0.29	与现状公共服务设施的距离	0.335
已开发土地的距离	0.28	与已开发土地的距离	0.165
规划居住用地	0.1	规划公共服务设施	0.145

由表 8.10 可知,各因子权重间总体差异不大,影响相当。研究初期,考虑到各分区经济发展速度和水平的差异以及人口要素对于工业用地增长具有较大影响作用,故将分区人均工业增加值和分区人口因子赋予较高权重值,但在分析过程中发现,由于人口要素在中心城区的聚集作用,分区人口因子会增加中心城区的发展适

宜性,而新城组团的发展适宜性降低,与规划、经济政策的引导背道而驰,故后将分区人口因子取消。分区人均工业增加值因子对工业用地增长的作用并不明显,推测可能的原因为武汉市现状的工业用地增长受区域自身经济发展水平影响不大,其选址更加易于受规划政策、经济政策、税收优惠政策的影响,这在一定程度上说明武汉市工业用地依赖于市场因素自发增长的势头较弱,受政策引导的影响较为明显。武汉市发育程度较高、具有广泛联系性和集聚性的工业用地较少,规划、经济和税收政策的引导则有利于建立工业企业在地理空间上的联系,提升工业发展的潜力。

对工业用地转变带动作用最大的三个要素因子为规划政策中的城市规划重点发展区因子、经济政策中的招商引资目标因子和土地利用规划限制发展区因子;其次是土地出让金因子、国家级开发区税收优惠政策因子和经济政策中的重点区六大新城组群因子。可见,直接政策中的重点发展区因子,间接政策中的经济发展目标和税收优惠政策对工业用地增长的影响最为显著。总体来说,直接政策对于空间增长的带动作用大于间接政策,但间接政策的作用也不容忽视,主要体现在对工业组群在发展起步阶段的鼓励、引导以及行政手段支持,武汉市三个国家级新区的快速发展便印证了这一点。

虽然政策因素有其重要性和影响力,但在实施过程中,地域间工业发展的不平衡现象仍较为明显,组群区域之间空间增长的差异明显,具体表现为新城未能好好承接主城人口疏散及产业迁移,组群区域经济人口规模效益尚未形成,而各组群城市建设活动依然围绕中心城区展开,主城边缘扩展迅猛,组群跨越式扩展趋势不明显,反映出新城组群增长引擎不足,难以达到规模经济,用地扩展缓慢等问题,这也是国民经济和社会发展计划中的六大新城组群政策影响力较低的原因,并进一步说明了城市空间结构的政策要求、产业布局的空间政策要求达到预期目标的难度较大,容易出现结构性偏差。对比土地利用变化预测图与用地现状图,不论是自发形成、自主增长的工业用地,还是受政策驱动的工业用地,都与市场因素和环境因素引导的方向十分吻合。

由表8.11可知,与开阔水面的距离、与现状建设用地的距离两个因子占据了绝对的影响地位,规划政策的影响力最弱。研究初期,居住用地、公共服务设施用地适宜性评价因子包括了与道路的距离因子、土地出让金因子,但在预测过程中发现,居住用地、公共服务设施用地的增长与这两个因子并没有明显的相关关系。规划政策的影响力弱说明市场化的居住用地和公共服务设施用地增长具有很强的趋利性,且其增长对开阔水面的侵蚀作用明显。

8.4.2 政策工具实证效用总结

综上所述,市场因素及环境因素仍然在主导城市用地的增长,而各类政策因素对城市用地的引导有限,甚至可能会在空间区域内出现局部失效的状况。

财政税收政策在工业用地发育初期效果显著,但远期易造成工业用地粗放无序的增长。规划政策虽然可以在一定程度上引导城市空间的发展方向,但并不能改变依托市场和环境因素的经济发展水平及发展速度。单方面的计划性引导不能保障新城组群的良性发展,通过完善新城组群发展的环境因素,如建设高效的交通捷运系统、优化新城基础设施状况、补齐新城组群发展的短板和有效引导要素流动,才能从根本上发挥新城组群对人口及产业的疏散功能。

经济政策要求的唯目标性与区县政府的政绩压力,造成了政府行为重投入、轻管理的局面,这也一定程度上阻滞了新城组群发展的步伐。无差异化的经济目标必然促使各区县对经济利益的竞相角逐,因此,为实现不同功能用地空间上的良性发展,制定多样化的经济政策导向势在必行,同时将生态环境资源保护、基本农田控制纳入区县政绩考核,才能正确引导新城组群的良性发展,抑制主城区的蔓延。

从人口政策角度来说,若要抑制主城区空间增长和控制主城区人口规模,引导人口向卫星城流动是第一要务。从引导人口迁移上着手,如对符合政策目标的移民给予特定的优惠待遇,对不符合政策目标的移民则取消其某些权利,不失为一种可行的办法。

8.5　小结

基于 CA-Markov 模型的研究主要集中于土地利用变化和景观生态格局变化分析方面。由于运行 CA-Markov 模型的 IDRISI 软件的主要功能为遥感影像处理及遥感栅格影像分析,故研究对象通常为基于遥感影像分类的城市建设用地、耕地、林地、草地、水域等。在空间治理研究领域,相似研究为勒明凤(2014)运用 CA-Markov 模型研究了香格里拉市增长边界的设定,并分析了城市增长边界的动力机制,将各类影响因子作为评定城市增长边界的因素。

本研究的创新点如下。

①改进了以遥感影像为基础数据的主流研究方法,创新应用 2005 年和 2013 年城市用地现状图针对各类建设用地(居住用地、公共服务设施用地、工业用地、绿地、水域、农用地、道路广场用地)的土地利用变化进行分析。

②将各类政策因子量化为模型因子参与 CA-Markov 土地利用变化预测,从而反推、验证经济、财税等政策因子对城市空间增长影响力作用的强弱,并分析各政策因子产生效用或失去效用的原因,对空间治理相关的各类政策提出针对性建议。

本研究的价值如下。

①实证研究证明将 CA-Markov 模型用于检验城市空间治理政策实施效用的研究方法是行之有效的。本研究有助于评估和监测政策工具的影响力强弱及实施

情况,有助于制定和完善更加合理的政策手段,对于引导城市空间增长、应对城市发展中的不确定性因素有着重要的意义。

②从另一个角度进一步思考,建立以 CA-Markov 模型为基础的城市空间治理决策支持系统,通过系统模拟优选出有效的政策,这对提高管理决策效能也不失为一种有价值的方法。

③尽管本研究运用 CA-Markov 模型对不同类型的政策工具(如规划政策、经济政策、财政政策、人口政策等)的效用做出了比较分析,取得了令人满意的成果,但是多种类型政策工具相互间的作用机制及效果尚未在本研究中予以揭示并检验,这也将是进一步研究的重要方向。

第9章 结 语

中国的城市化进程正朝着由外延扩张的单向增长模式向外延扩张与内涵发展相结合的双向增长模式转变的方向发展。城市一方面要应对适应经济规模发展的空间扩张管理需要,另一方面又要应对适应经济结构调整的空间内涵增长管理需要;与此同时,资源节约与环境友好型社会建设等国家战略的转型又对城市空间治理提出了特定的要求。基于此,通过吸收国外的经验与教训,开展适应中国特色的城市空间治理研究,从制度、政策、技术等多视觉系统研究城市空间治理的基础理论,定性与定量分析政策工具的作用机制与效用,对指导中国当下的城市规划、建设、管理具有重要的理论与实践意义。

本书研究成果主要包括两大部分:①理论研究——中国特色的城市空间治理基础理论;②实证研究——城市空间治理政策工具对城市空间增长演变的效用检验。

9.1 中国特色的城市空间治理基础理论研究

9.1.1 主要内容

分析讨论国内外城市空间治理产生的历史背景、政策工具和实施效用,尝试从空间规划体系理论和新公共管理理论等视角对城市空间增长这一现象进行重新解释和梳理,以最新理论研究成果为基础,在中国当前"新常态"下的制度环境、资源禀赋、经济社会发展、城镇化发展水平和发展总目标的分析框架下,完成中国城市空间治理基础理论部分的研究内容,主要包括:城市空间增长阶段的特征及趋势分析;中国城市空间增长的动力机制分析;中国城市空间治理的体制设计;中国城市空间治理政策工具及其作用机制研究。

9.1.2 重要观点

(1) 构建决策、执行、监督相对分离的城市空间治理制度框架。

城市空间治理是政府行政管理的重要职能,改革开放四十余年以来,空间治理的决策、执行和监督由单一职能部门行使,高度集中的行政权力配置,极大地提高了效率,推动了城市空间的快速扩张,但也引发了一系列资源、环境及社会问题。新常态下,必须重构城市空间治理体制,构建决策、执行、监督相对分离、相互制衡的制度框架。

(2) 设立国家-省(自治区、直辖市)-县(市)三级"空间规划委员会",统筹各级行政区的空间规划决策。

为了能更好地管理区域与城市空间增长,应对城乡发展中的空间资源配置问题,应构建国家空间规划体系,该体系将整合当前分属各级政府行政管理部门编制和审批的各项空间规划,将主体功能区规划、国土规划、区域规划、城镇体系规划、城乡规划等整合为统一完整的空间规划。设立国家-省(自治区、直辖市)-县(市)三级"空间规划委员会",由该机构行使统筹空间规划的决策与编制职能。以"国家空间规划委员会"为例,该委员会主要负责人可以为国家领导人,参与部门包括国务院下属有关职能部门,该机构将整合目前分散在国家发展与改革委员会、自然资源部与住房和城乡建设部等部门的空间规划决策权,对于全国城乡空间提出总体指导意见和规划决策,并负责制定"国家空间规划"和指导各省地市编制相关空间规划。

(3) 构建多元主体参与的空间治理决策机制与监督机制。

本研究认为中国城市空间增长的动力主体既包括政府、市场,也包括社会力量(公众、非政府组织)。社会力量在参与空间治理中将发挥更多、更大的作用,它是平衡空间增长决策目标的重要因素,是约束空间增长按既定目标实施的重要力量。

(4) 统筹设计政策工具箱,通过各类政策工具的协同作用实现对空间增长的有效管控。

本研究表明,城市空间治理的政策工具可以划分为直接政策工具(直接作用于空间增长)和间接政策工具(间接作用于空间增长)两大类。没有间接政策工具的协同,直接政策工具难以发挥应有的作用甚至会失效。在发展主义导向下,间接政策工具(如经济政策和财政政策等)甚至会突破直接政策工具(如城市建设用地边界、城市空间增长边界、城市开发边界等)的约束,导致城市空间无节制扩张。因此有必要设计一揽子工具组成政策工具箱,通过政策工具的组合和政策工具的协同,实现对空间增长的有效管控。

9.2 城市空间治理政策工具的效用检验

9.2.1 主要内容

1. 武汉市城市空间治理政策工具效用的初步分析

选取特定城市——武汉市,以武汉发展的历史进程为线索,运用 GIS 及统计分析工具分析城市空间规划,借助城市空间治理塑造城市空间的得与失,初步考察政策工具的效用。

从研究结果看,武汉市出台的有关空间治理的政策在实施过程中,基本发挥了引导城市按空间规划预期发展的效用,但是城市空间增长既受空间规划的直接影响,同时还受经济政策、财税政策等的间接作用,直接政策与间接政策的相互作用及协调性对实现城市空间治理的目标具有重要的意义。

2. 城市空间治理政策工具的作用模拟与效用检验

通过检索国外的类似研究,发现克拉克实验室开发的 IDRISI 软件能很好地实现基于复杂系统的 GIS、CA 集成的城市空间增长效用分析。以该软件为支持,利用其中 CA-Markov 模型对武汉市 1996—2005 年和 2005—2013 年两个研究期的土地利用变化进行模拟,然后与实际城市用地布局进行对比,以验证政策因素对城市空间增长的影响力,分析不同类型政策因素影响力的差异,探讨政策因素产生效用或失去效用的原因,为城市空间治理的政策制定和管控行为提供决策支撑。

在 1996—2005 年研究期内,税收优惠政策和经济政策对空间增长影响力最强,主要表现为在研究期末期的 2005 年,两个国家级新区武汉经济技术开发区和东湖新技术开发区快速扩张。在土地利用规划限制、交通环线和放射性快速路的合力下,二环线周边区域内工业用地迅速扩张,在基础设施等环境因素的影响下,新增工业用地倾向于靠近已开发地区的外围发展,带动城市空间扩张,且趋向于与主城区融合连成一片,加剧主城区空间迅速蔓延的趋势。但规划重点区建设未能完全达到预期发展状态,规划政策层面影响因子对城市空间增长的作用与预期存在差距。

在 2005—2013 年研究期内,对工业用地转变带动作用最大的要素因子为城市规划重点发展区因子、经济政策中的行政分区招商引资目标因子和土地利用规划限制发展区因子。总体来说,直接政策对于空间增长的带动作用大于间接政策,但间接政策的作用也不容忽视,主要体现在对工业组群在发展起步阶段的支持、引导以及行政手段支持。虽然政策因素有其影响力,但新城工业组群发展并不均衡,且发育程度不强,新城区的人口和产业的疏散功能没有得到相应的落实。居住用地和公共服务设施用地则受与开阔水面的距离、与现状建设用地的距离影响最大,受规划政策的影响最小,市场化的居住用地和公共服务设施用地增长具有很强的趋利性,且其增长对开阔水面的侵蚀作用明显。

9.2.2 重要观点

(1) 财政税收政策在工业用地发育初期效果显著,但远期易造成工业用地粗放无序的增长。

(2) 规划政策虽然可以在一定程度上引导城市空间的发展方向,但并不能改变依托市场和环境因素的经济发展水平及发展速度。单方面的计划性引导不能保障新城组群的良性发展,通过完善新城组群发展的环境因素,才能实现新城组群的人口及产业聚集目标。

(3)经济政策要求的唯目标性和区县政府的政绩压力,造成了政府行为重投入、轻管理的局面,这也一定程度上阻滞了新城组群发展的步伐。无差别化的经济目标可能导致各区县对经济利益的追逐,只有建立差别化的经济政策导向,将生态环境资源保护目标等纳入政绩考核,才能正确引导新城组群的良性发展。

(4)引导人口向新城流动是抑制主城区空间扩张的有效手段。从控制人口迁移的间接影响政策入手,不失为一种可行的办法。

(5)政府与市场是城市空间增长的核心力量,政府与市场合力能推动城市空间向科学合理的方向发展,但也可能产生相反的作用,只有引入第三方社会力量居间制衡,通过政策工具的创新与协同,才能实现城市空间治理的目标。

9.3 亟待研究的领域——区域空间治理

本书第 2 章中曾讨论到,地域中心城市功能的外溢,将促进中心城市周围新的生产、生活中心的形成,产生城市-区域化现象,形成大都市区、城市圈、城市群等区域空间形态,这也已经被各国的实践所证实。而区域中各城市在增长竞争中,为获得发展机会,往往会出现"恶性踩踏"的行为,导致区域空间增长的无序蔓延。

国家新型城镇化规划中提出未来城镇化的主要空间载体是各类城市群,依靠这些城市群吸纳从农村地区释放出的一亿多人口。中部地区仍然存在城市空间扩张、城市群空间壮大的现实需求。管理区域空间增长、引导区域空间有序组织和抑制区域空间过度蔓延将成为快速城市化地区空间治理的重要课题。

参 考 文 献

[1] 庄悦群.美国城市增长管理实践及其对广州城市建设的启示[J].探求,2005 (2):62-67.

[2] 蔡玉梅,王国力,陆颖,等.国际空间规划体系的模式及启示[J].中国国土资源经济,2014(6):67-72.

[3] 谷海洪,诸大建.欧洲空间区域一体化的规划[J].城乡建设,2005(11):60-63.

[4] 霍兵.中国战略空间规划的复兴和创新[J].城市规划,2007,31(8):19-29.

[5] 钱慧,罗震东.欧盟"空间规划"的兴起、理念及启示[J].国际城市规划,2011,26(3):66-71.

[6] 刘华.新公共管理综述[J].攀枝花学院学报(综合版),2005,22(1):28-30.

[7] 奈,唐纳胡.全球化世界的治理[M].王勇,门洪华,王荣军,等译.北京:世界知识出版社,2003.

[8] 陈振明.从公共行政学、新公共行政学到公共管理学——西方政府管理研究领域的"范式"变化[J].政治学研究,1999(1):82-91.

[9] 方福前.公共选择理论——政治的经济学[M].北京:中国人民大学出版社,2000.

[10] 摩根.城市管理学:美国视角[M].6版.杨宏山,陈建国,译.北京:中国人民大学出版社,2016.

[11] 吴大庆.邓小平的国家意识和历史进步的评价尺度——基于"生产力—国家—人民利益"三位一体视角[J].科学·经济·社会,2014,32(2):53-57.

[12] 陈锦富,任丽娟,徐小磊,等.城市空间增长管理研究述评[J].城市规划,2009(10):19-24.

[13] 李宏图.英国工业革命时期的环境污染和治理[J].探索与争鸣,2009(2):60-64.

[14] 葛利德.规划引介[M].王雅娟,张尚武,译.北京:中国建筑工业出版社,2007.

[15] 芒福德.城市发展史:起源、演变和前景[M].宋俊岭,倪文彦,译.北京:中国建筑工业出版社,2005.

[16] 郑思齐.城市经济的空间结构:居住、就业及其衍生问题[M].北京:清华大学出版社,2012.

[17] 詹克斯,伯顿,威廉姆斯.紧缩城市——一种可持续发展的城市形态[M].周玉鹏,龙洋,楚先锋,译.北京:中国建筑工业出版社,2004.

［18］ 张捷.新城规划与建设概论［M］.天津：天津大学出版社，2009.

［19］ 甄峰.城市规划经济学［M］.南京：东南大学出版社，2011.

［20］ 泰勒.1945 年后西方城市规划理论的流变［M］.李白玉，陈贞，译.北京：中国建筑工业出版社，2006.

［21］ 张京祥，殷洁，何建颐.全球化世纪的城市密集地区发展与规划［M］.北京：中国建筑工业出版社，2008.

［22］ 吉勒姆.无边的城市——论战城市蔓延［M］.叶齐茂，倪晓晖，译.北京：中国建筑工业出版社，2007.

［23］ 丁成日.城市空间规划——理论、方法和实践［M］.北京：高等教育出版社，2007.

［24］ 张捷.新城规划与建设概论［M］.天津：天津大学出版社，2009.

［25］ 海道清信.紧凑型城市的规划与设计［M］.苏利莫，译.北京：中国建筑工业出版社，2011.

［26］ 李蕾，邱杨.精明增长对中国城市空间扩展的启示［J］.四川建筑，2011,31(4):51-53.

［27］ 丁成日.城市增长与对策——国际视角与中国发展［M］.北京：高等教育出版社，2009.

［28］ 张进.美国的城市增长管理［J］.国外城市规划，2002(2):37-40.

［29］ 联合国人居署.全球化世界中的城市——全球人类住区报告 2001［M］.北京：中国建筑工业出版社，2004.

［30］ 张振龙，李少星，张敏.法国城市空间增长：模式与机制［J］.城市发展研究，2008,15(4):103-108.

［31］ 联合国人居署.全球化世界中的城市——全球人类住区报告 2001［M］.北京：中国建筑工业出版社，2004.

［32］ 皇甫玥，张京祥，陆枭麟.当前中国城市空间治理体系及其重构建议［J］.规划师，2009,25(8):5-10.

［33］ 谢守红.大都市区的空间组织［M］.北京：科学出版社，2004.

［34］ 刘艳艳.美国城市郊区化及对策对中国城市节约增长的启示［J］.地理科学，2011,31(7):891-896.

［35］ 周建明.欧美城市连绵区的理论研究［J］.国外城市规划，1997(2):12-15.

［36］ 顾朝林.巨型城市区域研究的沿革和新进展［J］.城市问题，2009(8):2-10.

［37］ 郑思齐.城市经济的空间结构：居住、就业及其衍生问题［M］.北京：清华大学出版社，2012.

［38］ 卡尔索普，富尔顿.区域城市——终结蔓延的规划［M］.叶齐茂，倪晓晖，译.北京：中国建筑工业出版社，2007.

［39］ 张勇强.空间研究 2:城市空间发展自组织与城市规划［M］.南京：东南大学出版社，2006.

[40] 段进.城市空间发展论[M].南京:江苏科学技术出版社,1999.

[41] 李建华,张杏林.英国城市更新[J].江苏城市规划,2011(12):28-33.

[42] 矢田俊文.国土政策和地域政策:探索 21 世纪的国土政策[M].东京:大明堂,1996.

[43] 郑京淑.日本的空间政策对广东"双转移"战略的借鉴——基于日本全国综合开发规划的研究[J].国际经贸探索,2010(1):29-35.

[44] 陈秋芳.大武汉之梦——关于一座城市的历史、现状与远景[M].武汉:武汉出版社,2006.

[45] 常红晓.土地解密[J].财经,2006(4):34-44.

[46] 易千枫,张京祥.全球城市区域及其发展策略[J].国际城市规划,2007,22(5):65-69.

[47] 张京祥,殷洁,何建颐.全球化世纪的城市密集地区发展与规划[M].北京:中国建筑工业出版社,2008.

[48] MOLOTCH H. The city as a growth machine:toward a political economy of place[J]. American Journal of Sociology,1976,82(2):309-332.

[49] 张艺影.外商直接投资对湖北省产业结构的影响及对策研究[M].武汉:华中科技大学出版社,2009.

[50] 李培林,徐崇温,李林.当代西方社会的非营利组织——美国、加拿大非营利组织考察报告[J].河北学刊,2006,26(2):71-80.

[51] 胡清平.美国社会组织运作模式及其功能[J],社会工作(实务版),2011(5):59-60.

[52] 安建增,何晔.美国城市治理体系中的社会自组织[J].城市问题,2011(10):86-90.

[53] 王名.走向公民社会——我国社会组织发展的历史及趋势[J].吉林大学社会科学学报,2009,49(3):5-12,159.

[54] 王名,孙伟林.我国社会组织发展的趋势和特点[J].中国非营利评论,2010(1):1-23.

[55] 王名.中国 NGO 的发展现状及其政策分析[J].公共管理评论,2007(001):132-150.

[56] 本刊评论员."强势政府"也是法治政府[J].廉政瞭望,2009(3):1.

[57] 余洪法.对公共利益内涵及其属性特征的考察——以物权征收制度中的公共利益为视点[J].昆明理工大学学报(社会科学报),2008(5):38-43.

[58] 城仲模.行政法之一般法律原则[M].台北:三民书局,1997.

[59] 王伟光,郭宝平.社会利益论[M].北京:人民出版社,1988.

[60] 利维.现代城市规划[M].5 版.张景秋,等译.北京:中国人民大学出版社,2003.

[61] 姚佐莲.公用征收中的公共利益标准——美国判例的发展演变[J].环球法

律评论,2006,28(1):107-115.

[62] 钱天国."公共使用"与"公共利益"的法律解读——从美国新伦敦市征收案谈起[J].浙江社会科学,2006(6):79-83.

[63] 刘连泰."公共利益"的解释困境及其突围[J].文史哲,2006(2):160-166.

[64] 石楠.试论城市规划中的公共利益[J].城市规划,2004(6):20-31.

[65] 孙施文.现代城市规划理论[M].北京:中国建筑工业出版社,2007.

[66] 哈耶克.自由秩序原理[M].邓正来,译.北京:生活·读书·新知三联书店,1997.

[67] 张千帆."公共利益"的困境与出路——美国公用征收条款的宪法解释及其对中国的启示[J].中国法学,2005(5):36-45.

[68] 张芝年.英国政府怎么征地[J].农村工作通讯,2004(11):52.

[69] 周大伟.美国土地征用和房屋拆迁中的司法原则和判例——兼议中国城市房屋拆迁管理规范的改革[J].北京规划建设,2004(1):174-177.

[70] American Planning Association. Planning and urban design standards[M]. Hoboken:John Wiley & Sons,Inc. ,2006.

[71] 陈锦富,刘佳宁.城市规划行政救济制度探讨[J].城市规划,2005(10):19-23,14.

[72] 赖寿华.国际经验在中国——理论和实践[J].城市规划,2014,38(3):44-47,52.

[73] 埃格特森.经济行为与制度[M].吴经邦,等译.北京:商务印书馆,2004.

[74] 彭海东,尹稚.政府的价值取向与行为动机分析——中国地方政府与城市规划制定[J].城市规划,2008(4):41-48.

[75] 钱颖一,许成钢,董彦彬.中国的经济改革为什么与众不同:M型的层级制和非国有部门的进入与扩张[J].经济社会体制比较,1993(1):29-40.

[76] 周飞舟.分税制十年:制度及其影响[J].中国社会科学,2006(6):100-115,205.

[77] 张军.理解中国经济快速发展的机制[M].北京:中信出版社,2012.

[78] 张五常.中国的经济制度[M].北京:中信出版社,2009.

[79] 许成刚.中国经济改革的制度基础[J].世界经济文汇,2009(4):105-116.

[80] 陶然,陆曦,苏福兵,等.地区竞争格局演变下的中国转轨:财政激励和发展模式反思[J].经济研究,2009,44(7):21-33.

[81] 林坚,许超诣.土地发展权、空间管制与规划协同[J].城市规划,2014,38(1):26-34.

[82] 张军.朱镕基可能是对的:理解中国经济快速发展的机制[J].经济与社会发展研究,2013(6):57-61.

[83] 陈硕.分税制改革、地方财政自主权与公共品供给[J].经济学(季刊),2010,9(4):1427-1446.

［84］ 青木昌彦,周黎安,王珊珊.什么是制度？我们如何理解制度？［J］.经济社会体制比较,2000(6):28-38.

［85］ 吴敬琏.当代中国经济改革［M］.上海:上海远东出版社,2004.

［86］ 胡鞍钢.中国政治经济史论（1949—1976）［M］.北京:清华大学出版社,2008.

［87］ 科斯,王宁.变革中国——市场经济的中国之路［M］.徐尧,李哲民,译.北京:中信出版社,2013.

［88］ 奥尔森.权力与繁荣［M］.苏长和,嵇飞,译.上海:上海人民出版社,2005.

［89］ 王绍光.分权的底限［M］.北京:中国计划出版社,1997.

［90］ 许成刚.中国经济改革的制度基础［J］.世界经济文汇,2009(4):105-116.

［91］ 刘汉屏,刘锡田.地方政府竞争:分权、公共物品与制度创新［J］.改革,2003(6):23-28.

［92］ 王亚南.中国官僚政治研究［M］.北京:中国社会科学出版社,1981.

［93］ 赵燕菁.土地财政:历史、逻辑与抉择［J］.城市发展研究,2014(1):1-13.

［94］ 陈锋."区域竞次""非正规经济"与"不完全城市化"——关于中国经济和城市化发展模式的一个观察视角［J］.国际城市规划,2014(3):1-7.

［95］ 金太军.市场失灵、政府失灵与政府干预［J］.中共福建省委党校学报,2002(5):54-57.

［96］ 福山.国家构建:21世纪的国家治理与世界秩序［M］.黄胜强,许铭原,译.北京:中国社会科学出版社,2007.

［97］ 陈捷,卢春龙.共通性社会资本与特定性社会资本——社会资本与中国的城市基层治理［J］.社会学研究,2009(6):87-104,244.

［98］ 杨梅.城乡规划法施行后城市规划决策优化途径研究［D］.济南:山东大学,2009.

［99］ 郭耀武,胡华颖."三规合一"？还是应"三规和谐"——对发展规划、城乡规划、土地规划的制度思考［J］.广东经济,2010(1):32-38.

［100］ 王兴平.城市规划委员会制度研究［J］.规划师,2001(4):34-37.

［101］ 中国城市规划学会.2006中国城市规划年会论文集［C］.北京:中国建筑工业出版社,2006:275-281.

［102］ 法律出版社法规中心.中华人民共和国城乡规划法(注释本)［M］.北京:法律出版社,2008.

［103］ 沈迟,许景权."多规合一"的目标体系与接口设计研究——从"三标脱节"到"三标衔接"的创新探索［J］.规划师,2015(2):12-16,26.

［104］ 李勇.中国城市建设管理发展研究［D］.长春:东北师范大学,2007.

［105］ 张丽.风险集聚类"邻避型"群体性事件风险治理研究［D］.南京:南京大学,2014.

[106] 郑卫.邻避设施规划之困境——上海磁悬浮事件的个案分析[J].城市规划,2011(2):74-81,86.

[107] 何子张."多规合一"之"一"探析——基于厦门实践的思考[J].城市发展研究,2015,22(6):52-58,88.

[108] 刘骥.城市规划监督管理体制与方式研究[D].成都:电子科技大学,2007.

[109] 王宁.城乡规划建设的监督管理研究[D].西安:西安建筑科技大学,2011.

[110] 张振广,张尚武.空间结构导向下城市增长边界划定理念与方法探索——基于杭州市的案例研究[J].城市规划学刊,2013(4):33-41.

[111] 贺勇.遏制"摊大饼"无序蔓延——北京划定城市增长刚性边界[N].人民日报,2016-02-22(2).

[112] 杨小鹏.英国绿带政策及对中国城市绿带建设的启示[J].国际城市规划,2010(1):100-106.

[113] 张兵,林永新,刘宛,等."城市开发边界"政策与国家的空间治理[J].城市规划学刊,2014(3):20-27.

[114] 刘涛,齐元静,曹广忠.中国流动人口空间格局演变机制及城镇化效应——基于2000和2010年人口普查分县数据的分析[J].地理学报,2015(4):567-581.

[115] 郭魏青,江绍文.混合福利视角下的住房政策分析[J].吉林大学社会科学学报,2010,50(2):128-134.

[116] 李国敏,卢珂.公共性:中国城市住房政策的理性回归[J].中国行政管理,2011(7):51-54.

[117] 于澄,陈锦富.增长竞争与权力配置:对中国城市规划运行环境的讨论[J].城市发展研究,2015,22(4):46-51,90.

[118] 北京大学中国经济研究中心课题组.城市化、土地制度与宏观调控[N].经济观察报,2011-04-18.

[119] 郭志勇,顾乃华.制度变迁、土地财政与外延式城市扩张——一个解释中国产业化和产业结构虚高现象的新视角[J].社会科学研究,2013(1):8-14.

[120] 郑风田.土地变革调查:低成本扩张的城市化模式难以持续[N].经济参考报,2012-09-17.

[121] 王贝.我国经济增长和建设用地关系的实证研究[J].学术探索,2011(2):64-67.

[122] 赵岑,冯长春.我国城市化进程中城市人口与城市用地相互关系研究[J].城市发展研究,2010,17(10):113-118.

[123] 陈爽,姚士谋,吴剑平.南京城市用地增长管理机制与效能[J].地理学报,2009,64(4):487-497.

[124] 诸大建,刘冬华.管理城市成长:精明增长理论及对中国的启示[J].同济大

学学报(社会科学版),2006,17(4):22-28.

[125] 张进.美国的城市增长管理[J].国外城市规划,2002(2):37-40.

[126] 勒明凤.基于 CA-Markov 模型的香格里拉县城市增长边界设定研究[D].
昆明:云南大学,2014.

[127] 周秋文,苏维词,陈书卿.基于景观指数和马尔科夫模型的铜梁县土地利用
分析[J].长江流域资源与环境,2010,19(7):770-775.

[128] 杨丽桃.福州城区土地利用变化 LCM 模型构建与模拟[D].福州:福建农
林大学,2012.

[129] 冉江,柯长青.连云港城市扩展及其驱动力分析[J].安徽农业科学,2007,
35(3):725-727.

[130] 柯善咨,何鸣.规划与市场:中国城市用地规模决定因素的实证研究[J].中
国土地科学,2008,22(4):12-18.

[131] 唐礼智.中国城市用地扩展影响因素的实证研究:以长江三角洲和珠江三
角洲为比较分析对象[J].厦门大学学报(哲学社会科学版),2007(6):
90-96.

[132] 王鹤饶,郑新奇,曹新.基于 CA-Markov 的城镇土地利用变化模拟研
究   以北京市昌平区为例[C]//发挥资源优势 保障西部创新发展——
中国自然资源学会 2011 年学术年会论文集(下册):417-424.

[133] 毛蒋兴,李志刚,闫小培,等.深圳土地利用时空变化与地形因子的关系研
究[J].地理与地理信息科学,2008,24(2):71-76.

[134] 李静,张平宇,郭蒙,等.哈尔滨市城市用地扩展时空特征及驱动机制分析
[J].城市环境与城市生态,2010,23(6):1-4.

[135] 黄秋昊,蔡运龙.国内几种土地利用变化模型述评[J].中国土地科学,
2005,19(5):25-30.

[136] 郝慧君.CA-Markov 模型与 GIS、RS 在土地利用/土地覆盖变化中的应用
研究[D].武汉:华中农业大学,2010.

[137] 殷晓芳.基于 CA-Markov 模型的建设用地模拟预测研究[D].武汉:华中
师范大学,2014.

[138] 黄勇.基于 CA-Markov 模型的酉阳县土地利用变化及情景模拟研究[D].
重庆:西南大学,2013.

[139] 何春阳,史培军,陈晋,等.基于系统动力学模型和元胞自动机模型的土地
利用情景模型研究[J].中国科学:D 辑,2005,35(5):464-473.

[140] 周成虎,孙战利,谢一春.地理元胞自动机研究[M].北京:科学出版
社,1999.

彩 色 插 图

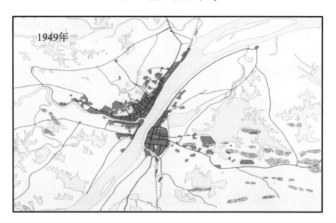

图 3.2 武汉市 1949 年土地利用状况图

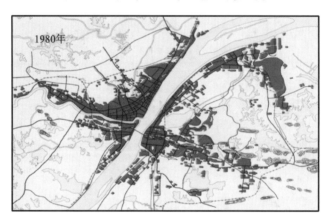

图 3.3 武汉市 1980 年土地利用状况图

图 3.4 武汉市 1996 年土地利用状况图

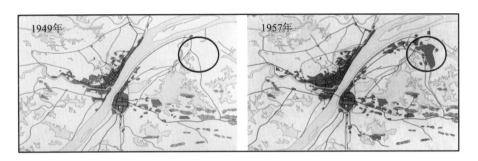

图 3.5　武汉青山区空间增长

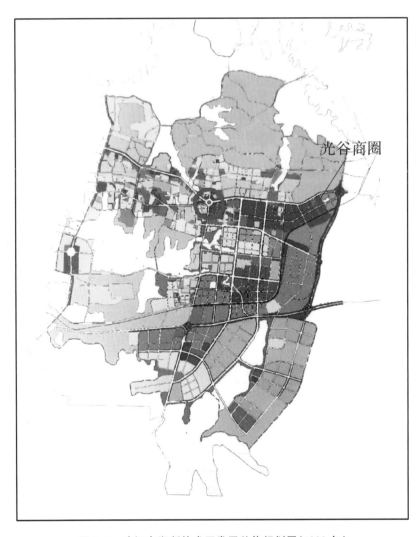

图 3.7　武汉东湖新技术开发区总体规划图(1990 年)

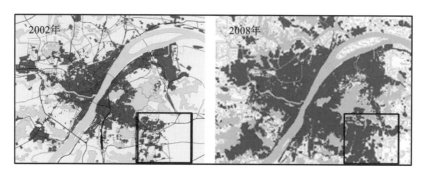

图 3.8 光谷地区 2002 年与 2008 年土地利用状况(方框内)

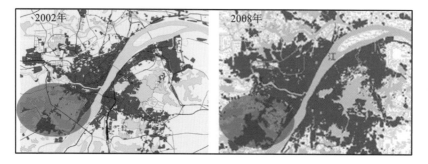

图 3.9 汉阳地区 2002 年与 2008 年土地利用状况

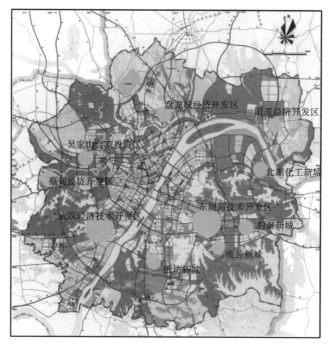

图 3.12 武汉市产业新区分布图

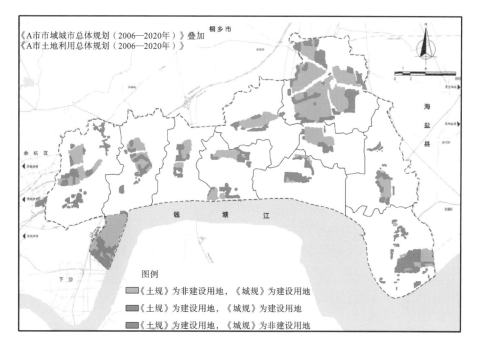

图 5.2　浙江省 A 市"两规"中城镇建设用地差异分析图

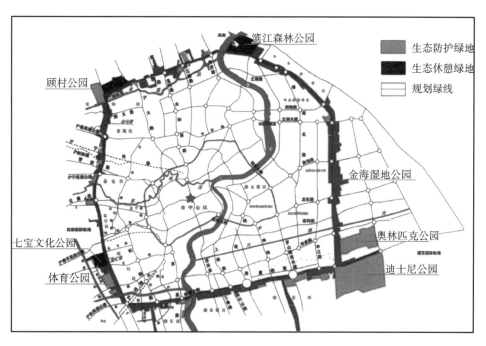

图 6.5　上海市环城绿带规划图

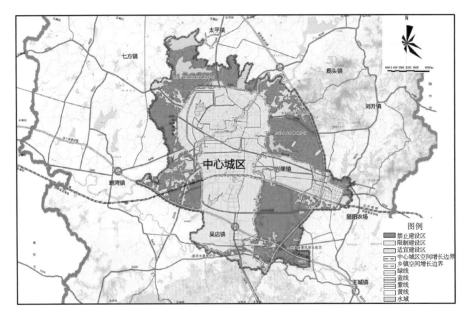

图 6.6 枣阳市规划区"三区四线"划定图

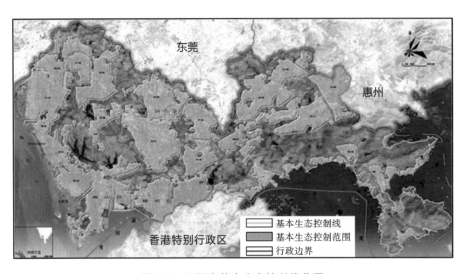

图 6.7 深圳市基本生态控制线范围

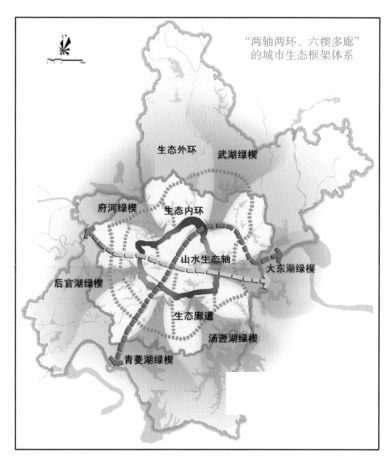

图 6.8 武汉市基本生态控制线规划

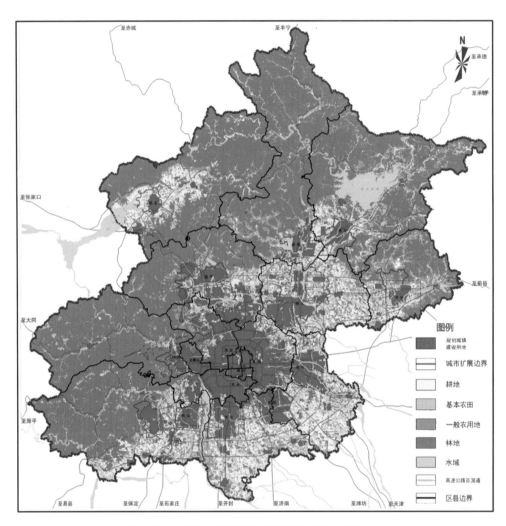

图例

| 规划城镇建设用地 |
| 城市扩展边界 |
| 耕地 |
| 基本农田 |
| 一般农用地 |
| 林地 |
| 水域 |
| 高速公路及国道 |
| 区县边界 |

图 6.9　北京市土地利用总体规划(2006—2020 年)

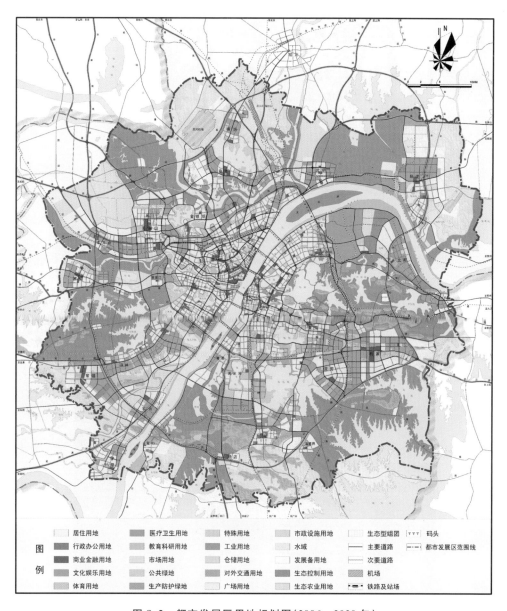

图例

	居住用地		医疗卫生用地		特殊用地		市政设施用地		生态型组团	▼▼▼	码头
	行政办公用地		教育科研用地		工业用地		水域		主要道路		都市发展区范围线
	商业金融用地		市场用地		仓储用地		发展备用地		次要道路		
	文化娱乐用地		公共绿地		对外交通用地		生态控制用地		机场		
	体育用地		生产防护绿地		广场用地		生态农业用地		铁路及站场		

图 8.2　都市发展区用地规划图(2006—2020 年)

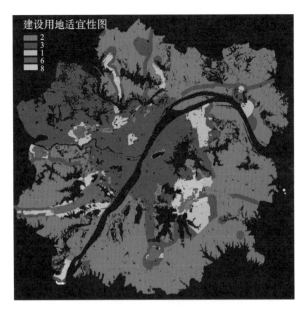

图 8.3　2005 年建设用地适宜性图

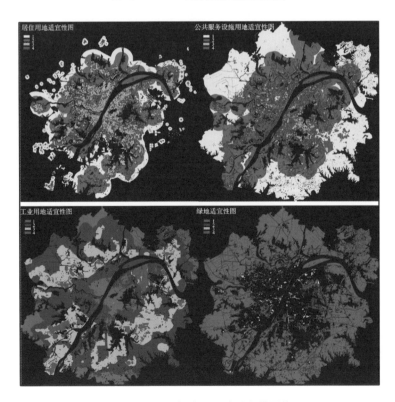

图 8.4　2013 年建设用地适宜性图集

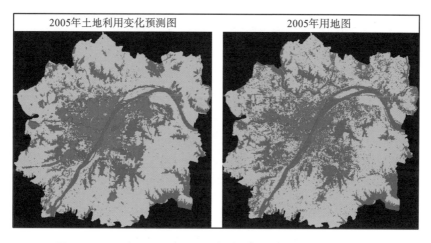

图 8.5　2005 年 CA-Markov 土地利用变化预测图与用地状况图

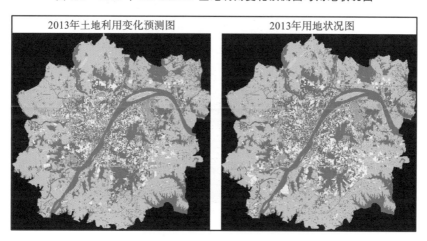

图 8.6　2013 年 CA-Markov 土地利用变化预测图与用地状况图

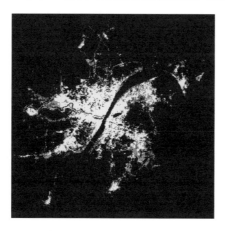

图 8.7　2005 年 CA-Markov 土地利用预测空间误差图

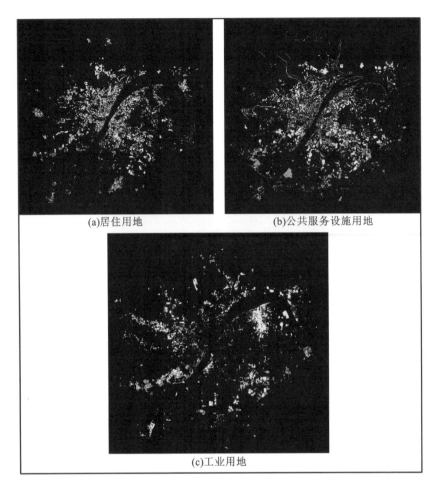

(a)居住用地 (b)公共服务设施用地

(c)工业用地

图 8.8 2013 年 CA-Markov 土地利用预测空间误差图